我的机器人

仿生机器人的设计与制作

MY ROBOT

DESIGN AND FABRICATION OF MINIATURE BIONIC ROBOT

罗庆生 罗 霄 编著

北京理工大学出版社
BEIJING INSTITUTE OF TECHNOLOGY PRESS

图书在版编目（CIP）数据

我的机器人：仿生机器人的设计与制作/罗庆生，罗霄编著．—北京：北京理工大学出版社，2016.1（2019.7重印）

ISBN 978－7－5682－1724－8

Ⅰ.①我… Ⅱ.①罗… ②罗… Ⅲ.①仿生机器人－基本知识 Ⅳ.①TP242

中国版本图书馆CIP数据核字（2016）第002455号

出版发行／北京理工大学出版社有限责任公司
社　　址／北京市海淀区中关村南大街5号
邮　　编／100081
电　　话／（010）68914775（总编室）
（010）82562903（教材售后服务热线）
（010）68948351（其他图书服务热线）
网　　址／http：//www.bitpress.com.cn
经　　销／全国各地新华书店
印　　刷／北京地大彩印有限公司
开　　本／787毫米×1092毫米　1/16
印　　张／14.5
字　　数／266千字
版　　次／2016年1月第1版　2019年7月第2次印刷
定　　价／56.00元

责任编辑／王玲玲
尹　晅
文案编辑／王玲玲
责任校对／周瑞红
责任印制／王美丽

序　言
FOREWORD

机器人是一种自动执行工作、完成预期使命的机器装置。它既可以接受人类临场的指挥，又可以运行预先编排的程序，还可以根据以人工智能技术制定的原则纲领自主行动。其任务是协助或取代人类在恶劣、危险、有害的环境或条件下从事单调、复杂、艰苦的各项工作。机器人技术作为 20 世纪人类伟大发明的产物，从 20 世纪 60 年代初问世以来，经历 50 多年的发展，现已取得突飞猛进的发展和持续创新的进步，已经成为当代最具活力、最有前途的高新技术之一。

2015 年 11 月 20 日，在“致 2015 世界机器人大会贺信”中国家主席习近平同志指出：在人类发展进程中，诞生了大量具有里程碑意义的创新成果。巴比伦的计时漏壶、古希腊的自动机、中国的指南车等，就是古代人类创造的自动装置中的精妙之作。这些创造发明，源于丰富多彩的生产生活实践，体现了人类创造生活、利用自然的执着追求和非凡智慧。他还指出：当前，世界正处在新科技革命和产业革命的交汇点上。科学技术在广泛交叉和深度融合中不断创新，特别是以信息、生命、纳米、材料等科技为基础的系统集成创新，以前所未有的力量驱动着经济社会发展。随着信息化、工业化不断融合，以机器人科技为代表的智能产业蓬勃兴起，成为现时代科技创新的一个重要标志。中国将机器人和智能制造纳入了国家科技创新的优先重点领域，我们愿加强同各国科技界、产业界的合作，推动机器人科技研发和产业化进程，使机器人科技及其产品更好地为推动发展、造福人民服务。

2014 年 6 月 9 日，习近平主席出席中国科学院第十七次院士大会、中国工程院第十二次院士大会，就科技创新，尤其是“机器人革命”发表讲话。他表示，科技是国家强盛之基，创新是民族进步之魂。自古以来，科学技术就以一种不可逆转、不可抗拒的力量推动着人类社会向前发展。从某种意义上说，科技实力决定着世界政治经济力量对比的变化，也决定着各国各民族的前途命运。而机器人技术领域的创新则是新一轮科技革命和产业变革的产物，将成为各国科技创新赛场上的“亮点”。习近平主席还说，“我看了一份材料，说‘机器人革命’有望成为‘第三次工业革命’的一个切入点和重要增长点，将影响全球制造业格局，而且我国将成为全球最大的机器人市场。国际机器人联合会预测，‘机器人革命’将创造数万亿美元的市场。”他表示，国际上有舆论认为，机器人是“制造业皇冠顶端的明珠”，其研发、制造、应用是衡量一个国家科技创新和高端制造业水平的重要标志。机器人主要制造商和国家纷纷加紧布局，抢占技术和市场制高点，我国将成为机器人的最大市场。习主席强调，我国不仅要把机器人水平提高上去，而且要尽可能多地占领市场。“这样的新技术新领域还很多，我们要审时度势、全盘考虑、抓紧谋划、扎实推进。”

正如习主席所说，科技创新就像撬动地球的杠杆，总能创造出令人意想不到的奇迹。当前机器人技术获得了井喷式的发展，是世界各国抢滩未来经济科技发展的重要时机，中国必须紧紧抓住并牢牢把握这一机遇，在创新的道路上迎头赶上、奋起直追、力争超越。

随着2016年的到来，我们已经迈过了21世纪里超过七分之一的历程。回顾过去，展望未来，我们心潮澎湃、浮想联翩。20世纪，人类取得了辉煌的成就，从量子理论和相对论的创立，脱氧核糖核酸双螺旋结构的发现，到原子能的和平利用，人类基因组图谱的绘制，世界科技发生了深刻的变革，并给世界科技和人类生活带来蓬勃前进的动力。尤其是机器人技术，尽管其问世的时间还不太长，但其在改变人类工作方式、提高企业生产效率、丰富人们日常生活、增强国家经济实力等方面表现出来的强劲势头不可阻挡。以工业机器人为例，其在经历了诞生—成长—成熟期后，已成为制造业中不可或缺的核心装备。目前，世界上有近百万台工业机器人正与工人师傅并肩战斗在各条战线上。而特种机器人作为机器人家族中的后起之秀，由于其功能多样、用途广泛而大有后来居上之势，各种仿人形机器人、资源勘测机器人、星球探险机器人、军用机器人、农业机器人、服务机器人、医疗机器人、娱乐机器人纷纷面世，并以飞快的速度和高超的技能向实用化迈进。

北京理工大学“特种机器人技术创新中心”是一支由中国著名机器人专家、教育部创新教学方法指导委员会委员、北京市教学名师、博士研究生导师罗庆生教授率领的科研团队，目前拥有博士生导师、教授、高工、博士等高素质成员30余人。团队多年来一直从事特种机器人的技术创新、产品研发、教育推广、市场普及等工作，在科学研究、技术创新、产品开发、成果转化、人才培养方面卓有建树。近年来，团队整合了全校多个相关学科的技术、人才和信息优势，成为一支在国内影响力很大、知名度很高的攻关力量强大、研发经验丰富、各色人才汇集、满足市场需求的高新科技研发实体，并与一些企业建立起良好的产学研协作关系，推动着特种机器人技术及产品的不断进步。团队主要成员具有突出的科技攻关实力，在特种机器人涉及的各个研究领域有着深厚的学术造诣和丰富的实践经验，尤其在机器人结构设计技术、机器人运动学与动力学分析技术、机器人伺服控制技术、机器人多传感器与信息融合技术以及机器人群组网络通信技术方面有着多年的工作积累和科研经验。历年来，在承担国家“863”、“973”和一些省部级纵向课题研究过程中，团队成员更是大大提升了自身的理论水平和技术能力。

在带领北京理工大学特种机器人技术创新团队承担高新科技项目攻关的同时，罗庆生教授将教书育人、科研育人、创新育人作为自己责无旁贷的任务，辛勤工作在本科生教育第一线，并坚持不懈地探索创新型人才培养新模式，尤其是结合我国大学教育和中学教育的具体情况，以机器人技术为抓手，深入探索创新人才的培养模式，努力构建创新人才的培养体系。为使培养出来的学生成为创新型、复合型、通才型的人才，罗庆生教授在课堂教学中不断深化并发掘学生的创新潜力、激发学生的创新思维，始终将指导学生开展课外科技创新活动作为自己的份内工作，探索并实施了书本内外结合、课堂内外结合、校园内外结合、理论实际结合、继承创新结合、动脑动手结合的新型教学模式，并把这一模式贯彻到指导大学生、中学生开展课外科技创新活动中去。从课堂教学到指导学生课外科技创新，罗庆生教授深受同学们好评，于2010年与2014年两度获得北京理工大学“我爱我师”称号，并在2014年由北理工上万名师生参与的投票中获选为“感动北理，激励你我”先进模范称号。

在指导各创新团队开展课外科技创新活动的过程中，罗庆生教授始终坚持“大学生课外科技创新、毕业设计课题、实验室科研项目”三位一体的结合方式，提出了“以高带低、以硕带本”创新实践理论。创新团队中吸纳了来自全校范围中不同专业、不同年级的学生开展课外科技创新活动，以指导教师所在实验室、各学院大学生科技创新协会和基础教育学院创新基地为硬件，以创新团队中研究生成员和高年级本科生成员的研究经验、实验技能等为软件，软硬结合，为学生创新能力的培养提供全方位支持。在开展科技创新活动过程中，团队指导教师和管理团队群策群力、因势利导，帮助学生端正“做人、做事、做学问”的态度，帮助学生树立“创新增智、创新成才”的信心，敢于、善于面对创新实践过程中的各种困难，引导团队成员将浓厚的学习兴趣转化为生机勃勃的创造力。多年来，罗庆生教授所指导的学生课外科创团队获得20余项全国大学生科技竞赛最高奖，罗庆生教授成为全国大学生科技创新活动中最有影响力和知名度的指导教师之一。2012年10月，其指导本科生创新团队研制成功的新型节肢机器人，作为教育部、科技部联合推荐的全国高校唯一入选作品精彩亮相“科学发展 成就辉煌”大型图片实物展，向党的“十八大”成功召开献礼，轰动全国，极大地鼓舞了全校师生。2014 年 10 月，其指导的两件学生科创作品“基于人体工学的穿戴式增力套装”和“大角度矢量推进式水下多用途机器人”在第七届全国大学生创新创业年会上大放异彩，在学生代表评选的“我最喜爱的项目”与参会专家评选的“最佳创意项目”中均名列前茅，在两项投票中斩获“我最喜爱的项目”十佳第一名、第二名，同时获得“最佳创意项目”十佳第一名、第三名。2015 年 9 月，其指导的学生科创作品“飞天灵蛛机器人”在第八届全国大学生创新创业年会上再创辉煌，在学生代表评选的“我最喜爱的项目”与参会专家评选的“最佳创意项目”中再度名列前茅，这是北京理工大学连续八年在全国大学生创新创业年会中获得“十佳”项目称号，也在全国高校大学生科技创新活动中树立了一面旗帜，一面为培养创新型人才不懈努力的旗帜。

今天，机器人虽已广泛进入各行各业，开始大显身手，但人们，尤其是青少年们，常常还会对机器人存在神秘感，一些影视大片关于机器人的种种描述会使人们感到困惑，机器人是敌是友？这些困惑会引导人们发问：什么是机器人？机器人的基础知识有哪些？机器人的基本组成部分又有哪些？机器人的基本组成部分如何构成有机的整体？普通人能否设计或制作属于自己的机器人？

我们说机器人的出现与发展是社会进步和经济发展的必然结果，机器人是为了提高社会的生产水平和人类的生活质量而应运而生的，让机器人替人们去干那些人们不愿干或干不了、干不好的工作。在现实生活中，有些工作会对人体造成很大的伤害，如汽车制造厂里面的喷漆、焊接作业等；有些工作会对人们提出很高的要求，如生产流水线上的精密装配、重物搬运等；有些工作环境让人无法身临，如火山探险、深海探密、空间探索等；有些工作条件让人无所适从，如毒气弥漫、废水横流、辐射泄漏等；这些场合都是机器人大显身手的地方。以机器人代人，将人从繁重的体力劳动和辛苦的脑力劳动中解放出来已经成为一种不可逆转的趋势。我们——北京理工大学特种机器人技术创新团队的责任就是加快这一趋势的到来与实现。

本书是为解答人们，尤其是青少年们关于机器人的困惑而写的。本书由第 1 章 小型仿生机器人的基本概念、第 2 章 让你的机器人善运动——驱动系统、第 3 章 让你的机器人会思考——控制系统、第 4 章 让你的机器人有能量——电源系统、第 5 章 让你的机器人能感知——传感系统、第 6 章 让你的机器人懂沟通——通信系统、第 7 章 制作你的小型仿生机器人、第 8 章 小型仿生六足机器人的设计与制作、第 9 章 小型仿生四足机器人的设计与制作、第 10 章 小型仿人双足机器人的制作与装配、第 11 章 小型仿生机器人的调试与编程，以及参考文献等章节组成。通过本书的系统讲述，能够让毫无专业背景的学习者逐步了解机器人的基础学科知识，掌握机器人的基本设计方法，熟悉机器人的基本制作技能，学会机器人的基本组装过程，最重要的一点就是能够让学习者亲手制作属于自己的小型仿生机器人，并通过创新编程方式，让机器人能运动、会跳舞，还可参加创意演出，甚至搏击比赛，体验操控机器人的乐趣。

原中国工程院院长宋健同志曾经指出：“机器人学的进步和应用是20世纪自动控制最有说服力的成就，是当代最高意义上的自动化。”机器人技术综合了多专业、多学科、多领域的发展成果，代表了当代高新技术的发展前沿，它在人类生活应用领域的不断扩大正引起国际上重新认识机器人技术的作用。

“工欲善其事，必先利其器”。人类在认识自然、创新实践的过程中，不断创造出各种各样为人类服务的工具。作为20世纪自动化领域的重大成就，机器人已经和人类社会的生产、生活密不可分。世间万物，人是最宝贵的，人力资源是第一资源，这是任何其他物质不能替代的。我们的责任在于让机器人帮助人类把人力资源的优势尽量发挥。我们完全有理由相信，像其他许多科学技术的发明发现一样，机器人应该也一定能够成为人类的好助手、好朋友，让机器人技术帮助广大青少年真正成为创新型人才吧！

本书由罗庆生、罗霄担任主编著；葛卓、黄祥斌担任副编著；吴帆、张述玉、朱立松、徐峰、高博、赵明、刘广新、赵嘉珩、赵锐、王雪慧等人参与了本书部分内容的研究与撰写工作。

在本书研究与写作过程中，得到了北京理工大学相关部门的热情帮助，还得到了许多同仁的无私支持。值本书即将付印出版之际，谨向所有关心、帮助、支持过我们的领导、专家、同事、朋友表示衷心的感谢！

编著者

目　录
CONTENTS

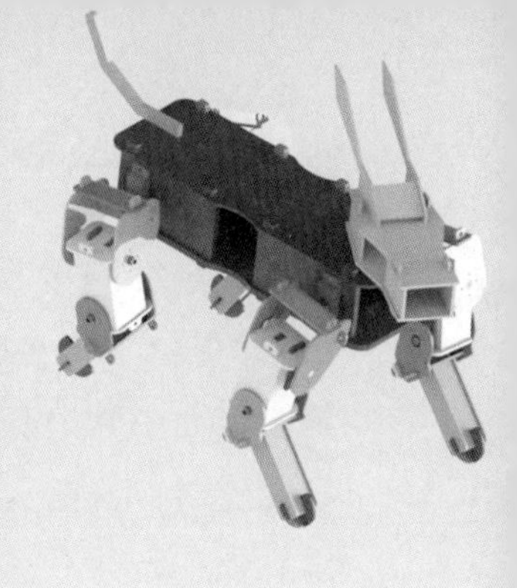

第 1 章 小型仿生机器人的基本概念

1.1 生物的本领

1.1.1 不同凡响的探测能力

自然界中的各种生物通过物竞天择和长期进化，已对外界环境产生了极强的适应性，在能量转换、传感探测、运动控制、姿态调节、信息处理和方位辨别等方面还表现出了高度的合理性，已日益成为人类提升科学研究水平、开发先进技术装备的参照物和借鉴物。

当人们放眼周围的自然界时，常常会被生物们不同凡响的探测能力所震惊和倾倒。例如，研究人员发现鲨鱼在搜寻猎物时，其传感器官会采用一种新颖的热探测形式[1,2]。这种热探测形式之所以新颖，就在于它与一般哺乳动物采用的热探测形式不同。哺乳动物通常会利用冷敏感离子通道来将其身体周围的温度信息转换成能够被热传感神经细胞接收的电信号。但鲨鱼则有所不同，其头部前方生有敏感的“电传感器”，每个“电传感器”由一束传感细胞和神经纤维组成，它们均位于充满胶体的小管中，而小管的开口通过一个小孔通向鲨鱼身体表面。当鲨鱼身体周围的温度发生微小变化时，鲨鱼头部“电传感器”的细胞外胶体会发生明显的电压变化，这样，温度信息便在无需冷敏感离子通道的情况下被转换成电信号，这种响应快捷、高效，可帮助鲨鱼迅速找到可能提供丰富食物的热锋信息。

1.1.2　别具一格的伪装能力

自然界中的许多生物往往都有着自己独特的生存绝技，伪装术就是其中之一[3]。漫长的进化和变异过程，为众多生物赢得了天生“伪装大师”的美称。生物们利用其自身结构和生理特性来“隐真示假”，与人类在军事斗争中采用的伪装术是异曲同工、殊途同归。

追根溯源，人类战争史以及由此产生的军事伪装术仅有数千年的历史，而形形色色的生物伪装术则伴随着物竞天择与适者生存的自然规律不断演化，有着与生物生命史一样久远的发展历程。尤其是隐身、拟态、干扰等生物伪装术花样繁多。

按照伪装方式的不同，生物伪装术大致可以分为隐身、拟态和干扰三类[4-6]。

1. 隐身伪装术

所谓隐身，其实就是“隐真”（见图1－1），有些生物会以外部自然环境为隐身基准，通过改变自身色调色彩，达到隐蔽自我、迷惑天敌或捕食猎物的目的。例如，生活在丛林里的变色龙就是通过采用掩护色，把自己的肤色调整得与四周环境的颜色一致，以避免被猎物发现，从而有利于自己隐蔽前进和发起攻击。生物隐身伪装术可谓是人类军事隐身伪装术的灵感源泉，为人类军事隐身伪装术的发展提供了宝贵的参考与借鉴[7]。

图1－1　隐身伪装术

2. 拟态伪装术

所谓拟态伪装，其实就是“示假”（见图1－2）。在动物世界里，竹节虫的拟态伪装术可谓炉火纯青，完全能够以假乱真。当竹节虫趴在植物上时，其自身体形与植物形状十分吻合，能够装扮成被模仿的植物，或枝或叶，极其相似；同时，竹节虫还能根据光线、湿度和温度的差异来改变体色，让自身完全融入周围的环境中，使鸟类、蜥蜴、蜘蛛等天敌难以发现其存在。

3. 干扰伪装术

如果说隐身和拟态伪装还属于被动伪装范畴，那么乌贼施放烟幕避敌则是生物采用主动干扰方法实施伪装以求生存的典范（见图1－3）。解剖实验表明，乌贼体内有一个专门用来存储黑色液体的“墨囊”，当乌贼遇到侵害时，就会从“墨囊”中喷出与自己形态相似的黑色浓液，悬浮在水中。当敌害碰到时，浓液会“爆炸”，并在周围形成一层浓黑的烟幕。

图1－2　拟态伪装术

图1－3　干扰伪装术

对生物伪装的研究以及由此而衍生的生物伪装技术，大大提高了人类军事伪装术的效能。与传统的伪装方法相比，生物伪装术主要有以下四个方面的优点[8]：

（1）取材简单

自然界中的生物在进行合成代谢时，大都以随处可得的物质（如空气、水、植物和矿物质等）为原料，以阳光等为能源，不仅原料成本低，而且取之不尽、用之不竭。

（2）安全可靠

抛开眼花缭乱的表征，生物伪装的实质就是生物化学反应，这类反应大多是在酶的催化作用下进行的，要求输入的能量少，反应条件缓和，工艺和设备简单，操作安全性好。

（3）活性强劲

生物分子通常具有复杂的精细结构，这种结构往往会赋予生物分子特殊的活性，即所谓的“生物特异功能”，例如准确、敏感的感知能力，高效、迅速的搜索能力，牢固、可靠的黏结能力等。

（4）结构紧凑

生物系统中的信息码、功能模块、制造组装单元都是在分子水平上以完美方式自组装起来的，其结构比具有类似功能的人造光学或机械系统紧凑得多。

有关研究表明，当真假目标的数量达到一定比例时，成功的“隐真”和“示假”相当于增加了10倍的兵力；当真假目标各被揭露50%时，相当于增加了40%的兵力；

当真目标完全暴露而假目标未被识破时，相当于增加了67%的兵力。由此可见，伪装在军事上的作用非同一般。生物在伪装上的招数，无疑为现代军事伪装开拓了新的研究思路，具有广阔的应用前景（见图1－4）。

图1－4　伪装在军事方面的应用

1.1.3　出类拔萃的通信能力

世界上没有一种动物能够真正单独地生活。动物之间相互联系有着自己独特的方式。例如，蚂蚁在集体生活时，靠特殊的“化学语言”保持联系[9]。这种特殊的“化学语言”其实就是激素，它是由蚂蚁某一器官或组织分泌到体外的一种化学物质。蚂蚁在寻找食物时，会将这种激素散布在来回的路上，同伴们根据留下的气味，就知道去哪里觅食。一同前去的蚂蚁都散发出这种气味，使来往的道路成为“气味长廊”，成群的蚂蚁沿着这条长廊搬运食物，忙碌不息（见图1－5）。蚂蚁还能利用气味辨别谁是同族，谁是异族。如果蚂蚁误入异族巢穴而被发现，其命运就非常可悲了。

图1－5　蚂蚁集体觅食

猩猩靠声音互相联系。当一只猩猩看到树上结有果实时，它会大声呼啸，告知同伴前来分享；当猩猩遇到敌害时，它也会发出号叫，恳请同伴前来救援。

昆虫的鸣叫是为了吸引异性同类，或是对其他动物进行警告。蝉的腹部生有气室，气室的一边是鼓膜，气室中空气的流动使鼓膜发生振动而吱吱作响。蝗虫用后腿摩擦翅膀发出响声，蟋蟀则用双翅相互擦击发出叫声。

许多时候，动物接收信息靠的是眼睛，而比较容易被眼睛接收的是色彩和动作。雄孔雀开屏时展现绚丽多彩的羽毛，就是将缤纷的色彩作为信息引起雌孔雀的注意，同时也是对其他雄孔雀发出警告。

蜜蜂以婀娜多姿的舞姿为信号，与同伴进行联系。奥地利生物学家弗里茨经过细心的研究，发现蜜蜂舞蹈的秘密。蜜蜂的舞蹈主要有“圆舞”和“镰舞”两种形式。当工蜂外出回巢后，常做一种有规律的飞舞。如果工蜂跳“圆舞”，就是告诉同伴蜜源与蜂房相距不远，约在100 m；如果工蜂跳“镰舞”，就是告诉同伴蜜源与蜂房相距较远。路程越远，工蜂跳的圈数就越多，频率也越快。

1.2 生物的启迪

1.2.1 发人深省的对比

1. 片流膜的发明[10]

马克思·克雷默博士倚靠在轮船甲板的栏杆上，尽管大西洋的景色壮美无比，但却没有引起他的丝毫兴趣，唯有那群逐浪嬉戏的海豚始终牵引着他的视线。克雷默博士是一位学有专长、造诣深厚的德国科学家。第二次世界大战以前，他在德国航空研究中心领导着抗湍流的研究。这次，他应聘到美国海军某研究所工作。连日来，他一直注意着大西洋上的海豚，眼前这群游速达每小时50 km的活泼海豚，伴随着轮船快速游行已有两个多小时，但看上去它们的动作依然是那样的潇洒自如、刚劲有力，没有丝毫倦意。克雷默博士对此产生了绝大的兴趣。由于从事抗湍流研究工作已有多年，他非常清楚与空中飞行物要经受气流产生的湍流的阻力一样，在水中运动的物体同样也会经受水中湍流的强劲阻力。他不禁奇怪海豚是怎样抗击湍流而高速游动的，虽然海豚具有非常完美的流线型外形，头部和尾部狭尖而中间部分宽厚，耳壳和后肢都已退化消失，身长与厚度的比例十分合理，浑身光滑少毛，这些特点对海豚减小水中湍流阻力十分有利。然而，有人做过试验，航速为每小时50 km的轮船若拖着一只与海豚身形相同、大小相仿的物体在海上航行，需要增加2.6匹马力①。而眼前的海豚按其身躯大小来估计，本身是不可能产生那么大的驱动力的。海豚能在比空气密度大800

① 1匹马力=735 W。

倍的水中轻松地追随高速航行的轮船，必定有其奥妙之处。是不是海豚能以最小的动力来最大限度地把湍流变成片流呢？如果这个问题能搞清楚，那么对抗湍流的研究一定会有所帮助。

1956 年，克雷默博士终于得到了梦寐以求的海豚皮样张，立即对它进行了仔细研究。这张海豚皮厚度约为 1.55 mm，富有弹性和疏水性。经过切片，在显微镜下观察，可见其组织结构与其他脊椎动物的皮肤一样，也是由表皮、真皮和由胶质纤维与弹性纤维交错的结缔组织组成的。但与众不同的是，海豚的真皮层上面有许多小乳突，根据各部位比较，这些小乳突在额部和尾部特别发达。这些小乳在突对抗湍流时有什么作用呢？克雷默博士决心弄个明白。通过研究，他认为这些小乳突形成了很多微小的管道系统，在运动中能经受很大的压力，含有胶质纤维和弹力纤维交错的结缔组织，中间充满了脂肪，增加了海豚皮肤的弹性，皮肤的弹性和疏水性在很大程度上消除了水流由片流变成湍流的振动，并能使水分子集结成环状结构在海豚体表上滚动。众所周知，滚动摩擦的阻力是最小的，从而把水阻力大大地减小了，再加上海豚皮下肌肉能做波浪式运动，使富有弹性的皮肤在水的压力下灵活地变形，使其和水流的运动相一致，进而有效地抑制水流高速流经皮肤时产生的漩涡，这样海豚即便在高速运动时，也能把水阻力降低到最小限度。

据此，克雷默博士开始研制人造海豚皮。1960 年，他在美国橡胶公司工作期间，用橡胶仿造海豚皮肤的结构研制出一种名叫“片流膜”的人造海豚皮（见图 1－6）。这种片流膜由三层组成：表层、底层和中间层。表层和底层都是光滑的薄层，当中的一层设置了许多容易弯曲的小突片，形成一种微细的管道系统，其内充满了富有弹性的液体，使片流膜具有弹性。后来克雷默博士将片流膜装配在潜水装置上进行试验，结果使湍流减少了 50%。此后，美国军方将这种片流膜安装在潜水艇的表面，取得了很好的效果，大大提高了潜水艇的航行速度。以后人们又将这种片流膜安装在输送石油的管道内壁上，同样显著提高了石油输送的效率。

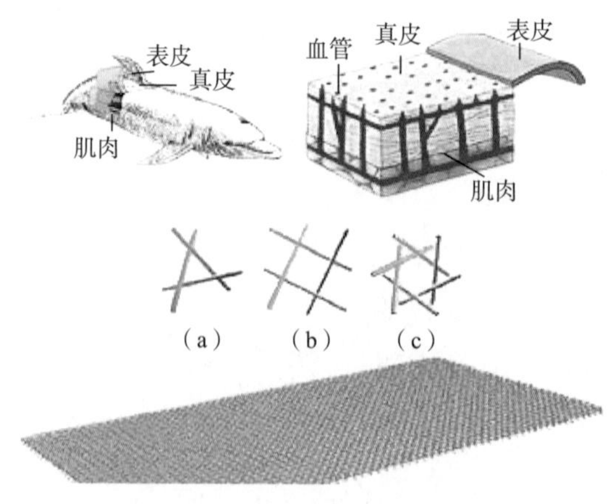

图 1－6　海豚皮与人造海豚皮

2. 青蛙眼和电子眼

电子蛙眼是电子眼的一种，其前部实际上就是一个摄像头，成像之后通过光缆传输到电脑设备显示和保存，它的探测范围呈扇状且能转动，这与蛙类的眼睛（见图1－7）类似。

图1－7 蛙眼

科学家根据蛙眼的原理和结构发明了电子蛙眼。现代战争中，敌方可能发射导弹来攻击我方目标，这时我方可以发射反导弹截击对方来袭导弹，但敌方为了迷惑我方，又可能发射假导弹来扰乱我方的视线。在战场上，敌人的飞机、坦克、舰艇发射的真假导弹都处于快速运动之中，要克敌制胜，就必须及时把敌方真假导弹区别开来。如果我方能将电子蛙眼和雷达相配合，就可以像蛙眼一样，敏锐、迅速地跟踪飞行中的真目标。

青蛙捕虫的本领十分高强，当有小虫从它眼前飞过时，青蛙便一跃而起，以迅雷不及掩耳之势将小虫捕获。但令人惊异的是，青蛙那双凸起的眼睛，对静止的东西却往往视而不见，即使有它最喜爱的苍蝇待在眼前，也不会引起它的注意。这种现象引起了科学家们的浓厚兴趣，对蛙眼的结构进行了仔细研究，发现蛙眼里面有四种神经细胞，也就是四种“检测器”。它们的形状、大小和树状突分支各不相同，每种细胞接受范围的大小和轴突传导信号的速度也各不相同。第一种神经细胞叫反差检测器，它能感觉运动目标暗色前后缘；第二种神经细胞叫运动凸边检测器，它对有轮廓的暗颜色目标的凸边产生反应；第三种神经细胞叫边缘检测器，它对静止和运动物体的边缘感觉最灵敏；第四种神经细胞叫变暗检测器，只要光的强度减弱了，它就能立刻反应。蛙眼在这四种神经细胞的作用下，能把一个复杂图像分解成几种容易辨别的特征，然后传送到青蛙大脑的视觉中心，经过综合，就能看到原来的完整图像。

科学家们还对青蛙进行了特殊的实验研究。原来，蛙眼视网膜的神经细胞分成五类，一类只对颜色起反应，另外四类只对运动目标的某个特征起反应，并能把分解出的特征信号输送到青蛙大脑的视觉中枢——视顶盖。视顶盖上有四层神经细胞，第一层对运动目标的反差起反应；第二层能把目标的凸边抽取出来；第三层只看见目标的四周边缘；第四层则只管目标暗前缘的明暗变化。这四层特征就好像在四张透明纸上所画的不同图画，叠在一起，就是一个完整的图像。因此，在迅速飞动的各种形状的小动物里，青蛙可立即识别出它最喜欢吃的苍蝇和飞蛾，而对其他飞动着的东西和静止不动的景物都毫无反应。科学家们根据蛙眼的视觉原理，已研制成功了一种电子蛙眼（见图1－8）。这种电子蛙眼能像真的蛙眼那样，准确无误地识别出特定形状的物体。把电子蛙眼装入雷达系统后，雷达抗干扰能力大大提高。这种雷达系统能够快速而准确地识别出特定形状的飞机、舰船和导弹等，特别是能够区别真假导弹，防止敌方以假乱真，破坏我方的作战计划。

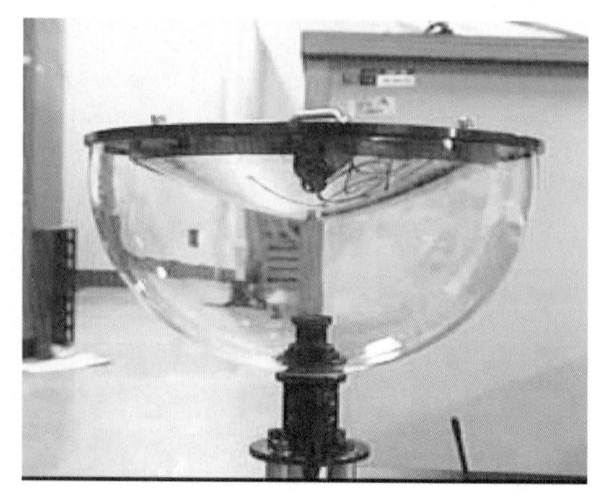

图1－8　电子蛙眼

1.2.2　生物形态的妙用

1. 从猫胡子谈起[11]

养猫和爱猫的人都会觉得猫是一种温顺、可爱的小宠物。它们确实如此。但它们却属于一个特殊的动物科——猫科，这个科的成员还包括凶猛的狮子、老虎、豹子等。不管猫的生活地区、体形、外表有多大差异，猫都有一个共同之处，那就是它们的身体条件非常适合捕猎，它们都是技能高超的捕猎能手。猫有着锐利的眼睛、锋利的牙齿、带钩的尖爪、柔软的脚垫，猫的视觉、听觉、嗅觉十分敏锐，甚至连猫嘴边的胡子都能帮助它敏捷地捕食。

猫的胡子根部生有极细的神经，触及物体时猫就能及时感觉到，所以猫的胡子是一个特殊的感觉器官。它伸展的面积与猫的身体一样宽，这就能使猫在黑暗、狭窄的通道中探测路径，摸清自己的身体是否可以通过。胡子能帮助猫在暗中感觉周围情况，当猫的眼睛或耳朵都用不上时，胡子就能帮上大忙。平时走路、奔跑，猫也要靠着胡子感知周围的物体。特别是在捕鼠时，胡子可帮助猫探测鼠洞的宽度和深度，当胡子扫过老鼠的身体时，猫便能察觉老鼠所在，从而帮助捕鼠。因此，胡子既是猫的“探测器”，又是猫的“计量仪”，可为猫提供很多方便。

许多其他动物，特别是啮齿类动物，也有着触觉灵敏的胡子。鼹鼠除了在鼻子周围有一圈完整的胡子之外，末端还有一串称之为爱默氏器的细微神经末梢。这些神经末梢的排列十分致密，可以与触须一起共同来识别洞穴中的空气碰到障碍物而产生的气流的方向和压缩波的方向。如果夜晚鼹鼠要出洞，就以触须来试探洞穴外面的空气情况。星鼻鼹鼠的鼻尖周围有排列成星形的22个很小的裸露的肉质附属物，这是一种特异的超灵敏触觉器官，事实上，这种器官还有味觉机能，它可帮助星鼻鼹鼠探测沼泽、湖底和小河深处的食物。

2. 从蜘蛛丝谈起

很多人认为，蜘蛛只是用丝来织网捕食。其实，再也没有别的动物像蜘蛛那样妙用蜘蛛丝了。蜘蛛用纤细的蜘蛛丝来织造住所、卵袋、套索、救生索、钟形潜水器以及众所周知的蛛网（见图1－9）。实际上，蜘蛛不是昆虫，而属于“蛛形动物”类。和昆虫不同，蜘蛛有八条腿，多数有八只眼，身体只有两节，无翼。蜘蛛在各种气候条件下都能生存。它们能在地上行走，能在树上攀缘，能在水面游荡，甚至还能在水中生活。

图1－9　形形色色的蜘蛛网

蜘蛛在位于其腹内的一些腺体中造丝。蜘蛛的腹部末端生有吐丝器官，这些器官内有许多小孔，蜘蛛丝就从这些小孔中压出。蜘蛛丝出来时是液体，一接触到空气就变成固体。蜘蛛能够制造出许多不同类型的蜘蛛丝。其中，具有黏性的蜘蛛丝用来织网，以捕捉猎物；不具有黏性且较粗的蜘蛛丝用作蛛网的辐条；还有一种不同的蜘蛛丝则用来编织卵袋。蜘蛛所编织的蛛网有许多不同的类型，如“轮状网”是人们最为常见的一种；“皿网”的形状像漏斗或拱顶。活板门蛛则在网的顶端编织一个眼睑状的洞，用来捕捉猎物。还有的蜘蛛用蜘蛛丝编织成钟形潜水器，可使自己完全置于水中。

蜘蛛丝虽然十分纤细，但其强度和韧性相当惊人，一旦猎物被蜘蛛丝缠住，要想全身而退是难上加难。科学家们发现，蜘蛛丝是由大约17种氨基酸构成的蛋白质纤维，具有超强的韧性和抗断裂机能，同时还具有质轻、抗紫外线与生物可分解等特点，其优异的物理性质是一般纤维、天然纤维甚至是合成纤维所无法比拟的。在物理性质方面，蜘蛛丝的密度在1.34左右，与羊毛和蚕丝等蛋白质纤维相近。除了外观闪亮有光泽外，蜘蛛丝还具有耐热等特性。蚕丝在140 ℃便会产生黄化现象，而蜘蛛丝在200 ℃以下时则表现出优良的热稳定性，超过300 ℃时才会出现黄化现象。在力学性质方面，蜘蛛网圆周丝的初始模量虽比高强力芳香族聚酰氨纤维的略低，但明显高于 Nylon6，且圆周丝在蜘蛛丝中并不是强度最高的一种。需要指出的是，高强力芳香族聚酰氨纤维的断裂伸长率只有 2.5% ~3%，而蜘蛛丝的断裂伸长率为 36% ~50%，因此具有吸收庞大能量的特性。蜘蛛丝的耐低温特性也十分优异。据测试，蜘蛛丝在 -40 ℃时仍具有弹性，只是在更低温度下才会变硬。此外，蜘蛛丝几乎全部都是由蛋白质组成的，故有生物分解与回收等优点，不会对环境造成污染，符合可持续发展的要求。

由于蜘蛛丝性能优异，所以人类很早就对其展开了研究和利用[12]。在第一次世界大战期间，蜘蛛丝曾被用作望远镜和枪炮所附光学瞄准装置中的十字准线，但那时人们对其结构和性能还知之甚少。到了 20 世纪 90 年代，人们对蜘蛛丝蛋白基因组成、结构形态、力学性能等有了深入研究，为人造蜘蛛丝的商业化生产创造了条件。

天然蜘蛛丝主要来源于蛛网，产量很低，而且蜘蛛具有同类相食的天性，无法像家蚕一样高密度养殖，故想获得大量的天然蜘蛛丝十分困难。随着现代生物工程技术的发展，用基因工程的方法人工合成蜘蛛丝蛋白将会获得新的突破，人类通过工业化途径获取大量人工蜘蛛丝纤维的梦想一定会实现。

3. 从生物电谈起

在一次国际自动控制技术学术会议上，当一个 15 岁的无手男孩用假手在黑板上用粉笔流利地写出“向会议的参加者致敬”的字样时，大厅里顿时响起了雷鸣般的掌声。人们兴奋不已、赞叹不绝，不断地向这种新颖控制技术的发明者表示热烈的祝贺。

发明者是怎样使假手能像真手一样工作的呢？其中生物电起到了关键作用。

早在 18 世纪末叶，科学家们对生物机体内的生物电流就已经有所认识[13]。因为生物体内不同的生命活动，如人体心脏的跳动、肌肉的收缩、大脑的思维等，都能产生相应的生物电，因而人们可以借助生物电来诊断各种疾病。

生物电的应用十分广泛，应用生物电来控制假手的运动就是其中之一[14,15]。众所周知，人类双手的一切动作都是大脑发出的一种指令（即电信号）经过成千上万条神经纤维，传递给手中相应部位的肌肉引起的对应反应。如果人们把大脑指令传到肌肉中的生物电引出来，并把这个微弱的信号加以放大，这种电信号就可以直接去操纵由机械零件和电气元件组成的假手了。

国外曾经生产出一种机电假手，从肩膀到肘关节，使用了 5 只油压马达，手掌及手指的动作则利用两台电动马达驱动相应部件来完成。手臂在发出动作之前，利用上半身的各肌肉电流作为假手活动的指令，即在人体背脊及胸口安放相应的电极，用微型信号机来处理那里产生的电流信息，上述 7 台马达就能根据假手主人想做的动作进行运转。这种假手的动作与真手所能完成的动作大致相同，由于主要部分采用了硬铝及塑料，故其质量还不到2.63 kg。据报道，这种假手已能够做诸如转动肩膀、手臂和掌，以及弯曲关节等27种动作。它能为因交通及工伤事故而被齐肩截断手臂的残疾人解决生活和工作上的许多不便。

苏格兰一家假肢制造公司最近推出一种每根手指都装有电动机的人造手，该人造手具有多种抓取模式。普通的人造手像镊子那样用拇指、食指和中指夹东西，形象僵硬，而且十分不便。这种新型人造手则模仿了人手的抓取动作，即5根手指以适应物体形状的方式进行抓握。该公司的营销主管菲尔·纽曼说，这样不仅必需的抓取力更小，而且手掌的运动也具有了自然美感。

这种新型的人造手由两个肌电传感器控制。传感器安装在手臂残端，记录屈肌或伸肌绷紧时皮肤产生的电流。假肢使用者能以这种方式发出让人造手张开或攥紧的信号。因每根手指都可接收指令单独运动，这种新型人造手可做许多种动作。例如使用者可以伸出食指来操纵键盘。研究者认为这种新型人造手更加适合残疾人日常生活使用。

人造假手的出现不仅为残疾人带来福音，而且由于生物电经过放大之后，可以用导线或无线电波传送到非常遥远的地方去，这对扩大人类的生产领域、提升人类的工作能力将会产生巨大的影响。

生物电的研究对农业生产也具有巨大的意义。向日葵的花朵能随着太阳的东升西落而运动，含羞草的叶子一经扰动就会闭合起来，这些现象都是生物电在起作用的缘故。

植物中的生物电究竟是怎样产生的呢？有人曾做过如下的实验：在空气中，将一个电极放在一株植物的叶子上，另一个电极放在植物的基部，结果发现两个电极之间能产生30 mV左右的电位差。当将同样的一株植物放在密封的真空中时，由于植物在真空中被迫停止生命活动，所以植物基部和叶片之间的电压也就消失了。这个实验有力地证明，生物的生命活动是产生生物电的根源。

1.3 仿生学的基本概念

1.3.1 什么是机器人

按照一般辞典所述，所谓机器人，是指“能够代替人类做事的自动装置或具有人类形态的机器”。人们一般可将机器人简单定义如下：机器人是具有能够识别目标物体和使其运行的功能，并且按程序执行操作的自动机器。

目前流传着一个关于“机器人”名字起源的小故事，据说“机器人”这个术语来自捷克语中的“Robota”一词，即劳动的意思。“机器人”最早出现在1920年捷克斯洛伐克作家恰佩克发表的科幻剧《Rossum's Universal Robots（罗萨姆的万能机器人)》中，它是小说中一群没有思想和情感的人造人中的主人公。机器人初期出现在小说中时，是反抗人类和给人们带来灾害的“坏蛋”，而现在机器人却是帮助人们做事、服务人类生活的不可或缺的“伙伴”。

1912年，美国科幻巨匠阿西莫夫提出了“机器人三定律”[16]，这三条“定律”(Law）是所有机器人必须遵守的：

①机器人不得伤害人类，或袖手旁观坐视人类受到伤害；

②除非违背第一定律，机器人必须服从人类的命令；

③在不违背第一和第二定律的情况下，机器人必须保护自己。

虽然这只是科幻作家们在小说里描述的“信条”，但后来却正式成为机器人发展过程中科研人员必须遵守的研发原则。

自机器人诞生之日起，人们就不断尝试说明到底什么是机器人。随着科技的发展，机器人所涵盖的内容越来越丰富，定义也不断充实和创新。

现在，国际上对机器人的概念已经逐渐趋于一致，即机器人是靠自身动力和控制能力来实现各种功能的一种机器[17]。联合国标准化组织采纳了美国机器人协会给机器人下的定义，即“机器人是一种可编程和多功能的操作机，或是为了执行不同的任务而具有可用电脑改变和可编程动作的专门系统”。

参考各国、各标准化组织的定义，人们可以认为：机器人是一种由计算机控制的可以编程的自动化机械电子装置，它能感知环境，识别对象，理解指示，执行命令，有记忆和学习功能，具有情感和逻辑判断思维，能自身进化，能按照操作程序来完成任务。

经过多年的发展，机器人目前已经成为多种类、多功能的庞大家族，大到身高体壮，能够力举千钧；小到纤细无比，能够进入血管；上到翱翔太空，九天揽月；下到潜入深海，五洋捉鳖；它既可在工业生产中兢兢业业高质量地完成任务，也可走入寻常百姓家温情款款地端茶递水。

从应用环境考虑，机器人的大家族可以分为工业机器人和特种机器人两大类[18,19]。工业机器人（见图1－10）是面向工业领域的多关节机械手或多自由度机器人；特种机器人则是除工业机器人之外的、用于非制造业并服务于人类的各种先进机器人，包括探测机器人（见图1－11)、服务机器人（见图1－12)、水下机器人（见图1－13)、娱乐机器人（见图1－14)、军用机器人（见图1－15)、机器人化机器（见图1－16）等。

(a)

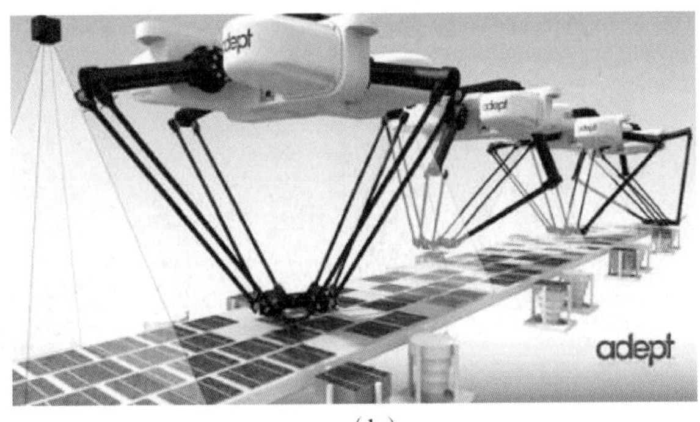

(b)

图 1－10　工业机器人

(a) 工业搬运机器人；(b) 工业送料机器人

(a)

(b)

图 1－11　探测机器人

(a) 航天探测机器人；(b) 星际探险机器人

(a)

(b)

图 1－12　服务机器人

(a) 家政机器人；(b) 扫地机器人

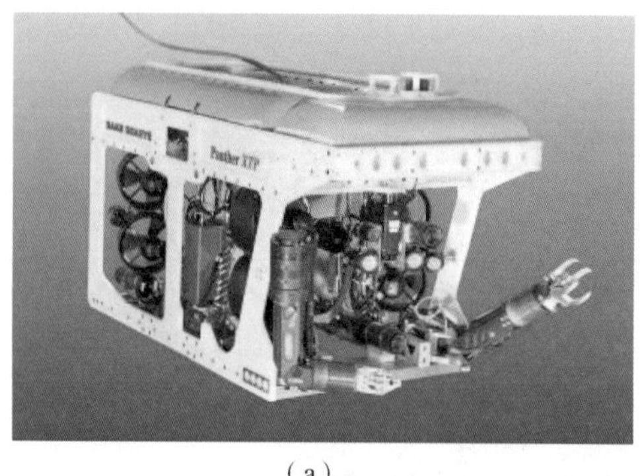

(a)

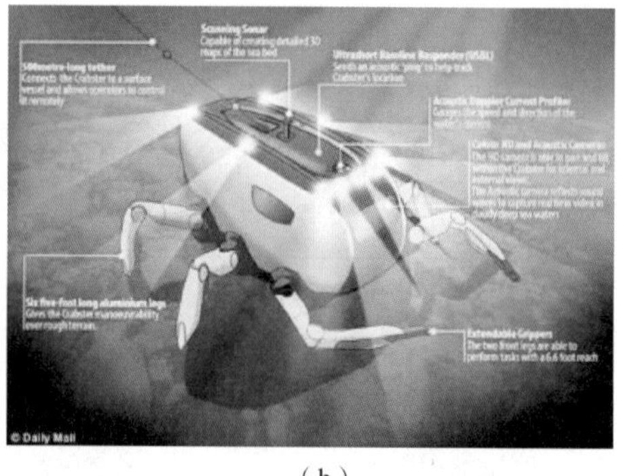

(b)

图 1－13　水下机器人

(a) 深海探测机器人；(b) 海洋探险机器人

(a)

(b)

图 1－14　娱乐机器人

(a) nao 娱乐机器人；(b) sony 娱乐机器人

(a)

(b)

图 1－15　军用机器人

(a) 运输机器人；(b) 作战机器人

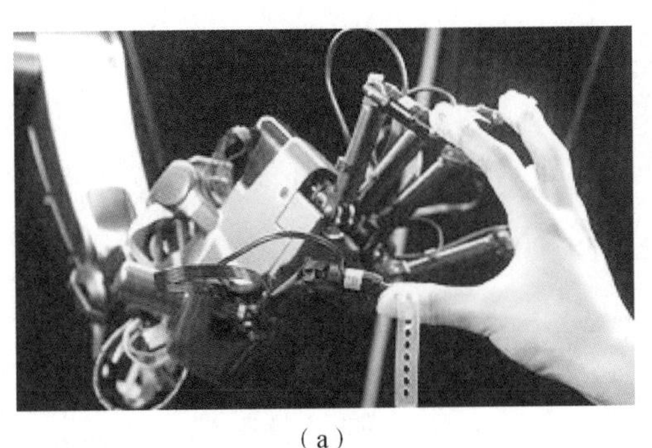

(a)

(b)

图1－16 机器人化机器

(a) 工业灵巧手；(b) 机器人生产线

1.3.2 什么是仿生学

仿生学（bionics）一词最早是在1958年由美国人斯蒂尔（Jack Ellwood Steele）采用拉丁文“bios”（生命方式）和词尾“nic”（具有……性质的）组合而成的[20]。

仿生学是研究生物系统的结构、性状、原理、行为，为工程技术提供新的设计思想、工作原理和系统构成的技术科学，是一门由生命科学、物质科学、数学、力学、信息科学、工程技术以及系统科学等学科交叉而成的新兴学科。仿生学为科学技术创新提供了新思路、新理论、新原理和新方法。

今天，人们已越来越清醒地认识到：生物具有的功能比迄今任何人工制造的机械装备或技术系统都优越得多，仿生学就是要有效地应用生物功能并在工程上加以实现的一门学科，仿生学的研究和应用将打破生物和机器的界限，将各种不同的系统沟通起来。

仿生学的研究范围主要包括形态仿生、结构仿生、力学仿生、分子仿生、能量仿生、信息与控制仿生等。下面将主要对前两种仿生形式做重点阐述，余者只做一般性介绍。

1. 形态仿生

(1) 生物形态与形态仿生

在仿生学领域，所谓形态，是指生物体外部的形状[21]。所谓形态学，是指研究生物体外部形状、内部构造及其变化的科学。所谓形态仿生，是指模仿、参照、借鉴生物体的外部形状或内部构造来设计、制造人工系统、装置、器具、物品等。形态仿生的关键在于要能将生物体外部形状或内部构造的精髓及特征巧妙应用在人工系统、装置、器具、物品中，使之“青出于蓝而胜于蓝”。

对于各种模仿、借鉴或参照生物体的外部形状或内部构造而制造出的人工系统、装置、器具、物品来说，仿生形态是这些人造物体机能形态的一种形式。实际上，仿生形态既有物体一般形态的组织结构和功能要素，同时又区别于物体的一般形态，它来自设计师对生物形态或结构的模仿与借鉴，是受自然界生物形态及结构启示的结果，是人类智慧与生物特征结合的产物。长期以来，人类生活在奇妙莫测的自然界中，与周围的生物比邻而居，这些生物千奇百怪的形态、匪夷所思的构造、各具特色的本领，自始至终吸引着人们去想象和模仿，并引导着人类制作工具、营造居所、改善生活、建设文明。例如，我国古代著名工匠鲁班，从茅草锯齿状的叶缘中得到启迪，制作出锯子。无独有偶，古希腊的发明家从鱼类梳子状的脊骨中受到启发，也制作出了锯子。

大自然和人类社会是物质的世界，也是形态的世界（见图1－17）。事物总是在不断地变化，形态也总是在不断地演变。自然界中万事万物的形态是自然竞争和淘汰的结果。这种竞争和淘汰永无终结。自然界不停地为人们提供着新的形态，启迪着人类的智慧，引导人类在形态仿生上迈出创新的步伐。

图1－17　生物的形态

现代社会文明的主体是人和人所制造的机器。人类发明机器的目的是用机器代替人来完成繁重、复杂、艰苦、危险的体力劳动。但是机器能在多大程度上代替人类劳动，尤其是人类的智力劳动？会不会因机器的大量使用而给人类造成新的问题？这些问题应该引起当今世界的重视。大量机器的使用使工作岗位出现了前所未有的短缺。人类已经在这种现代文明所导致的生态失调状况下开始反思并力求寻找新的出路。建立人与自然、人与机器的和谐关系，重塑科技价值和人类地位，在人与机器、生态自然与人造自然之间建立共生共荣的结构，从人造形态的束缚中解脱出来，转向从自然界生物形态中借鉴设计形态，是当代生态设计的一种新策略和新理念。

首先，形态仿生的宜人性可使人与机器形态更加亲近。自然界中生物的进化、物种的繁衍，都是在不断变化的生存环境中以一种合乎逻辑与自然规律的方式进行着调整和适应。这都是因为生物机体的构造具备了生长和变异的条件，它随时可以抛弃旧功能，适应新功能。人工形态与空间环境的固定化功能模式抑制了人类同自然相似的自我调整与适应关系。因此，设计要根据人的自然和社会属性，在生态设计的灵活性和适应性上最大限度地满足个性需求。

其次，形态仿生蕴含着生命的活力。生物机体的形态结构为了维护自身、抵抗变异，形成了力量的扩张感，使人感受到一种强烈的生命活力，唤起人们珍爱生活的潜在意识，在这种美好和谐的氛围下，人与自然融合、亲近，消除了对立心理，使人们感到幸福与满足。

最后，形态仿生的奇异性丰富了造型设计的形式语言。自然界中无数生物丰富的形体结构、多维的变化层面、巧妙的色彩装饰和变幻的图形组织以及它们的生存方式、肢体语言、声音特征、平衡能力为人工形态设计提供了新的设计方式和造美法则。生物体中体现出来的与人沟通的感性特征将会给设计师们新的启示。

人类对自然界中的广大生物进行形态研究和模拟设计源远流长、历史悠久，但是作为一门独立的学科却是 20 世纪中叶的事情。1958 年，美国人 J·E·斯蒂尔首创了仿生学，其宗旨就是借鉴自然界中广大生物在诸多方面表现出来的优良特性，研究如何制造具有生物特征的人工系统。在某种意义上人们可以认为：模仿是仿生学的基础，借鉴是仿生学的方法，移植是仿生学的手段，妙用是仿声学的灵魂。例如，枫树的果实借助其翅状轮廓线外形从树上旋转下落，在风的作用下可以飘飞得很远。受此启发，人们发明了陀螺飞翼式玩具，而这又是目前人类广泛使用的螺旋桨的雏形。

现代飞行器的仿生原型是在天空中自由翱翔的飞鸟（见图 1－18）[22]。鸟的外形可减小飞行阻力，提高飞行效率，飞机的外形则是人们对鸟进行形态仿生设计的结果（见图 1－19）。鸟的翅膀是鸟用以飞行的基本工具，可分为四种类型：起飞速度高的鸟类，其翅膀多为半月形，如雉类、啄木鸟和其他一些习惯于在较小飞行空间活动的鸟类。这些鸟的翅膀在羽毛之间还留有一些小的空间，使它们能够减轻重量，便于快速行动，但这种翅膀不适合长时间飞行。褐雨燕、雨燕和猛禽类的翅膀较长、较窄、较尖，正羽之间没有空隙。这种比较厚实的翅膀可向后倒转，类似于飞机的两翼，可以高速飞行。其他两种翅膀是“滑翔翅”和“升腾翅”，外形类似，但功能不同。滑翔翅以海鸟为代表，如海鸥等，其翅膀较长、较窄、较平，羽毛间没有空隙。在滑翔飞行期间，鸟不用扇动翅膀，而是随着气流滑翔，这样可以使翅膀得到休息。滑翔时，鸟会下落得越来越低，直到必须开始振动翅膀停留在空中为止。在其他时间，滑翔翅鸟类则可在热空气流上高高飞翔几个小时。升腾翅结构以老鹰、鹤和秃鹫为代表。与滑翔翅不同的是，升腾翅羽毛之间留有较宽的空间，且较短，这样可以产生空气气流

图 1－18 振翅欲飞

图 1－19 人造雄鹰

的变化。羽毛较宽，使鸟能承运猎物。此外，这些羽毛还有助于增加翅膀上侧空气流动的速度。当鸟将其羽毛的顶尖向上卷起的时候，可以使飞行增加力量，而不需要拍打翅膀。这样，鸟就可以利用其周围的气流来升腾而毫不费力。升腾翅鸟类还有比较宽阔的飞行羽毛，这样可以大大增加翅膀的面积，可以在热空气流上更轻松地翱翔。

鸟的翅膀外面覆盖着硬羽（见图 1－20），其形状由羽毛的分布决定。随着羽毛向下拍动，鸟的翅膀下方的空气就形成一种推动力，称为阻力，并且由于飞行羽毛羽片的大小不同，羽片两边的阻力也有所不同。翅膀的功能主要是产生上升力和推动力。比较而言，飞机的双翼只能产生上升力（见图 1－21），其飞行所需的推动力来自发动机的推进力。

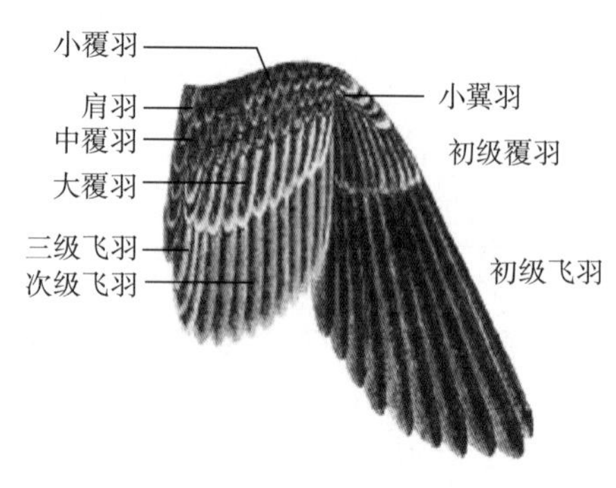

图1－20　鸟的翅膀

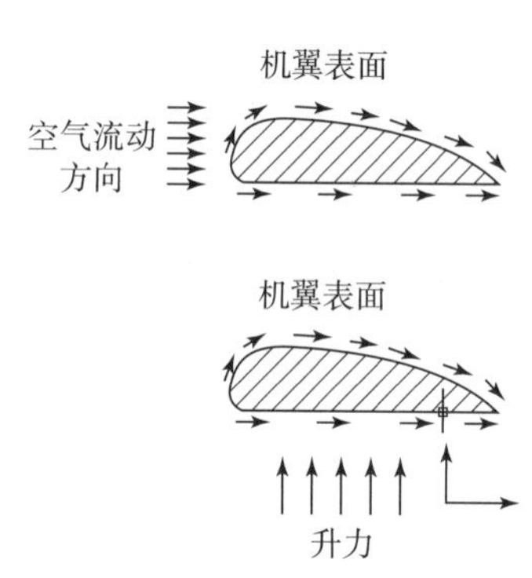

图1－21　飞机机翼截面受力图

鸟的骨头属于中空结构，使身体重量得以减轻，适宜在空中飞行。飞机为了减轻机身重量，采用高强度铝合金、ABS 工程塑料等轻型材料。虽然现代化的飞机飞得比鸟高、比鸟快、比鸟远，但说到耗能水平、灵活程度和适应场合，鸟类仍然遥遥领先，人类在飞行技术方面还得大力开展仿生研究[23,24]。

形态仿生设计是人们模仿、借鉴、参照自然界中广大生物外部形态或内部结构而设计人工系统、装置、器具、物品的一种充满智慧和创意的活动，这种活动应当充满创新性、合理性和适用性。因为对生物外部形态或内部结构的简单模仿和机械照搬是不能得到理想设计结果的。

人们经过认真思考、仔细对比，合理选择将要模仿的生物形态，确定可资借鉴和参考的形态特征展开研究，从功能入手，从形态着眼，经过对生物形态精髓的模仿，从而创造出功能更优良、形态更丰富的人工系统。

实际上，人类造物的许多信息都来自大自然的形态仿生和模拟创造（见图 1－22）。尤其是在当今的信息时代里，人们对产品设计的要求不同于以往。人们不但关注产品功能的先进与完备，而且关注产品形态的清新与淳朴，尤其提倡产品的形态仿生设计，让产品的形态设计回归自然，赋予产品形态以生命的象征是人类在精神需求方面所达到的一种新境界。

图 1－22 具有形态仿生特点的人造物

德国著名设计大师路易吉·科拉尼曾说："设计的基础应来自诞生于大自然的、生命所呈现的真理之中。"这句话完完整整地道出了自然界蕴含着无尽设计宝藏的天机。对于当代设计师们来说，形态仿生设计与创新的基本条件一是能够正确认识生物形态的功能特点、把握生物形态的本质特征，勇于开拓创新思维，善于开展创新设计；二是具有扎实的生物学基础知识，掌握形态仿生设计的基本方法，乐于从自然界、人类社会的原生状况中寻找仿生对象，启发自我的设计灵感，并在设计实践中不断加以改进与完善[25,26]。

在很多情况下，由于受传统思维和习惯思维的局限，人们思维的触角常常会伸展不开，触及不到事物的本源上去。从设计创新的角度分析，自然界广大生物的形态虽是人们进行形态仿生的源泉，但它不应该成为人们开展形态仿生设计的僵化参照物。所谓形态仿生，仿的应该是生物机能的精髓，因此，形态仿生设计应该是在创新思维指导下，使形态与功能实现完美结合。

科学研究表明，自然界的众多生物具有许多人类不具备的感官特征。例如，水母能感受到次声波而准确地预知风暴；蝙蝠能感受到超声波；鹰眼能从 3 000 m 高空敏锐地发现地面运动着的猎物；蛙眼能迅速判断目标的位置、运动方向和速度，并能选择最好的攻击姿势和时间。大自然的奥秘不胜枚举。每当人们发现一种生物奥秘，就为仿生设计提供了新的素材，也就为人类发展带来了新的可能。从这个意义上讲，自然界丰富的生物形态是人们创新设计取之不尽的宝贵题材。

自然界中万事万物的外部形态或内部结构都是生命本能地适应生长、进化环境的结果，这种结果对于当今的设计师来说是无比宝贵的财富，设计师们应当充分利用这些财富。那么，在形态仿生及其创新设计活动中，人们究竟应当怎么做呢？以下思路可能会对人们有所助益。

思路一：建立相关的生物功能－形态模型，研究生物形态的功能作用，从生物原型上找到对应的物理原理，通过对生物功能－形态模型的正确感知，形成对生物形态的感性认识。从功能出发，研究生物形态的结构特点，在感性认识的基础上，除去无关因素，建立精简的生物功能－形态分析模型。在此基础上，再对照原型进行定性分析，用模型来模拟生物的结构原理。

思路二：从相关生物的结构形态出发，研究其具体的尺寸、形状、比例、机能等特性。用理论模型的方法，对生物体进行定量分析，探索并掌握其在运动学、结构学、形态学方面的特点。

思路三：形态仿生直接模仿生物的局部优异机能，并加以利用。如模仿海豚皮制作的潜水艇外壳减小了前进阻力；船舶采用鱼尾形推进器可在低速下取得较大推力。应当注意的是，在形态仿生的研究和应用中很少模仿生物形态的细节，而是通过对生物形态本质特征的把握，吸取其精髓，模仿其精华。

形态仿生及其创新设计包含了非常鲜明的生态设计观念。著名科学家科克尼曾说："在几乎所有的设计中，大自然都赋予了人类最强有力的信息。"形态仿生及其创新设计对探索现代生态设计规律无疑是一种有益的尝试和实践。

（2）生物形态与工程结构[27]

经过自然界亿万年的演变，生物在进化过程中其形态逐步向最优化方向发展。在形形色色的生物种类中，有许多生物的外部形态或内部结构精妙至极，且高度符合力学原理。人们可以从静力学的角度出发，来观察一下生物形态或结构的奥秘之处，并感受其对工程结构设计的指导作用[28]。

自然界中有许多参天大树（见图1－23），其挺拔的树干不但支撑着树木本身的重量，而且还能抵抗风暴和地震的侵袭。这除了得益于其粗大的树干外，庞大根系的支持也是大树巍然屹立的重要原因。一些巨大的建筑物便模仿大树的形态来进行设计（见图1－24），把高楼大厦建立在牢固可靠的地基上。

图1－23　参天大树

图1－24　摩天大厦

鸟类和禽类的卵担负着传递基因、延续种族的重要任务，亿万年的进化使卵多呈球形或椭球形。这种形状的外壳既可使卵在相对较小的体形下有相对较大的内部空间，同时还可使卵能够抵抗外界的巨大压力。例如，人们用手握住一枚鸡蛋，即使用力捏握，也很难把蛋弄破。这是因为鸡蛋的拱形外壳与鸡蛋内瓤表面的弹性膜一起构成了预应力结构，这种结构在工程上有个专门的术语——薄壳结构。自然界中的薄壳结构具有不同形状的弯曲表面，不仅外形美观，而且承压能力极强，因而始终是建筑师们悉心揣摩的对象。建筑师们模仿蛋壳设计出了许多精妙的薄壳结构，并将这些薄壳结构运用在许多大型建筑物中，取得了令人惊叹的效果（见图1－25）。

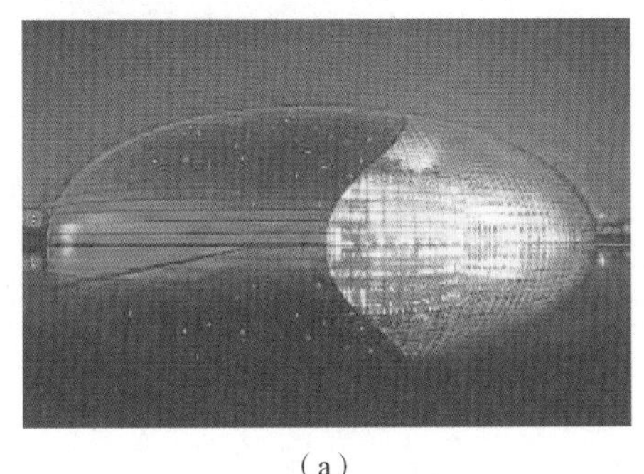

（a）

（b）

图1－25 具有薄壳结构外形的大型建筑物

（a）中国国家大剧院；（b）日本东京巨蛋

（3）生物形态与运动机构

现代的各种人造交通工具，无论是天上飞的飞机，还是地面跑的汽车，或是水里游的轮船，对其运动场合和运行条件都有着一定要求。若运动场合或运行条件不合适，那么它们就无法正常工作。一辆在高速公路上捷如奔马的汽车，如果陷入泥泞之中，则将寸步难行；一艘在汪洋大海中宛若游龙的轮船，如果驶入浅滩之中，则将无法自拔；一架在万里长空中翻腾似鹰的飞机，如果没有跑道起飞，则将趴在地面望空兴叹。但自然界中有许多生物，在长期的进化和生存过程中，其运动器官和身体形态都进化得特别合理，有着令人惊奇的运动能力。

昆虫是动物界中的跳跃能手，许多昆虫的跳跃方式十分奇特，跳跃本领也十分高强。如果按相对于自身体长来考察，叩头虫（见图1－26）的跳跃本事在动物界中名列前茅。在无须助跑的情况下，其跳跃高度可达体长的几十倍。叩头虫之所以如此善跳，其奥秘就在于叩头虫的前胸和腹部之间的连接处具有相当发达的肌肉，特殊的关节构造能够让其前胸向身体背部方向摆动。由于叩头虫在受到惊吓或逃避天敌时会以假死来欺骗敌人，将脚往内缩而掉落到地面，此时就可以利用关节肌肉的收缩，以弹跳的方式迅速逃离现场。

昆虫界中的跳蚤（见图1－27）也是赫赫有名的善跳者。跳蚤的身体虽然很小，但长有两条强壮的后腿，因而善于跳跃。跳蚤能跳20多厘米高，还可以跳过其身长350倍的距离，相当于一个人一步跳过一个足球场。

如果在昆虫界中进行跑、跳、飞等多项竞赛，则全能冠军非蝗虫莫属（见图1－28）。蝗虫有着异常灵活、高度机动的运动能力，其身体最长的部分便是后腿，大约与身长相等。强壮的后腿使蝗虫随便一跃便能跳出身长8倍的距离[29,30]。

图 1-26　叩头虫

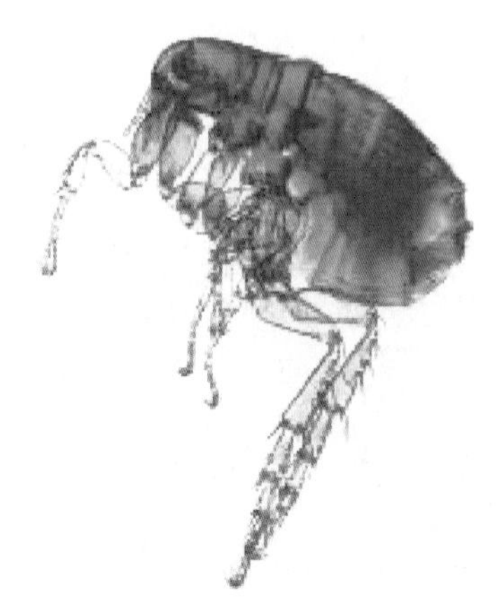

图 1-27　跳蚤

非洲猎豹是动物界中的短跑冠军（见图 1-29）。成年猎豹躯干长 1~1.5 m，尾长 0.6~0.8 m，肩宽 0.75 m，肩高 0.7~0.9 m，体重 50 kg 左右。猎豹目光敏锐、四肢强健、动作迅猛。猎豹是地球陆地上跑得最快的动物，时速可达 112 km，而且加速度也非常惊人，从起跑到最高速度仅需 4 s。如果人类和猎豹进行短跑比赛，即便是以 9.69 s 的惊人成绩获得 2008 年北京奥运会男子田径比赛 100 m 冠军的牙买加世界飞人博尔特，猎豹也可以让他先跑 60 m，然后奋起直追，最后领先到达终点的仍是猎豹。猎豹为什么跑得这么快呢？这与其身体结构密切相关，猎豹的四肢很长，身体很瘦，脊椎骨十分柔软，容易弯曲，就像一根弹簧一样。猎豹高速跑动时，前、后肢都在用力，身体起伏有致，尾巴也能适时摆动起到平衡作用。

图 1-28　蝗虫

图 1-29　猎豹

动物界中的跳跃能手还有非洲大草原上的汤普逊瞪羚（见图 1-30）。汤普逊瞪羚是诸多瞪羚中最出名的一种，它们身材娇小、体态优美、能跑善跳。汤普逊瞪羚对付强敌的办法就是“逃跑”。非洲草原上，其速度仅次于猎豹，而且纵身一跳就可以高达 3 m，远至 9 m。汤普逊瞪羚胆小而敏捷，一旦发现危险，就会撒开长腿急速奔跑，速度可达每小时 90 km。当危险临近时，它们会将四条腿向下直伸，身体腾空高高跃起。这种腾跃动作，既可用来警告其他瞪羚危险临近，同时也能起到迷惑敌人的作用。

袋鼠（见图1－31）的跳跃能力也十分惊人。袋鼠属于有袋目动物，目前世界上总共有150余种。所有袋鼠都有一个共同点：长着长脚的后腿强健有力。袋鼠以跳代跑，最高可跳到6 m，最远可跳至13 m，可以说是跳得最高最远的哺乳动物。袋鼠在跳跃过程中用尾巴进行平衡，当它们缓慢走动时，尾巴则可作为第五条腿起支撑作用。

图1－30　瞪羚

图1－31　袋鼠

在浩瀚的沙漠或草原中，轮式驱动的汽车即使动力再强劲，有时也会行动蹒跚，进退两难。但羚羊和袋鼠却能在沙漠和草原上如履平地，它们依靠强劲的后肢跳跃前进。借鉴袋鼠、蝗虫等的跳跃机理，人们现在已经研制出新型跳跃机（见图1－32）和跳跃机器人（见图1－33）。虽然它们没有轮子，可是依靠节奏清晰、行动协调的跳跃运动，这些跳跃机和跳跃机器人依然可以在起伏不平的田野、草原或沙漠地区自由通行[31]。

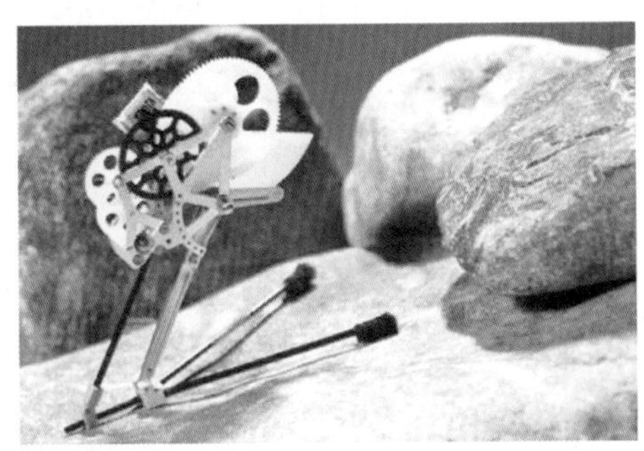

图1－32　新型跳跃机

图1－33　仿蝗虫跳跃机器人

但是世界上还有许多地方，如茫茫雪原或沼泽，即使拥有强壮有力的腿脚，也是难以行进的。漫步在南极皑皑雪原上的绅士——企鹅，给人类以极大的启示。在遇到紧急情况时，企鹅会扑倒在地，把肚皮紧贴在雪面上，然后蹬动双脚，便能以每小时30 km的速度向前滑行（见图1－34）。这是因为经过两千多万年的进化，企鹅的运动器官已变得非常适宜于雪地运动。受企鹅的启发，人们已研制出一种新型雪地车（见图1－35），可在雪地与泥泞地带快速前进，速度可达每小时50 km。

图 1－34　企鹅

图 1－35　雪地车

2. 结构仿生

(1) 总体结构仿生

在科学技术发展历程中，人们不但从生物的外部形态去汲取养分、激发灵感，而且从生物的内部结构去获得启发、产生创意，从而极大地推动了人类科学技术水平的提高。当前，人们不仅应当模仿与借鉴生物的外部形态进行形态仿生，而且应当模仿与借鉴生物的内部结构进行结构仿生，要通过学习、参考与借鉴生物内部的结构形式、组织方式与运行模式，为人类开辟仿生学新天地创造条件。

大自然中无穷无尽的生物为人类开展结构仿生提供了优良的样本和实例[32]。

蜜蜂是昆虫世界里的建筑工程师。它们用蜂蜡建筑极其规则的等边六角形蜂巢（见图 1－36）。几乎所有的蜂巢都是由几千甚至几万间蜂房组成的。这些蜂房是大小相等的六棱柱体，底面由三个全等的菱形面封闭起来，形成一个倒角的锥形，而且这三个菱形的锐角都是 70°32′，蜂房的容积也几乎都是 0.25 cm^3。每排蜂房互相平行排列并相互嵌接，组成了精密无比的蜂巢。无论从美观还是实用的角度来考虑，蜂巢都是十分完美的。它不仅以最少的材料获得了最大的容积空间，而且还以单薄的结构获得了最大的强度，十分符合几何学原理和省工节材的建筑原则。蜜蜂建巢的速度十分惊人，一个蜂群在一昼夜内就能盖起数以千计的蜂房。在蜂巢的启发下，人们研制出了人造蜂窝结构材料（见图 1－37），这种材料具有质量小、强度高、刚度大、绝热性

图 1－36　蜂巢

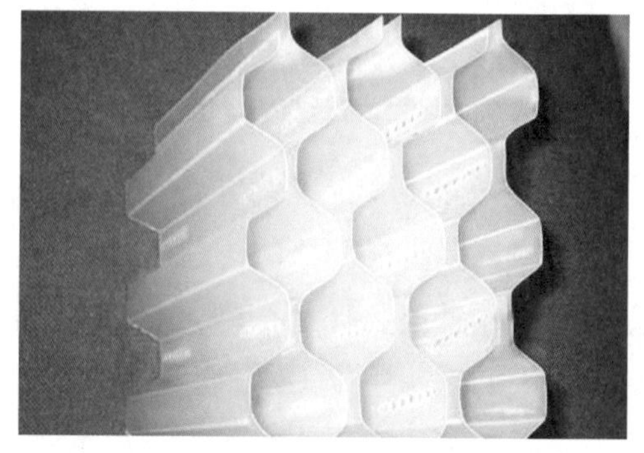
图 1－37　人造蜂窝结构板材

强、隔声性好等一系列的优点。目前，人造蜂窝结构材料的应用范围非常广泛，不仅用于建筑行业，航天、航空领域也可见到它的身影，许多飞机的机翼中就采用了大量的人造蜂窝结构材料。

对应于生物的结构组成形式，人们还可将结构仿生具体分为总体结构仿生和肢体结构仿生。所谓总体结构仿生，意指在人造物的总体设计上借鉴了生物体结构的精华部分。例如，鸟巢是鸟类安身立命、哺育后代的“安乐窝”（见图1－38），在结构上有着非常精妙之处。2001年，普利茨克奖获得者瑞士建筑设计师赫尔佐格、德梅隆设计事务所、奥雅纳工程顾问公司及中国建筑设计研究院李兴刚等人合作，模仿鸟巢的整体特点和结构特征，设计出气势恢宏、独具特色的2008年北京奥运会主体育场——“鸟巢”（见图1－39）。该体育场主体由一系列辐射式门型钢桁架围绕碗状座席区旋转而成，空间结构科学简洁，建筑结构完整统一，设计新颖，造型独特，是目前世界上跨度最大的钢结构建筑，形态如同孕育生命的“鸟巢”。设计者们对该体育场没做任何多余的处理，只是坦率地把结构暴露在外，达到了自然和谐、庄重大方的外观设计效果。

图1－38　鸟巢

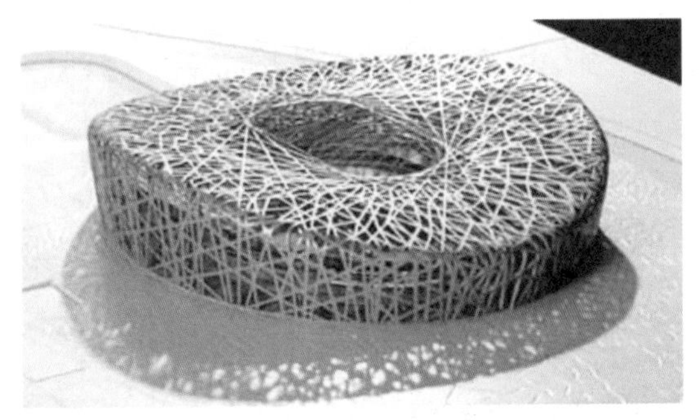

图1－39　北京奥运会主会场

（2）肢体结构仿生

在生物界中，形形色色的动物具有形形色色的肢体，其中很多具有巧妙的结构和高超的能力，是人类模仿和学习的榜样。

低等无脊椎动物没有四肢，或只有非常简单的附肢；高等脊椎动物四肢坚强，运动非常有力。

鱼的四肢是鳍状的，前肢是一对胸鳍，后肢是一对腹鳍；胸鳍主要起转换方向的作用，腹鳍主要辅助背、臀鳍保持身体平衡。

两栖动物有着坚强有力的五趾型附肢。青蛙的前肢细而短，后肢粗而长，趾间有称之为蹼的肉膜（见图1－40）。这些特点使青蛙既能在水中游泳，又能在陆地爬行、跳跃。

鸟类的双腿是其后肢，其前肢演变为翅膀，能够在天空中自由飞翔。鸵鸟虽然名为鸟，但其并不会飞行，其后肢演化成一双强健有力的长腿（见图1－41），能够在沙漠中长途奔跑。

图1-40　青蛙

图1-41　鸵鸟

哺乳动物大多具有发育完备的四肢，能灵巧地运动或快速地奔跑。哺乳动物的四肢变化很大。袋鼠的后肢非常坚强，长度为前肢的五六倍；蝙蝠的前肢完全演变成皮膜状的翼，能够在空中飞行；鲸类的前肢变成鳍状，后肢基本消失；海豹的四肢演变为桨状的鳍脚，后鳍朝后，不能弯曲向前，成为主要的游泳器官。

由于生物的肢体在结构特点、运动特性等方面具有相当优异的表现，始终是人们进行人造装置设计与制作的理想模拟物和参照物。例如，借鉴螃蟹和龙虾的肢体结构（见图1-42和图1-43），人们研制出了新型仿生机器人（见图1-44和图1-45）。

图1-42　螃蟹

图1-43　龙虾

图1-44　仿螃蟹机器人

图1-45　仿龙虾机器人

3. 力学仿生

力学仿生是研究并模仿生物体大体结构与精细结构的静力学性质，以及生物体各组成部分在体内相对运动和生物体在环境中运动的动力学性质。例如，建筑上模仿贝壳修造的大跨度薄壳建筑，模仿股骨结构建造的立柱，既消除应力特别集中的区域，又可用最少的建材承受最大的载荷。军事上模仿海豚皮肤的沟槽结构，把人造海豚皮包敷在舰船的外壳上，可减少航行湍流，提高航速。

4. 分子仿生

分子仿生是研究与模拟生物体中酶的催化作用，生物膜的选择性、通透性，生物大分子或其类似物的分析与合成等。例如，在搞清森林害虫舞毒蛾性引诱激素的化学结构后，人们合成了一种类似的有机化合物，在田间捕虫笼中用千万分之一微克，便可诱杀雄虫。

5. 能量仿生

能量仿生是研究与模仿生物电器官生物发光、肌肉直接把化学能转换成机械能等生物体中的能量转换机理、方式与过程。

6. 信息与控制仿生

信息与控制仿生是研究与模拟感觉器官、神经元与神经网络，以及高级中枢的智能活动等方面生物体中的信息处理过程。例如，根据象鼻虫视动反应制成的“自相关测速仪”可测定飞机着陆时的速度。根据鲎复眼视网膜侧抑制网络的工作原理，研制成功可增强图像轮廓、提高反差，从而有助于模糊目标检测的一些装置。目前，人们已建立的神经元模型达100种以上，并在此基础上构造出新型计算机。

模仿人类的学习过程，人们制造出了一种称为“感知机”的机器，它可以通过训练，改变元件之间联系的权重来进行学习，从而能够实现模式识别。此外，它还研究与模拟体内稳态、运动控制、动物的定向与导航等生物系统中的控制机制。

在人们日常生活中司空见惯的很多技术其实都和仿生学密不可分。例如，人们根据萤火虫发光的原理，研制出了人工冷光技术。自从人类发明了电灯，生活变得方便、丰富多了。但电灯只能将电能的很少一部分转变成可见光，其余大部分都以热能的形式浪费掉了，而且电灯的热射线有害于人眼。那么，有没有只发光不发热的光源呢？人类又把目光投向了大自然。在自然界中，有许多生物都能发光，如细菌、真菌、蠕虫、软体动物、甲壳动物、昆虫和鱼类等，这些动物发出的光都不产生热，所以又被称为“冷光”。

在众多的发光动物中，萤火虫的表现相当突出。它们发出的冷光其颜色多种多样，有黄绿色、橙色，光的亮度也各不相同。萤火虫发出冷光不但具有很高的发光效率，而且一般都很柔和，十分适合人类的眼睛，光的强度也比较高。因此，生物光是一种理想的光。

科学家研究发现，萤火虫的发光器位于腹部。这个发光器由发光层、透明层和反射层三部分组成。发光层拥有几千个发光细胞，它们都含有荧光素和荧光酶两种物质。在荧光酶的作用下，荧光素在细胞内水分的参与下，与氧化合便发出荧光。萤火虫的发光，实质上是把化学能转变成光能的过程。

在 20 世纪 40 年代，人们根据对萤火虫的仿生学研究，创造了日光灯，使人类的照明光源发生了很大变化。近年来，科学家先是从萤火虫的发光器中分离出了纯荧光素，后来又分离出了荧光酶，接着，又用化学方法人工合成了荧光素。由荧光素、荧光酶、ATP 和水混合而成的生物光源，可在充满爆炸性气体——瓦斯的矿井中当照明灯使用。由于这种光不使用电源，不会产生磁场，因而可以确保安全生产。

1.3.3 仿生机器人的特点、应用与发展

在机器人研究领域中，将仿生学与机器人学紧密结合的仿生机器人近年来受关注程度最高，受支持力度最大，是机器人未来发展的主流方向之一。当代机器人研究的领域已经从结构环境下的定点作业中走出来，向航空航天、星际探索、军事侦察、资源勘探、水下探测、管道维护、疾病检查、抢险救灾等非结构环境下的自主作业方面发展。未来的机器人将在人类不能或难以到达的已知或未知环境里为人类工作。人们要求机器人不仅适应原来结构化的、已知的环境，更要适应未来发展中的非结构化的、未知的环境。除了传统的设计理论与方法之外，人们把目光对准了丰富多彩的生物界，力求从门类繁多的动植物身上获得灵感，将它们的运动机理和行为方式运用到对机器人运动机理和控制模式的研究中，这就是仿生学在机器人科学中的应用。这一应用已经成为机器人研究领域的热点之一，势必推动机器人研究的蓬勃发展。

生物的运动行为、协调机能、探索机理、控制方式已经成为人们进行机器人设计、实现其灵活控制的思考源泉，促进了各类仿生机器人的不断涌现。众所周知，仿生机器人就是模仿自然界中生物的外部形状或内部机能的机器人系统。时至今日，仿生机器人的类型已经很多，按其模仿特性可分为仿人类肢体和仿非人生物两大类。由于仿生机器人所具有的灵巧动作对于人类的生产、生活和科学研究有着极大的帮助，所以，自 20 世纪 80 年代中期以来，科学家们就开始了有关仿生机器人的研究。

仿生机器人主要分为仿人类肢体机器人和仿非人生物机器人。仿人类肢体又可以分为仿人手臂和仿人双足。仿非人的主要分为宏型机器人和微型机器人。仿人手臂型机器人主要是研究其自由度和多自由度的关节型机器人操作臂、多指灵巧手及手臂和灵巧手的组合。仿人双足型机器人主要是研究双足步行机器人机构。宏型仿非人生物机器人主要是研究多足步行机器人（四足、六足、八足）、蛇形机器人、鱼形水下机器人等，其体积结构较大。微型仿非人生物机器人主要是研究各类昆虫型机器人，如仿尺蠖虫行进方式的爬行机器人、微型机器狗、仿蟋蟀机器人、仿蟑螂机器人、仿蝗虫机器人等。

仿生机器人的主要特点包括：一是多为冗余自由度或超冗余自由度的机器人，机构比较复杂；二是其驱动方式不同于常规的关节型机器人，多采用绳索、人造肌肉、形状记忆金属等方式驱动。

今天，科学家们已经研制出了或能飞，或善跑，或可自由遨游在海洋中的各类仿生机器人，例如仿生鱼（见图1－46）、仿生鸟（见图1－47）、仿象鼻机械臂（见图1－48）、仿生狗（见图1－49）、仿生猎豹（见图1－50）等，并且，仿生机器人的家族人丁兴旺，仍在不断地壮大。可以预期，仿生机器人必将在人们的生产、生活中发挥越来越大的作用。

图1－46　仿生鱼

图1－47　仿生鸟

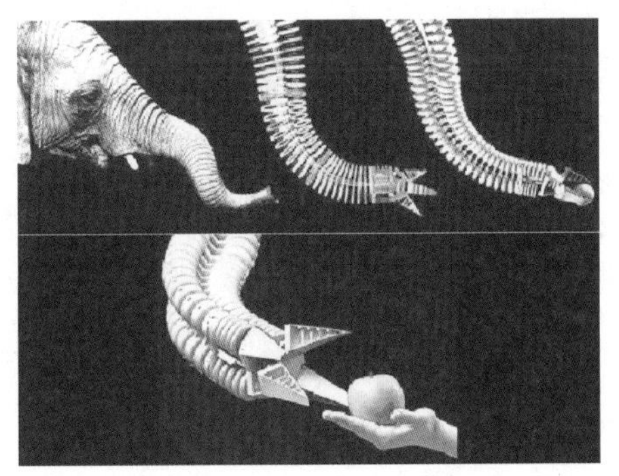

图1－48　仿象鼻机械臂

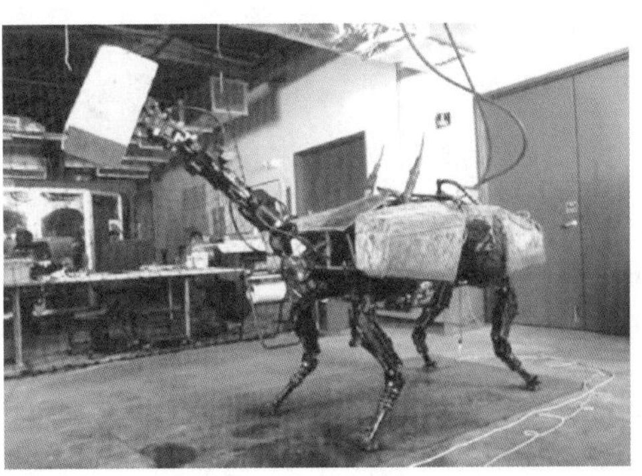

图1－49　BigDog

图 1－50　MIT Cheetah

当今最为先进的仿生四足机器人是由美国波士顿动力公司研发的 BigDog（见图 1－49）[33－35]。地球上有一半以上的地形不适合轮式机器人运动，为了让机器人能够涉足这些地方代替人类完成特定任务，波士顿动力公司设计了 BigDog 机器人，它是一个可适应复杂地形的四足机器人，采用液压驱动，功重比非常大。经过几代优化后，可以灵活地实现行走、小跑，攀爬斜坡和跨越障碍，甚至能够以奔跑步态行进。BigDog 令人叫绝的运动能力表现在它可以在丛林、沼泽、山岭、雪地、冰面上稳健自如地运动，在突然失去平衡时能够表现出强悍的调节能力，抗侧向冲击能力尤为突出。新一代 BigDog 增加了一个机械臂，可以抓取和抛投重物，这将会增加它在复杂环境中的适应能力，也有利于它能够移开前进道路上的障碍物，更加顺利地行进。

未来，仿生机器人的发展趋势主要体现在四个方面：一是朝小型化与微型化方向发展。微小型仿生机器人既可用于小型管道的检测维修作业，也可用于人体内部检查或微创手术，还可用于狭窄复杂环境中的特种作业等。仿生机器人微型化的关键在于所用器件的微型化和微系统的高效集成，即将驱动器、传动装置、传感器、控制器、电源等微型化后构成微机电系统。二是朝续航时间长、运动能力强、作业范围广的移动式仿生机器人的方向发展。多功能、高性能的移动式仿生机器人将在工业、农业和国防上具有广泛的应用前景。三是朝具有医疗、娱乐、康复、助残等功能的仿生机器人的方向发展。如研制用于外科手术的多指灵巧手，用于陪伴老人、小孩的仿生机器人玩具，用于看护病人的仿生机器人义工和人工义肢等。四是朝实现仿生机器人群体化、网络化协同作业的方向发展。大量同类的仿生机器人群通常应用在需要多机器人协作的场合，如机器人生产线、柔性加工厂、消防、无人作战机群等。将通过模仿蚂蚁、蜜蜂以及人的社会行为而衍生的仿生系统，通过个体之间的合作完成某种社会性行为，通过群体行为增强个体智能，进而提高系统整体的效率与性能。

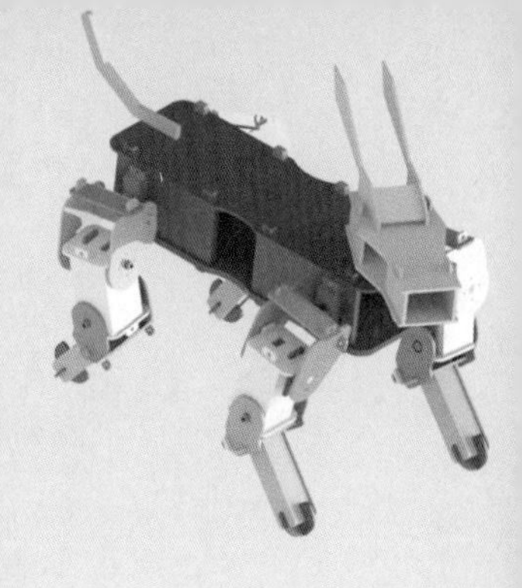

第 2 章 让你的机器人善运动——驱动系统

要想让人体运动起来，人体的肌肉、肌腱、韧带就必须提供人体活动的驱动力；要想让机器人运动起来，也必须向机器人的关节、运动部位提供所需的驱动力或驱动力矩。能够提供机器人所需驱动力或驱动力矩的器件或方式多种多样，有液压驱动、气压驱动、直流电动机驱动、步进电动机驱动、直线电动机驱动，以及其他驱动形式。在上述各种驱动形式中，直流电动机驱动、步进电动机驱动、直线电动机驱动均属于电气驱动，而电气驱动因运动精度高、驱动效率高、操作简单、易于控制，加上成本低、无污染，在机器人技术领域中得到了广泛应用。人们可以利用各种电动机产生的驱动力或驱动力矩，直接或经过减速机构去驱动机器人的关节，以获得所要求的位置、速度或加速度。因此，为机器人系统配置合理、可靠、高效的驱动系统是让机器人具有良好运动性能的重要条件。

2.1 机器人常用驱动系统

对于机器人来说，尤其是对于本章将重点介绍的小型仿生机器人来说，其常用的电气驱动器件为直流电动机、步进电动机、伺服电动机和舵机[36]，因此本章将着重对这些器件及其使用方法进行阐述和分析。

2.1.1 直流无刷电动机

直流有刷电动机（见图2-1）是典型的同步电动机，由于电刷的换向使得由永久磁钢产生的磁场与电枢绕组通电后产生的磁场在电动机运行过程中始终保持垂直，从而产生最大转矩，使电动机运转。但由于采用电刷以机械方法进行换向，因而存在相对的机械摩擦，由此带来了噪声、火花、电磁干扰以及寿命减短等缺点，再加上制造成本较高以及维修困难等不足，从而大大限制了直流有刷电动机的应用范围。随着高性能半导体功率器件的发展和高性能永磁材料的问世，无刷直流电动机[37]（其结构如图2-2所示）技术与产品得到了快速的发展。由于无刷直流电动机既具有交流电动机的结构简单、运行可靠、维护方便等一系列优点，又具备直流电动机的运行效率高、无励磁损耗以及调速性能好等诸多长处，因而得到了广泛的应用。

图2-1　直流无刷电动机

图2-2　无刷电动机结构图

从结构上分析，直流无刷电动机和直流有刷电动机比较相似，两者都有转子和定子。只不过两者在结构上相反，有刷电动机的转子是线圈绕组，和动力输出轴相连，定子是永磁磁钢；无刷电动机的转子是永磁磁钢，连同外壳一起和输出轴相连，定子是绕阻线圈，去掉了有刷电动机用来交替变换电磁场的换向电刷，故称为无刷电动机。

无刷电动机的运行原理为：依靠改变输入到无刷电动机定子线圈上的电流波交变频率和波形，在绕组线圈周围形成一个绕电动机几何轴心旋转的磁场，这个磁场驱动转子上的永磁磁钢转动，实现电动机输出轴转动。电动机的性能与磁钢数量、磁钢磁通强度、电动机输入电压大小等因素有关，更与无刷电动机的控制性能有关，因为输入的是直流电，电流需要电子调速器将其变成三相的交流电。

无刷电动机按照是否使用传感器分为有感的电动机和无感的电动机。有感的无刷电动机必须使用转子位置传感器来监测其转子的位置。无刷电动机的输出信号经过逻辑变换后去控制开关管的通断，使电动机定子各相绕组按顺序导通，保证电动机连续工作。转子位置传感器也由定、转子部分组成，转子位置传感器的转子部分与电动机本体同轴，可跟踪电动机本体转子的位置；转子位置传感器的定子部分固定于电动机本体定子或端盖上，以感受和输出电动机转子的位置信号。转子位置传感器的主要技术指标为：输出信号的幅值、精度、响应速度、工作温度、抗干扰能力、损耗、体积、重量、安装方便性以及可靠性等。其种类包括磁敏式、电磁式、光电式、接近开关式、正余弦旋转变压器式以及编码器等，其中最常用的是霍尔磁敏传感器。

2.1.2 步进电动机

步进电动机[38]（见图2-3）是将电脉冲信号转变为角位移或线位移的开环控制驱动器件。在非超载的情况下，步进电动机的转速、停止位置只取决于脉冲信号的频率和脉冲数，而不受负载变化的影响。当步进驱动器接收到一个脉冲信号时，它就驱动步进电动机按设定的方向转动一个固定的角度，称为“步距角”。步进电动机的旋转是以固定的角度一步一步运行的。人们可以通过控制脉冲个数来控制步进电动机的角位移量，从而达到准确定位的目的；同时，还可以通过控制脉冲频率来控制步进电动机转动的速度和加速度，从而达到调速的目的。

步进电动机是一种感应电动机，其结构如图2-4所示。它的工作原理是利用电子电路，将直流电变成分时供电的多相时序控制电流，用这种电流为步进电动机供电，步进电动机才能正常工作，驱动器就是为步进电动机分时供电的多相时序控制器。

图2-3 步进电动机与驱动器

图2-4 步进电动机结构图

步进电动机在构造上有三种主要类型，分别为：反应式（Variable Reluctance，VR）、永磁式（Permanent Magnet，PM）和混合式（Hybrid Stepping，HS）。

①反应式步进电动机：该类型电动机定子上有绕组，转子由软磁材料组成。这种电动机结构简单、成本低廉、步距角小，可达 1.2°，但其动态性能较差、效率低、发热大、可靠性难以保证。

②永磁式步进电动机：该类型电动机的转子用永磁材料制成，转子的极数与定子的极数相同。其特点是动态性能好、输出力矩大，但这种电动机精度差，步矩角大（一般为 7.5°或 15°）。

③混合式步进电动机：该类型电动机综合了反应式和永磁式步进电动机的优点，其定子上有多相绕组，转子采用永磁材料制成，转子和定子上均有多个小齿以提高步距精度。其特点是输出力矩大、动态性能好、步距角小，但其结构比较复杂，生产成本相对较高。

2.1.3 伺服电动机

伺服电动机[39]（其外形见图 2－5，结构见图 2－6）是将输入的电压信号（即控制电压）转换为转矩和转速以驱动控制对象。其转子的转速受输入信号的控制，并能快速反应，在自动控制系统中通常用作执行元件，具有机电时间常数小、线性度高等优点。

图 2－5 伺服电动机

伺服系统是使物体的位置、方位、状态等输出被控量能够跟随输入目标（或给定值）的任意变化的自动控制系统。伺服主要靠脉冲来定位，基本上可以这样理解：伺服电动机接收到 1 个脉冲，就会旋转 1 个脉冲对应的角度，从而实现位移。因为，伺服电动机本身具备发出脉冲的功能，所以伺服电动机每旋转一个角度，都会发出对应

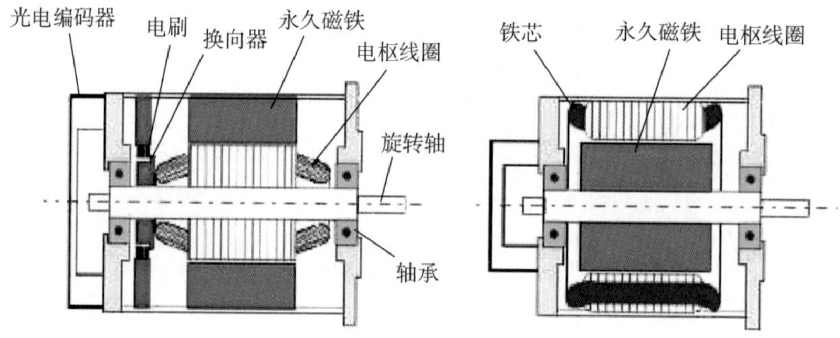

图 2－6 伺服电动机结构示意图

数量的脉冲，这样，和伺服电动机接收的脉冲形成了呼应，或者叫闭环。这样系统就会知道发出多少脉冲给伺服电动机，同时又接收了多少脉冲，于是能够十分精确地控制电动机的转动，从而实现准确的定位。

直流伺服电动机可分为有刷伺服电动机和无刷伺服电动机。有刷伺服电动机的结构简单、成本低廉、启动转矩大、调速范围宽、控制容易、维护方便（换碳刷），但工作时容易产生电磁干扰，对环境也有一定的要求。因此它比较适合用于对成本敏感的普通工业和民用场合。无刷伺服电动机体积小、质量小、出力大、响应快、速度高、惯量小、寿命长、转动平滑、力矩稳定，容易实现智能化，其电子换相方式十分灵活，可以实现方波换相或正弦波换相，而且电动机免维护、效率高、运行温度低、电磁辐射小，适合用于各种环境。其不足之处是控制稍嫌复杂。交流伺服电动机也是无刷电动机，可分为同步和异步电动机。目前一般应用场合都采用同步电动机，它的功率范围大，可以做到很大的功率。由于该类型电动机运动惯量大、最高转速低，且随着功率增大而快速降低，因而适合在要求低速平稳运行的场合应用。

伺服电动机内部的转子采用永磁铁制成，驱动器控制的 U/V/W 三相电形成电磁场，转子在此磁场的作用下转动，同时电动机自带的编码器反馈信号给驱动器，驱动器根据反馈值与目标值进行比较，调整转子转动的角度。伺服电动机的精度取决于编码器的精度（线数）。

2.1.4 舵机

舵机（见图 2-7）最早用于航模制作。在航空模型中，飞行器飞行姿态的控制是通过调节发动机和各个控制舵面来实现的。

典型的舵机是由直流电动机、减速齿轮组、传感器和控制电路组成的一套自动控制系统[40]。通过发送信号，指定舵机输出轴的旋转角度，来实现舵机的可控转动。一般而言，舵机都有最大旋转角度（比如 180°）。其与普通直流电动机的区别主要为：直流电动机是连续转动，而舵机却只能在一定角度范围内转动，不能连续转动（数字舵机除外，它可以在舵机模式和电动机模式中切换）；普通直流电动机无法反馈转动的角度信息，而舵机却可以。此外，它们的用途也不同，普通直流电动机一般是整圈转动，作为动力使用；舵机用来控制某物体转动一定的角度（比如机器人的关节）。

舵机分解图如图 2-8 所示，舵机主要工作原理为：控制电路板接收来自信号线的控制信号，控制舵机转动，舵机带动一系列齿轮组，经减速后传动至输出舵盘。舵机的输出轴和位置反馈电位计是相连的，舵盘转动的同时，带动位置反馈电位计，电位计输出一个电压信号到控制电路板进行反馈，然后控制电路板根据所在位置决定电动机的转动方向和速度，实现控制目标后即告停止。

图2-7　各种舵机

图2-8　舵机分解结构图

舵机控制板主要用来驱动舵机和接收电位器反馈回来的信息。电位器的作用主要是通过其旋转后产生的电阻变化，把信号发送回舵机控制板，使其判断输出轴角度是否输出正确。减速齿轮组的主要作用是将力量放大，使小功率电动机产生大扭矩，舵机输出转矩经过一级齿轮放大后，再经过二、三、四级齿轮组，最后通过输出轴将经过多级放大的扭矩输出。图2-9所示为舵机的4级齿轮减速增力机构，就是通过这么一级一级地把小的力量放大，使得一个小小的舵机能有15 kg·cm的扭力。

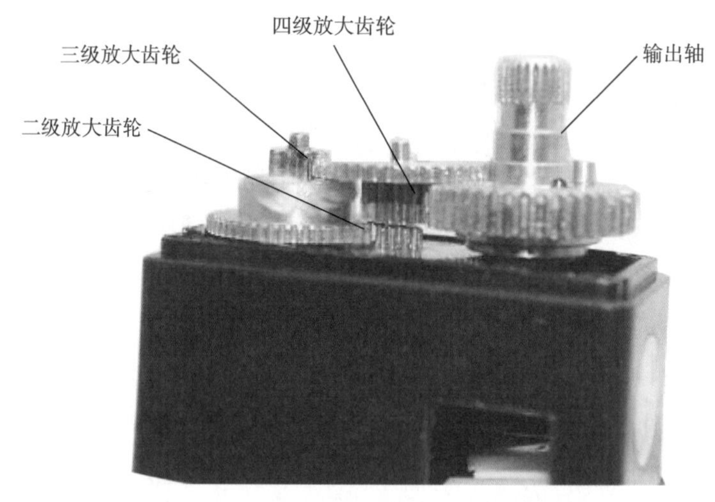

图2-9　舵机多级齿轮减速机构

舵机所用的齿轮有塑料齿轮、混合材料齿轮和金属齿轮之分。塑料齿轮的生产成本低、传动噪声小，但强度较低、寿命较短；金属齿轮的强度高，但成本也高，在装配精度一般的情况下传动中会有较大的噪声。小扭矩舵机、微舵、扭矩大但功率密度小的舵机一般都采用塑料齿轮，如 Futaba 3003、辉盛的9g 微舵。金属齿轮一般用于功率密度较高的舵机上，比如辉盛的 995 舵机，该舵机在和 Futaba 3003 同样大小体积的情况下却能提供 13 kg·cm 的转矩。少数舵机，如 Hitec，甚至用钛合金作为齿轮材料，其高强度能保证像 Futaba 3003 体积大小的舵机能提供 20 多千克·厘米的转矩。使用混合材料齿轮的舵机，其性能处于金属齿轮舵机和塑料齿轮舵机的之间。

由于舵机采用多级减速齿轮组的设计，使得舵机能够输出较大的转矩。正是由于舵机体积小、输出力矩大、控制精度高的特点满足了小型仿生机器人对于驱动单元的主要需求，所以舵机在本书介绍的几种小型仿生机器人中得到了采用，拟由它们来为本书介绍的各种小型仿生机器人的运动提供驱动力或驱动力矩。

2.2 选择合适的舵机

2.2.1 舵机的性能参数

舵机主要的性能参数包括转速、转矩、电压、尺寸、重量、材质和安装方式等[41]。人们在进行舵机选型设计时，要综合考虑以上参数。

①转速：转速由舵机在无负载情况下转过60°角所需时间来衡量。舵机常见的速度一般在 0.11 s/60° ~0.21 s/60°之间。

②转矩：舵机转矩的单位是 kg·cm，可以理解为在舵盘上距舵机轴中心水平距离 1 cm 处，舵机能够带动的物体重量。

③电压：舵机的工作电压对其性能有着重大的影响。推荐的舵机电压一般都是 4.8 V 或6 V。有的舵机可以在7 V 以上工作，比如12 V 的舵机也不少。较高的电压可以提高舵机的速度和转矩。选择舵机还需要看电源系统所能提供的电压。

④尺寸、重量和材质：舵机功率（速度×转矩）和舵机尺寸的比值可以理解为该舵机的功率密度。一般而言，同样品牌的舵机，功率密度大的价格高，功率密度小的价格低。究竟选择塑料齿轮减速器还是选择金属齿轮减速器，要综合考虑使用转矩、转动频率、重量限制等具体条件才能决定。采用塑料齿轮减速器的舵机在大负荷使用时容易发生崩齿；采用金属齿轮减速器的舵机则可能会因电动机过热发生损毁或导致外壳变形，因此齿轮减速器材质的选择应当根据使用情况具体而定，并没有绝对的倾向，关键是使舵机的使用情况限制在设计规格之内。

表 2-1 ~ 表 2-4 列出了一些常见低成本舵机的主要参数。

表 2-1　辉盛 SG90（见图 2-10）主要参数一览表

最大力矩/(kg·cm)	1.6
速度/[s·(60°)$^{-1}$]	0.12 (4.8 V)　0.10 (6.0 V)　0.12 (4.8 V); 0.10 (6.0 V)　0.12 (4.8 V); 0.10 (6.0 V)　0.12 (4.8 V); 0.1 (6.0 V)
工作电压/V	3.5~6
尺寸/(cm×cm×cm)	23×12.2×29
质量/g	9
材料	塑料齿
参考价格	10 RMB

表 2-2　辉盛 MG90S（见图 2-11）主要参数一览表

最大力矩/(kg·cm)	2.0
速度/[s·(60°)$^{-1}$]	0.11 (4.8 V)　0.10 (6.0 V)　0.12 (4.8 V); 0.10 (6.0 V)　0.12 (4.8 V); 0.10 (6.0 V)　0.12 (4.8 V); 0.10 (6.0 V)
工作电压/V	4.8~7.2
尺寸/(cm×cm×cm)	22.8×12.2×28.5
质量/g	14
材料	金属齿
参考价格	15 RMB

图 2-10　辉盛 SG90 舵机

图 2-11　辉盛 MG90S 舵机

表 2-3　银燕 ES08MA（见图 2-12）主要参数一览表

最大力矩/(kg·cm)	1.5/1.8
速度/[s·(60°)$^{-1}$]	0.12 (4.8 V)　0.10 (6.0 V)　0.12 (4.8 V); 0.10 (6.0 V)　0.12 (4.8 V); 0.10 (6.0 V)　0.12 (4.8 V); 0.10 (6.0 V)
工作电压/V	4.8~6.0
尺寸/(cm×cm×cm)	32×11.5×24
质量/g	8.5
材料	塑料齿
参考价格	13 RMB

表 2－4　银燕 ES08MD（见图 2－13）主要参数一览表

最大力矩/(kg · cm)	2.0/2.4
速度/[s · (60°)$^{-1}$]	0.10（4.8 V）0.08（6.0 V）0.12（4.8 V）；0.10（6.0 V）0.12（4.8 V）；0.10（6.0 V）0.12（4.8 V）；0.10（6.0 V）
工作电压/V	4.8～6.0
尺寸/(cm × cm × cm)	32 × 11.5 × 24
质量/g	12
材料	金属齿
参考价格	30 RMB

图 2－12　银燕 ES08MA 舵机

图 2－13　银燕 ES08MD 舵机

2.2.2　舵机的驱动与控制

舵机的控制信号是一个脉宽调制信号，十分方便和数字系统进行接口。能够产生标准控制信号的数字设备都可以用来控制舵机，比如 PLC、单片机等。

舵机伺服系统由可变宽度的脉冲进行控制，控制线是用来传送脉冲的。脉冲的参数有最小值、最大值和频率。一般而言，舵机的基准信号都是周期为 20 ms、宽度为 1.5 ms。这个基准信号定义的位置为中间位置。舵机有最大转动角度，中间位置的定义就是从这个位置到最大角度与到最小角度的量完全一样。最重要的一点是，不同舵机的最大转动角度可能不同，但是其中间位置的脉冲宽度是一定的，那就是 1.5 ms。舵机驱动脉冲如图 2－14 所示。

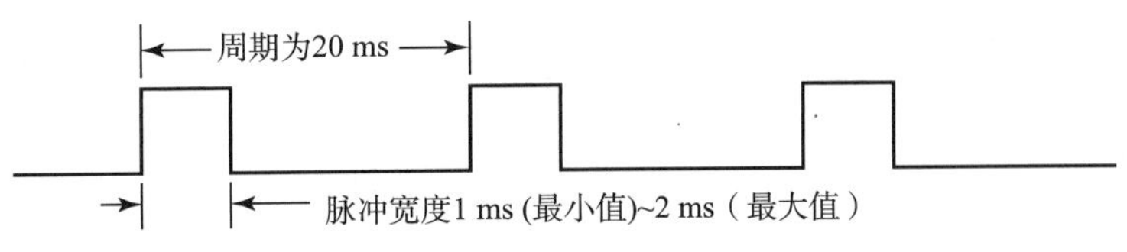

图 2－14　舵机驱动脉冲

舵机转动的角度是由来自控制线的持续脉冲所产生的。这种控制方法叫作脉冲调制。脉冲的长短决定舵机转动多大的角度。例如：1.5 ms 的脉冲会让舵机转动到中间位置（对于转角为 180°的舵机来说，就是 90°的位置）。当控制系统发出指令，让舵机转动到某一位置，并让它保持这个角度时，外力的影响不会让这个角度产生变化。但是这种情况是有上限的，上限就是舵机的最大扭力。除非控制系统不停地发出脉冲稳定舵机的角度，否则舵机的角度不会一直不变。

当舵机接收到一个小于 1.5 ms 的脉冲时，其输出轴会以中间位置为标准，逆时针旋转一定角度；当舵机接收到大于 1.5 ms 的脉冲时，情况则相反，其输出轴会以中间位置为标准，顺时针旋转一定角度。不同品牌，甚至同一品牌的不同舵机，都会有不同的最大脉冲值和最小脉冲值。一般而言，最小脉冲为 1 ms，最大脉冲为 2 ms。转角为 180°的舵机其输出转角与输入信号脉冲宽度的关系如图 2 – 15 所示。

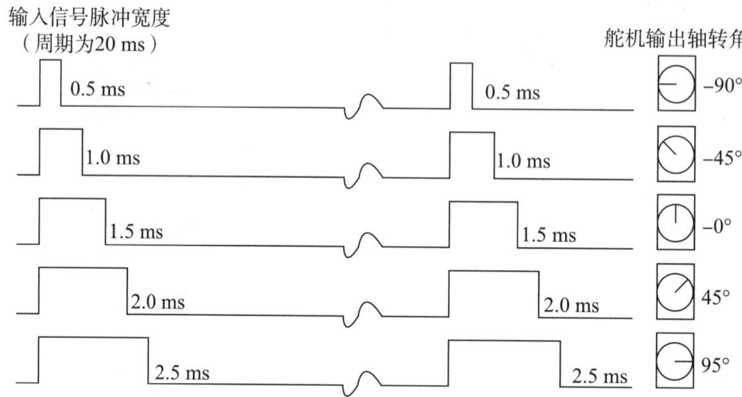

图 2 – 15　180°舵机输出转角与输入信号脉冲宽度的关系示意图

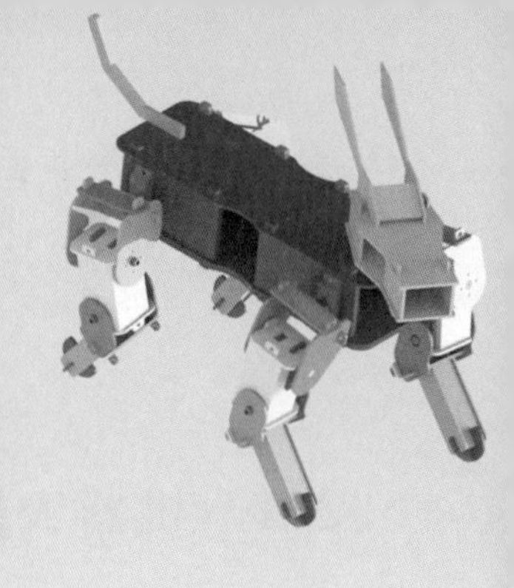

第3章 让你的机器人会思考——控制系统

控制系统是指由控制主体、控制客体和控制媒体组成的具有自身目标和功能的管理系统。通过控制系统可以按照人们所希望的方式保持和改变机器、机构或其他设备内任何感兴趣的量或可变的量。同时，控制系统还是为了使被控对象达到预定的理想状态而工作的。控制系统可以使被控对象趋于某种需要的稳定状态。时至今日，控制系统已被广泛应用于人类社会的各个领域，例如在工业方面，对于冶金、化工、机械制造等生产过程中遇到的各种物理量，包括温度、流量、压力、厚度、张力、速度、位置、频率、相位等，都有相应的控制系统。在此基础上，人们还通过采用计算机技术建立起了控制性能更好和自动化程度更高的数字控制系统，以及具有控制与管理双重功能的过程控制系统。具体到小型仿生机器人的控制方面，当机器人控制系统接收到控制信号之后，会利用控制系统输出 PWM 信号，控制机器人各关节舵机的转角，进而控制机器人使之产生协调运动。为了能让小型仿生机器人按需实现自如运动，本章将对机器人的控制系统进行分析与叙述，并对单片机等控制芯片的工作原理进行介绍。

3.1 机器人控制系统简述

机器人的控制系统是机器人的重要组成部分，其作用就相当于人的大脑，它负责接收外界的信息与命令，并据此形成控制指令，控制机器人做出反应。对于机器人来说，控制系统包含对机器人本体工作过程进行控制的控制器、机器人专用的传感器，以及运动伺服驱动系统等。

3.1.1 机器人控制系统的基本组成

机器人控制系统主要由控制器、执行器、被控对象和检测变送单元四部分组成[42]。各部分的功能如下:

①控制器用于将检测变送单元的输出信号与设定值信号进行比较，按一定的控制规律对其偏差信号进行运算，并将运算结果输出到执行器。控制器可以用来模拟仪表的控制器，或用来模拟由微处理器组成的数字控制器。小型仿生机器人的控制器就是选用数字控制器式的单片机进行控制的。

②执行器是控制系统环路中的最终元件，它直接用于操纵变量变化。执行器接收控制器的输出信号，改变操纵变量。执行器可以是气动薄膜控制阀、带电气阀门定位器的电动控制阀，也可以是变频调速电动机等。在本书所描述的小型仿生机器人身上选用了较为高级的芯片，其输出的 PWM 信号可以直接控制舵机转动，故本控制系统的执行器内嵌在控制器中了。

③被控对象是需要进行控制的设备，在小型仿生机器人中，被控对象就是机器人各关节的舵机。

④检测变送单元用于检测被控变量，并将检测到的信号转换为标准信号输出，例如小型仿生机器人控制系统中，检测变送单元用来检测舵机转动的角度，以便做出调整。

上述四部分的关系可以用图 3－1 进行描述。

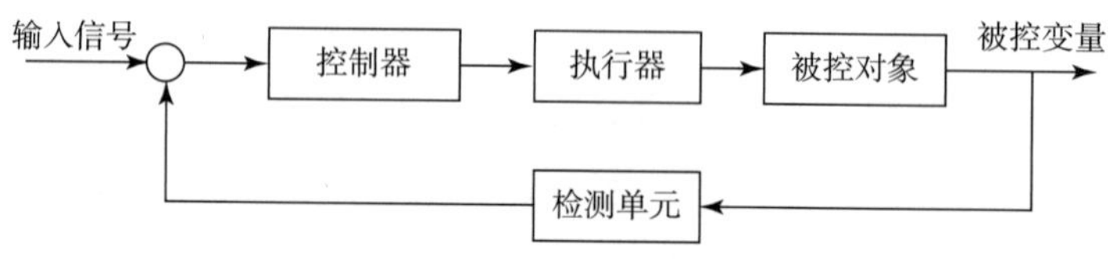

图 3－1　控制系统组成示意图

3.1.2 机器人控制系统的工作机理

机器人控制系统的工作机理决定了机器人的控制方式，也就是决定了机器人将通过何种方式进行运动[43]。常见的控制方式有以下五种：

①点位式：这种控制方式适合于要求机器人能够准确控制末端执行器位姿的应用场合，而与路径无关。主要应用实例有焊接机器人，对于焊接机器人来说，只需其控制系统能够识别末端焊缝即可，而不需关心机器人其他位姿。

②轨迹式：这种控制方式要求机器人按示教的轨迹和速度进行运动。主要应用在示教机器人上。

③程序控制系统：这种控制系统给机器人的每一个自由度施加一定规律的控制作用，机器人就可实现要求的空间轨迹。这种控制系统较为常用，小型仿生机器人的控制系统就是通过预先编程，然后将编好的程序下载到单片机上，再通过遥控器调取程序进行控制的。

④自适应控制系统：当外界条件变化时，为了保证机器人所要求的控制品质，或为了随着经验的积累而自行改善机器人的控制品质，就可采用自适应控制系统。该系统的控制过程是基于操作机的状态和伺服误差的观察，再调整非线性模型的参数，一直到误差消失为止。这种系统的结构和参数能随时间和条件自动改变，且具有一定的智能性。

⑤人工智能系统：对于那些事先无法编制运动程序，但又要求在机器人运动过程中能够根据所获得的周围状态信息，实时确定机器人的控制作用的应用场合，就可采用人工智能控制系统。这种控制系统比较复杂，主要应用在大型复杂系统的智能决策中。

机器人控制系统的基本原理是：检测被控变量的实际值，将输出量的实际值与给定输入值进行比较得出偏差，然后使用偏差值产生控制调节作用以消除偏差，使得输出量能够维持期望的输出。在本书介绍的小型仿生机器人控制系统中，由遥控器发出移动至目标位置的命令，经控制系统后输出 PWM 信号，驱动机器人关节转动，再由检测系统检测关节转角，进行调整。当命令是连续的时候，机器人的关节就可持续转动了。

3.1.3 机器人控制系统的主要作用

机器人除了需要具备以上功能外，还需要具备一些其他功能，以方便机器人开展人机交互和读取系统的参数信息[44-47]。

①记忆功能：在小型仿生机器人控制系统中设置有 SD 卡，可以存储机器人的关节运动信息、位置姿态信息以及控制系统运行信息。

②示教功能：本书为小型仿生机器人控制系统配有示教装置，如图3-2所示。通过示教，寻找机器人最优的姿态。

③与外围设备联系功能：这些联系功能主要通过输入和输出接口、通信接口予以实现。

④传感器接口：小型仿生机器人传感系统中包含有位置检测传感器、视觉传感器、触觉传感器和力觉传感器等，这些传感器随时都在采集机器人的内外部信息，并将其传送到控制系统中，这些工作都需要传感器接口来完成。

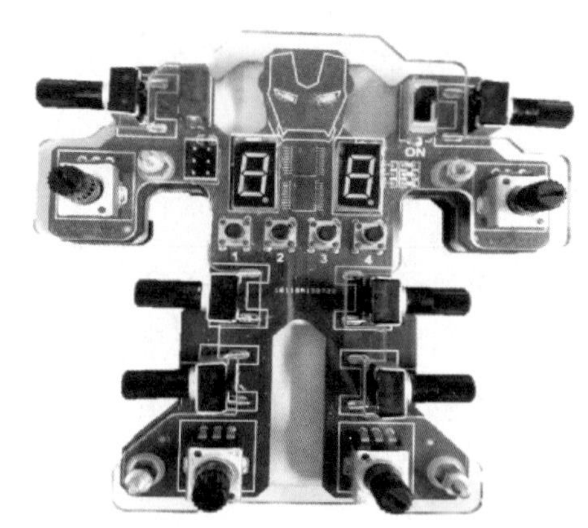

图3-2 机器人示教系统

⑤位置伺服功能：机器人的多轴联动、运动控制、速度和加速度控制等工作都与位置伺服功能相关。这些都是在程序中进行实现的。

⑥故障诊断安全保护功能：机器人的控制系统时刻监视着机器人运行时的状态，并完成故障状态下的安全保护。本系统在程序中时刻检测着机器人的运行状态，一旦机器人发生故障，就停止其工作，以保护机器人。

由此可知，机器人控制系统之所以能够完成这么复杂的控制任务，主要归功于控制器，而控制器的核心即是控制芯片，例如单片机、DSP、ARM等嵌入式控制芯片。

3.2 单片机控制技术简述

3.2.1 单片机的工作原理

单片机（Microcontrollers）是一种集成电路芯片，是采用超大规模集成电路技术把具有数据处理能力的中央处理器CPU、随机存储器RAM、只读存储器ROM、多种I/O口和中断系统、定时器/计数器等功能（可能还包括显示驱动电路、脉宽调制电路、模拟多路转换器、A/D转换器等电路）集成到一块硅片上构成的一个小巧而完善的微型计算机系统，在控制领域应用十分广泛[48,49]。

单片机自动完成赋予其任务的过程，就是单片机执行程序的过程，即执行一条条指令的过程。所谓指令，就是把要求单片机执行的各种操作用命令的形式写下来，这是在设计人员赋予它的指令系统时所决定的。一条指令对应着一种基本操作。单片机所能执行的全部指令就是该单片机的指令系统。不同种类的单片机其指令系统亦不同。为了使单片机能够自动完成某一特定任务，必须把要解决的问题编成一系列指令（这些指令必须是单片机能识别和执行的指令），这一系列指令的集合就成为程序。程序需要预先存放在具有存储功能的部件——存储器中。存储器由许多存储单元（最小的存储单位）组成，就像摩天大楼是由许多房间组成一样，指令就存放在这些单元里。众所周知，摩天大楼的每个房间都被分配了唯一的房号，同样，每一个存储单元也必须被分配唯一的地址号，该地址号称为存储单元的地址。只要知道了存储单元的地址，就可以找到这个存储单元，其中存储的指令就可以十分方便地被取出，然后再被执行。程序通常是按顺序执行的，所以程序中的指令也是一条条顺序存放的。单片机在执行程序时要能把这些指令一条条取出并加以执行，必须有一个部件能追踪指令所在的地址，这一部件就是程序计数器 PC（包含在 CPU 中）。在开始执行程序时，给 PC 赋以程序中第一条指令所在的地址，然后取得每一条要执行的命令，PC 中的内容就会自动增加，增加量由本条指令长度决定，可能是 1、2 或 3，以指向下一条指令的起始地址，保证指令能够顺序执行。

3.2.2 单片机系统与计算机的区别

将微处理器（CPU）、存储器、I/O 接口电路和相应的实时控制器件集成在一块芯片上，称为单片微型计算机，简称单片机。单片机在一块芯片上集成 ROM、RAM、FLASH 存储器，外部只需要加电源、复位、时钟电路，就可以成为一个简单的系统。其与计算机的主要区别在于：

①PC 机的 CPU 主要面向数据处理，其发展途径主要围绕数据处理功能、计算速度和精度的进一步提高。单片机主要面向控制，控制中的数据类型及数据处理相对简单，所以单片机的数据处理功能比通用微机相对要弱一些，计算速度和精度也相对要低一些。

②PC 中存储器组织结构主要针对增大存储容量和 CPU 对数据的存取速度。单片机中存储器的组织结构比较简单，存储器芯片直接挂接在单片机的总线上，CPU 对存储器的读写按直接物理地址来寻址存储器单元，存储器的寻址空间一般都为 64 KB。

③通用微机中 I/O 接口主要考虑标准外设，如 CRT、标准键盘、鼠标、打印机、硬盘、光盘等。单片机的 I/O 接口实际上是向用户提供的与外设连接的物理界面，用户对外设的连接要设计具体的接口电路，需有熟练的接口电路设计技术。

简单地说，单片机就是就一个集成芯片，外加辅助电路构成一个系统。由微型计算机配以相应的外围设备（如打印机）及其他专用电路、电源、面板、机架以及足够的软件就可构成计算机系统。

3.2.3 单片机的驱动外设

单片机内部的外设一般包括串口控制模块、SPI 模块、I^2C 模块、A/D 模块、PWM 模块、CAN 模块、EEPROM 和比较器模块等，它们都集成在单片机内部，有相对应的内部控制寄存器，可通过单片机指令直接控制。有了上述功能，控制器就可以不依赖复杂编程和外围电路而实现某些功能。

使用数字 I/O 端口可以进行跑马灯实验，通过将单片机的 I/O 引脚位进行置位或清零，可用来点亮或关闭 LED 灯；串口接口的使用是非常重要的，通过这个接口，可以使单片机与 PC 机之间交换信息；使用串口接口也有助于掌握目前最为常用的通信协议；也可以通过 PC 机的串口调试软件来监视单片机实验板的数据；利用 I^2C、SPI 通信接口进行扩展外设是最常用的方法，也是非常重要的方法。这两个通信接口都是串行通信接口，典型的基础实验就是 I^2C 的 EEPROM 实验与 SPI 的 SD 卡读写实验；单片机目前基本都自带多通道 A/D 模数转换器，通过这些 A/D 转换器可以利用单片机获取模拟量，用于检测电压、电流等信号。使用者要分清模拟地与数字地、参考电压、采样时间、转换速率、转换误差等重要概念。目前主流的通信协议为 USB 协议——下位机与上位机高速通信接口；TCP/IP——万能的互联网使用的通信协议；工业总线——诸如 Modbus、CANOpen 等各个工业控制模块之间通信的协议。

3.2.4 单片机的编程语言

如前所述，为了使单片机能够自动完成某一特定任务，必须把要解决的问题编成一系列指令，这一系列指令的集合就是程序。好的程序可以提高单片机的工作效率。单片机使用的程序是用专门的编程语言编制的，常用的编程语言有机器语言、汇编语言和高级语言。

1. 机器语言

单片机是一种大规模的数字集成电路，它只能识别 0 和 1 这样的二进制代码。以前在单片机开发过程中，人们用二进制代码编写程序，然后再把所编写的二进制代码程序写入单片机，单片机执行这些代码程序就可以完成相应的程序任务。

用二进制代码编写的程序称为机器语言程序。在用机器语言编程时，不同的指令用不同的二进制代码代表，这种二进制代码构成的指令就是机器指令。在用机器语言编写程序时，由于需要记住大量的二进制代码指令以及这些代码代表的功能，十分不便且容易出错，现在已经很少有人采用机器语言对单片机进行编程了。

2. 汇编语言

由于机器语言编程极为不便，人们使用一些有意义并且容易记忆的符号来表示不同的二进制代码指令，这些符号称为助记符。用助记符表示的指令称为汇编语言指令，用助记符编写出来的程序称为汇编语言程序，例如下面两行程序的功能是一样的，都是将二进制数据 00000010 送到累加器 A 中，但它们的书写形式不同：

01110100 00000010（机器语言）

MOV A，#02H（汇编语言）

从上可以看出，机器语言程序要比汇编语言难写，并且很容易出错。

单片机只能识别机器语言，所以汇编语言程序要翻译成机器语言程序再写入单片机中。一般都是用汇编软件自动将汇编语言翻译成机器指令。

3. 高级语言

高级语言是依据数学语言设计的，在用高级语言编程时，不用过多地考虑单片机的内部结构。与汇编语言相比，高级语言易学易懂，而且通用性很强。高级语言的种类很多，如B语言、Pascal语言、C语言和JAVA语言等。单片机常用C语言作为高级编程语言。

单片机不能直接识别高级语言书写的程序，因此也需要用编译器将高级语言程序翻译成机器语言程序后再写入单片机。

在上面三种编程语言中，高级语言编程较为方便，但实现相同的功能，汇编语言代码较少，运行效率较高。另外，对于初学单片机的人员，学习汇编语言编程有利于更好地理解单片机的结构与原理，也能为以后学习高级语言编程打下扎实的基础。

3.3 DSP控制技术简述

3.3.1 DSP简介

DSP（Digital Signal Processor）是一种独特的微处理器（图3－3），它采用数字信号来处理大量信息[50,51]。工作时，它先将接收到的模拟信号转换为0或1的数字信号，再对数字信号进行修改、删除、强化，并在其他系统芯片中把数字数据解译回模拟数据或实际环境格式。DSP不但具有可编程性，而且其实时运行速度极快，可达每秒数以千万条复杂指令程序，远远超过通用微处理器的运行速度，是数字化电子世界中日益重要的电脑芯片。强大的数据处理能力和超高的运行速度是其最值得称道的两大特色。超大规模集成电路（VLSI）工艺和高性能数字信号处理器（DSP）技术的飞速发展使得机器人技术的提升如虎添翼。

图3－3　DSP处理器

3.3.2 DSP 的特点

DSP 芯片的内部采用程序和数据分开的哈佛结构，具有专门的硬件乘法器，广泛采用流水线操作模式，提供特殊的 DSP 指令，可以用来快速实现各种数字信号处理算法。根据数字信号处理的相关要求，DSP 芯片一般具有如下特点：

①在一个指令周期内可完成一次乘法和一次加法；

②程序和数据空间分开，可以同时访问指令和数据；

③片内具有快速 RAM，通常可通过独立的数据总线在两块中同时访问；

④具有低开销或无开销循环及跳转的硬件支持；

⑤具有快速中断处理和硬件 I/O 支持功能；

⑥具有在单周期内操作的多个硬件地址产生器；

⑦可以并行执行多个操作；

⑧支持流水线操作，使取指、译码和执行等操作可以重叠进行。

3.3.3 DSP 的驱动外设

DSP 使用外设的方法与典型的微处理器有所不同，微处理器主要用于控制，而 DSP 则主要用于实时数据的处理。它通过将提供采样数据的持续流迅速地从外设移至 DSP 核心实现优化，从而形成与微处理器在架构方面的差异。

目前，TI 公司出产的 DSP 应用十分广泛，随着 DSP 功能越来越强、性能越来越好，其片上外设的种类及应用也日趋复杂。传统的 DSP 程序开发包含两方面内容：一是配置、控制、中断等管理 DSP 片内外设和接口的硬件相关程序，二是基于应用的算法程序。在 DSP 这样的系统结构下，应用程序与硬件相关程序紧密结合在一起，限制了程序的可移植性和通用性。通过建立硬件驱动程序的合理开发模式，可使上述现象得到改善。硬件驱动程序最终以函数库的形式被封装起来，应用程序则无须关心其底层硬件外设的具体操作，只需通过调用底层程序，驱动相关标准的 API 与不同外设接口进行操作即可。

3.3.4 DSP 的编程语言

由于 DSP 本质上是一个非常复杂的单片机，使用机器语言和汇编语言进行编程难度很大，开发周期也较为漫长，所以一般选用高级语言为 DSP 编程。在高级语言中，一般选择 C 语言。

为编译 C 代码，芯片公司推出了各自的开发平台以供开发者使用。例如 TI 公司出产的 DSP 采用 CCS 开发平台（图 3-4），ADI 公司出产的 DSP 则用 VDSP++开发平台（图 3-5）[52]。

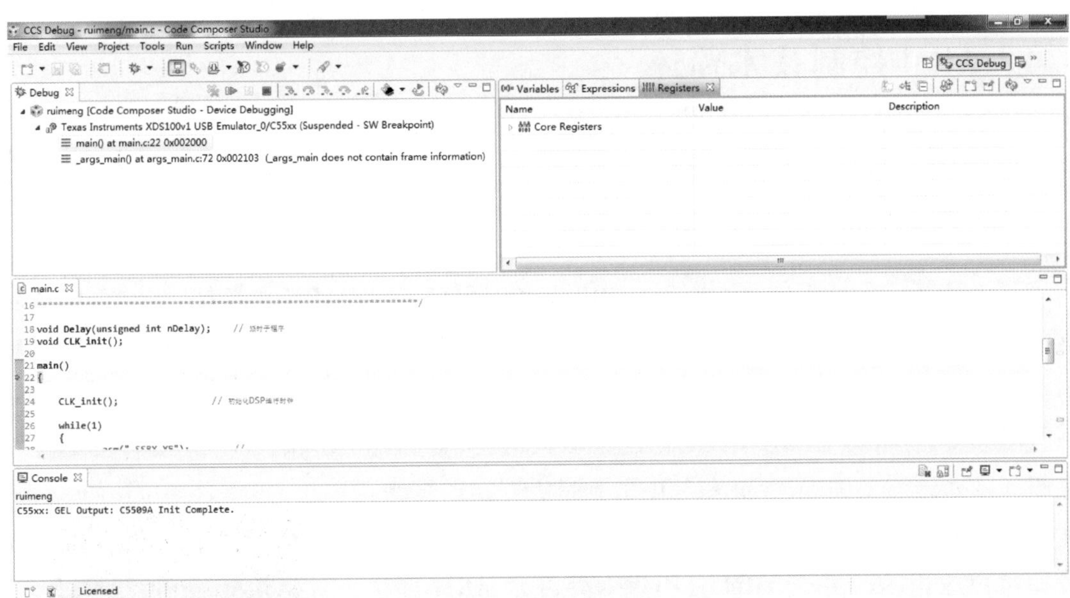

图 3－4　CCS 开发平台

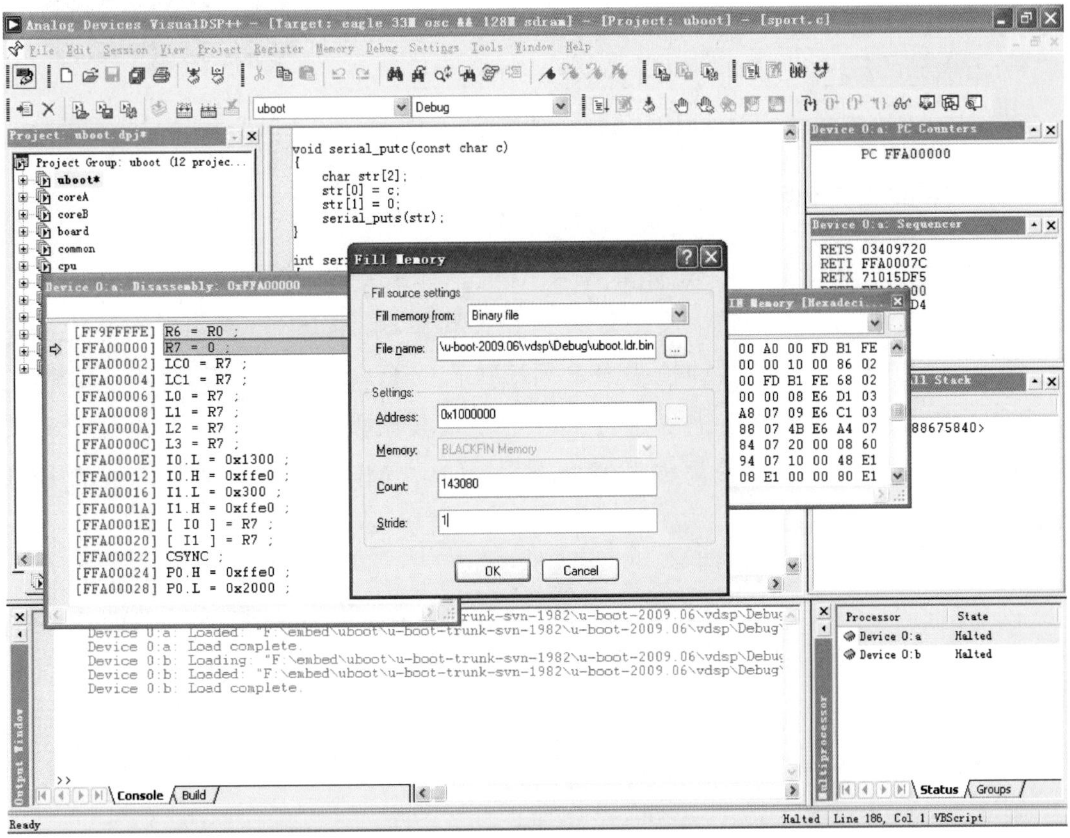

图 3－5　VDSP＋＋开发平台

3.4 ARM控制技术简述

3.4.1 ARM简介

高级精简指令集机器（Advanced RISC Machine）简称ARM，它是一个32位精简指令集（RISC）的处理器架构[53,54]，广泛用于嵌入式系统设计。ARM开发板根据其内核可以分为ARM7、ARM9、ARM11、Cortex－M系列、Cortex－R系列、Cortex－A系列。其中，Cortex是ARM公司出产的最新架构，占据了很大的市场份额。Cortex－M是面向微处理器用途的；Cortex－R系列是针对实时系统用途的；Cortex－A系列是面向尖端的基于虚拟内存的操作系统和用户应用的。由于ARM公司只对外提供ARM内核，各大厂商在授权付费使用ARM内核的基础上研发生产各自的芯片，形成了嵌入式ARM CPU的大家庭。提供这些内核芯片的厂商有Atmel、TI、飞思卡尔、NXP、ST、三星等。本书描述的小型仿人机器人使用的就是ST公司生产的Cortex－M3 ARM处理器STM32F103VCT6，如图3－6所示。

图3－6 STM32F103

3.4.2 ARM的特点

ARM内核采用精简指令集计算机（RISC）体系结构，是一个小门数的计算机，其指令集和相关的译码机制比复杂指令集计算机（CISC）要简单得多，其目标就是设计出一套能在高时钟频率下单周期执行的简单而高效的指令集。RISC的设计重点在于降低处理器中指令执行部件的硬件复杂度，这是因为软件比硬件更容易提供更大的灵活性和更高的智能水平。因此，ARM具备了非常典型的RISC结构特性：

①具有大量的通用寄存器；

②通过装载/保存（load－store）结构使用独立的load和store指令完成数据在寄存器和外部存储器之间的传送，处理器只处理寄存器中的数据，从而避免多次访问存储器；

③寻址方式非常简单，所有装载/保存的地址都只由寄存器内容和指令域决定；

④使用统一和固定长度的指令格式。

这些在基本RISC结构上增强的特性使ARM处理器在高性能、低代码规模、低功耗和小的硅片尺寸方面取得良好的平衡。

3.4.3 ARM 的驱动外设

ARM 公司只是设计内核，将设计的内核卖给芯片厂商，芯片厂商在内核外添加外设。本节重点分析 STM32 的外设。

STM32 是一个性价比很高的处理器，具有丰富的外设资源。它的存储器片上集成着 32～512 KB 的 Flash 存储器、6～64 KB 的 SRAM 存储器，足够一般小型系统的使用；还集成着 12 通道的 DMA 控制器，以及 DMA 支持的外设；片上集成的定时器中，包含 ADC、DAC、SPI、IIC 和 UART；此外，还集成着 2 通道 12 位 D/A 转换器，这属于 STM32F103xC、STM32F103xD 和 STM32F103xE 所独有；最多可达 11 个定时器，其中 4 个 16 位定时器，每个定时器有 4 个 IC/OC/PWM 或者脉冲计数器、2 个 16 位的 6 通道高级控制定时器，最多 6 个通道可用于 PWM 输出；2 个 16 位基本定时器用于驱动 DAC；支持多种通信协议：2 个 IIC 接口、5 个 USART 接口、3 个 SPI 接口，2 个 IIS 复用口、CAN 接口、USB 2.0 全速接口。

3.4.4 ARM 的编程语言

ARM 的体系架构采用第三方 Keil 公司 μVision 的开发工具（目前已被 ARM 公司收购，发展为 MDK - ARM 软件），用 C 语言作为开发语言，利用 GNU 的 ARM - ELF - GCC 等工具作为编译器及链接器，易学易用，它的调试仿真工具也是 Keil 公司开发的 Jlink 仿真器。Keil 的工作界面如图 3 - 7 所示。

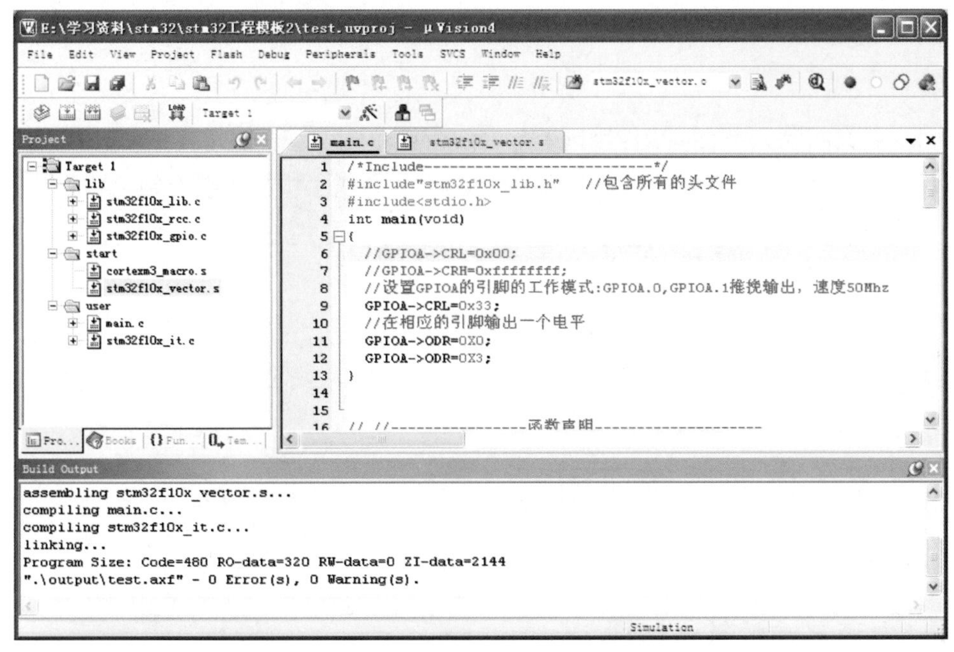

图 3 - 7 Keil 的工作界面

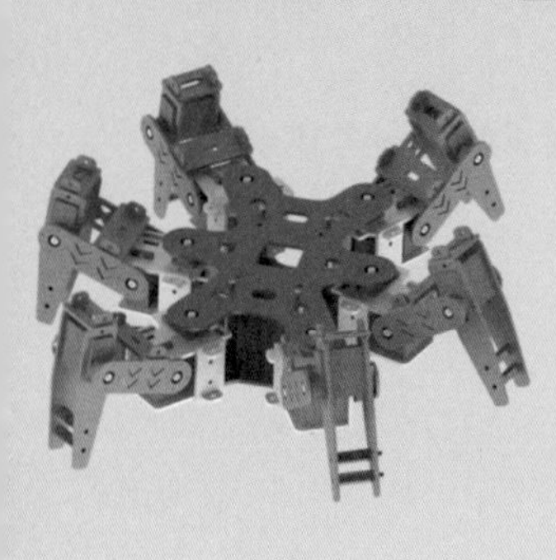

第 4 章 让你的机器人有能量——电源系统

电源系统是机器人必不可少的组成部分。没有电源的驱动，设计再精巧、功能再复杂、性能再优异的机器人也进退维谷、无法动弹。由于小型仿生机器人要求能够机动灵活地运动，特别是要求在狭小空间内也能够穿梭往来，采用拖缆方式进行有线供电显然是不行的，因此，必须通过使用电池进行无拖缆供电。还要看到的是，小型仿生机器人体积小、质量小、动力不够充沛、负载不够强大，因此，在满足续航时间要求的前提下，还要使电源系统尽可能实现轻量化、小型化、节能化，以便尽可能多地为机器人提供动力。

4.1 机器人电源系统简述

4.1.1 电源系统的基本组成

常见的小型机器人电源系统主要由电池、输入保护电路、控制器稳压电路、通道开关、稳压输出等模块组成，如图 4-1 所示。

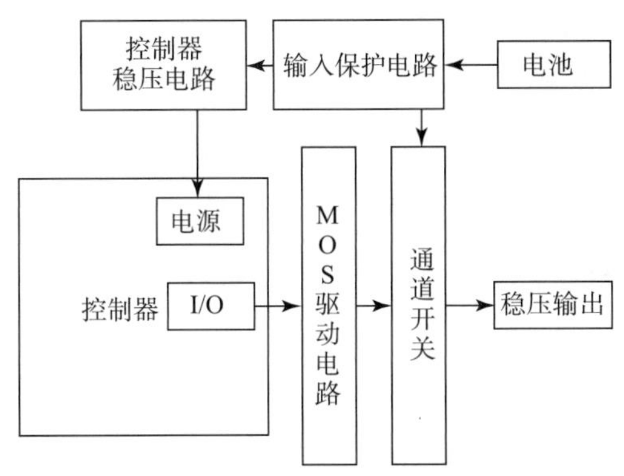

图 4-1 小型机器人电源系统组成示意图

4.1.2 电源系统的工作机理

机器人中的核心器件，如控制器和舵机等，都需要稳定的供电以保障正常运行。有些高级的机器人可能需要几组不同的电压，比如：驱动电动机需要用到 12 V 的电压、2~4 A 的电流，而电路板却需要用到 +5 V 或 -5 V 的电压。对于这些需要不同电压和电流供电的场合，人们可以采用几种不同的方法来获得多组电压。在这些方法中，最简单和最直接的方法就是用几个电池组进行有区别的供电，比如电动机采用大容量铅酸电池供电，电路则采用小容量镍镉电池供电[55,56]。这种方法对装有大电流驱动电动机的机器人是最为适宜的，因为电动机工作时会产生电噪声，通过电源线串到电路，对电路产生干扰。另外，由于电动机启动时几乎吸收了电源的全部电流，造成电路板供电电压下降，会使电路损坏或单片机程序丢失。用分开电源供电则可避免这些现象（电动机产生的另一种干扰是电火花，会造成射频干扰）。还有一种获得多组电压的方法，即用主电源通过稳压输出多组电压，供不同部件使用，这种方法也叫 DC-DC 变换，可以用专用电路或 IC 实现不同的电压输出。比如 12 V 电池可以通过稳压电路输出 12 V 以下的各种电压，其中 12 V 的电压可以直接驱动电动机，而 5 V 的电压则可供给电路板。

当电源模块输入反接或者输入电压过高时，将会烧毁大部分器件，因此，在电源入口处设置了输入保护电路，保护以控制器为主的电子元器件。

4.1.3 电源系统的主要作用

人需要依靠进餐来补充能量，同样，机器人因运动消耗能量，也需要补充能量，电源系统就是机器人的能量来源。真实情况中的机器人与科幻作品中的机器人是有很大不同的。科幻作品中的机器人似乎总有使不完的动力，它们采用核动力或者太阳能电池，充满电后，很长时间才会消耗光。实际上，受制于核技术的现实水准，人们还无法为机器人配备合适的核动力系统；各种太阳能电池目前也无法为机器人的电动机提供足够的动力，同时，太阳能电池也没有存储电能的能力。因此，目前大部分内置电源的实用机器人都是由电池供电的。电源系统是机器人的有机组成部分，与主板、电动机，以及计算机控制单元同等重要。对机器人来说，电源就是其生命的源泉，没有电源，机器人功能俱失，等同于一堆废铁。

4.2 锂离子电池

锂离子电池是一种可充电电池（见图4－2）[57,58]。与其他类型的电池相比，锂离子电池拥有非常低的自放电率、低维护性和相对较短的充电时间，还具有质量小、容量大、无记忆效应且不含有毒物质等优点。常见的锂离子电池主要是锂－亚硫酸氯电池。这种电池有很多长处，例如单元标称电压可达3.6～3.7 V，在常温中以等电流密度放电时，其放电曲线极为平坦，整个放电过程中电压十分平稳，这对众多的用电产品来说是极为宝贵的。另外，在－40 ℃的情况下，锂离子电池的电容量还可以维持在常温容量的50%左右，具有极为优良的低温操作性能，远超过镍氢电池。加上其年自放电率约为2%，一次充电后贮存寿命可长达10年，并且充放电次数可达500次以上，这使得锂离子电池逐渐获得人们的青睐。尽管锂离子电池的价格相对来说比较高昂，但与镍氢电池相比，锂离子电池的质量较镍氢电池的小30%～40%，能量比却高出60%。正因为如此，锂离子电池生产量和销售量都已超过镍氢电池，目前已在数码娱乐产品、通信产品、航模产品等领域拥有了广阔的“用武之地”。

图4－2　手机使用的锂离子电池

4.2.1 锂离子电池的工作原理

锂离子电池以碳素材料作负极，以含锂化合物作正极。由于在电池中没有金属锂存在，只有锂离子存在，故称为锂离子电池。锂离子电池是指以锂离子嵌入化合物为正极材料电池的总称。锂离子电池的充放电过程就是锂离子的嵌入和脱嵌过程。在锂离子的嵌入和脱嵌过程中，同时伴随着与锂离子等当量电子的嵌入和脱嵌（习惯上正极用嵌入或脱嵌表示，而负极用插入或脱插表示）。在充放电过程中，锂离子在正、负极之间往返嵌入/脱嵌和插入/脱插，被形象地称为“摇椅电池”。

当对锂离子电池进行充电时，电池的正极上有锂离子生成，生成的锂离子经过电解液运动到负极；而作为负极的碳呈层状结构，内部有很多微孔，达到负极的锂离子就嵌入到碳层的微孔中。嵌入的锂离子越多，充电容量就越高。同样，当对电池进行放电时（即人们使用电池的过程），嵌在负极碳层中的锂离子脱出，又运动回正极。回到正极的锂离子越多，放电容量就越高。

一般锂离子电池充电电流设定在 $(0.2\sim1)C$ 之间，电流越大，充电越快，同时电池发热也越大。而且，采用过大的电流来充电，容量不容易充满，这是因为电池内部的电化学反应需要时间，就跟人们倒啤酒一样，倒得太快会产生泡沫，盈满酒杯，反而不容易倒满啤酒。

4.2.2 锂离子电池的使用特点

对电池来说，正常使用就是放电的过程。锂离子电池放电需要注意几点：

①放电电流不能过大。过大的电流会导致电池内部发热，有可能造成永久性的损害。从图 4－3 可以看出，电池放电电流越大，放电容量就越小，电压下降也更快。

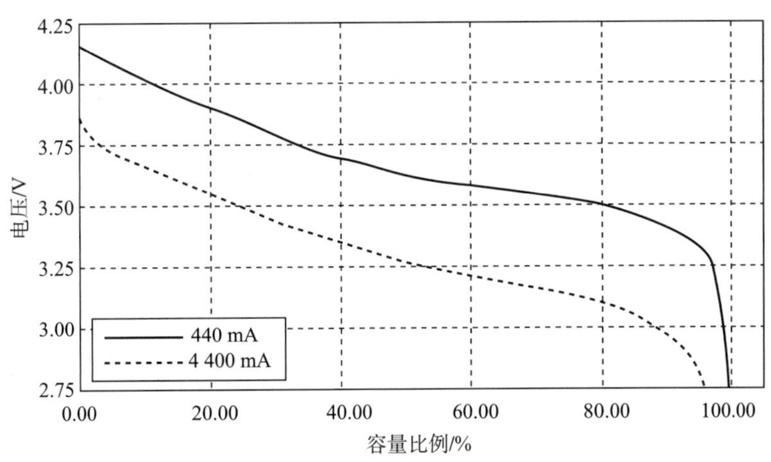

图 4－3 放电电流和放电容量对比

②绝对不能过度放电。锂离子电池存储电能是靠一种可逆的电化学变化实现的，过度的放电会导致这种电化学变化发生不可逆的反应，因此锂离子电池最怕过度放电。一旦放电电压低于 2.7 V，将可能导致电池报废。不过一般电池的内部都安装了保护电路，电压还没低到损坏电池的程度，保护电路就会起作用，停止放电。

4.2.3 锂离子电池的充放电特性

1. 锂离子电池的放电

①锂离子电池的放电终止电压。锂离子电池的额定电压为 3.6 V（有的产品为

3.7 V),终止放电电压为2.5~2.75 V(电池生产厂给出工作电压范围或给出终止放电电压，各参数略有不同)。电池的终止放电电压不应小于2.5 V×n（n是串联的电池数)，低于终止放电电压还继续放电称为过放，过放会使电池的寿命缩短，严重时会导致电池失效。电池不用时，应将电池充电到保有20%的电容量，再进行防潮包装保存，3~6个月检测电压1次，并进行充电，保证电池电压在安全电压值（3 V以上)的范围内。

②放电电流。锂离子电池不适合用作大电流放电，过大电流放电时，其内部会产生较高的温度，从而损耗能量，减少放电时间。若电池中无保护元件，还会因过热而损坏电池。因此，电池生产厂给出最大放电电流，在使用中不能超过产品特性表中给出的最大放电电流。

③放电温度。锂离子电池在不同温度下的放电曲线是不同的。不同温度下，锂离子电池的放电电压及放电时间也不同，电池应在-20 ℃~+60 ℃温度范围内进行放电(工作)。

2. 锂离子电池充电

在使用锂离子电池时应注意的是，电池放置一段时间后则进入休眠状态，此时其电容量低于正常值，使用时间亦随之缩短。但锂离子电池很容易激活，只要经过3~5次正常的充放电循环就可激活电池，恢复正常容量。由于锂离子电池本身的特性，决定了它几乎没有记忆效应。因此，新锂离子电池在激活过程中，是不需要特别的方法和设备的。

①充电设备。对锂离子电池充电，应使用专用的锂离子电池充电器。锂离子电池充电采用“恒流/恒压”方式，先恒流充电，到接近终止电压时改为恒压充电。如一种800 mA·h容量的电池，其终止充电电压为4.2 V。电池以800 mA（充电率为1C)恒流进行充电，开始时电池电压以较大的斜率上升，当电池电压接近4.2 V时，改成4.2 V恒压充电，锂离子电池电流渐降，电压变化不大，到充电电流降为1/10C（约80 mA）时，认为接近充满，可以终止充电（有的充电器到10C后启动定时器，过一定时间后结束充电)。应当注意的是，不能用充镍镉电池的充电器（充三节镍镉电池的）来充锂离子电池（虽然额定电压一样，都是3.6 V)，由于充电方式不同，容易造成过充。

②充电电压。充满电时的终止充电电压与电池所用负极材料有关，焦炭为4.1 V，而石墨为4.2 V，一般称为4.1 V锂离子电池及4.2 V锂离子电池。在充电时，应注意4.1 V的电池不能用4.2 V的充电器进行充电，否则会有过充的危险（4.1 V与4.2 V的充电器所用的充电器IC不同)。锂离子电池对充电的要求是很高的，它要求精密的充电电路以保证充电的安全。终止充电电压精度允差为额定值的±1%（例如，充

4.2 V的锂离子电池，其允差为 ±0.042 V)，过压充电会造成锂离子电池永久性损坏。

③充电电流。锂离子电池充电电流应根据电池生产厂的建议，并要求有限流电路，以免发生过流（过热)。一般常用的充电率为（0.25 ~1)C，推荐的充电电流为 0.5C（C 是电池的容量，如标称容量 1 500 mA·h 的电池，充电电流 0.5 ×1 500 =750（m·A))。在大电流充电时往往要检测电池温度，以防止因过热而损坏电池或产生爆炸。

④充电温度。对锂离子电池充电时，其环境温度不能超过产品特性表中所列的温度范围。电池应在 0 ℃ ~45 ℃温度范围内进行充电，远离高温（高于 60 ℃）和低温（ -20 ℃）环境。

锂离子电池在充电或放电过程中，若发生过充、过放或过流，会造成电池的损坏或降低其使用寿命。为此，人们开发出各种保护元件及由保护 IC 组成的保护电路，它安装在电池或电池组中，使电池获得完善的保护。但在锂离子电池的使用中应尽可能防止过充电及过放电。例如，小型机器人所用电池在充电过程中，快充满时应及时与充电器进行分离。放电深度浅时，循环寿命会明显提高。因此，在使用时，不要等到机器人提示电池电能不足时才去充电，更不要在出现提示信号后还继续使用，尽管出现此信号时还有一部分残余电量可供使用。

4.3 锂聚合物电池

虽然锂离子电池具有很多优点，但它并非是一种完美的电池。虽然拥有高的能量密度、低的自放电率，相对其他电池占有一定的优势，但锂离子电池依然面临一些影响其使用寿命和安全性的困惑。

首先，影响锂离子电池声誉的是其安全性。相对于铅酸蓄电池、镍氢电池等具备较强的抗过充、过放电的能力，锂离子电池在充电和放电时容易出现险情。锂离子电池的充电截止电压必须限制在 4.2 V 左右，如果过充，锂离子电池将会过热、漏气甚至发生猛烈的爆炸。另外，锂离子电池具有严格的放电底限电压，通常为 2.5 V，如果低于此电压继续放电，将严重影响电池的容量，甚至对电池造成不可恢复的损坏。因此，在使用锂离子电池组时必须配备专门的过充电、过放电保护电路。

其次，影响锂离子电池声誉的是价格。锂离子电池的价格较高，并且需要配备保护电路，因此相同能量的锂离子电池其价格是免维护铅酸蓄电池的 10 倍以上。为了解决这些问题，最近出现了锂聚合物电池（Li - Polymer)，其本质同样是锂离子电池，而所谓锂聚合物电池，是其在电解质、电极板等主要构造中至少有一项或一项以上使用了高分子材料。

新一代的锂聚合物电池（图 4 -4）在聚合物化的程度上已经非常出色，所以形状上可以做到很薄（最薄为 0.5 mm），还可以实现任意面积化和任意形状化，大大提高了电池造型设计的灵活性，从而可以配合产品需求，做成任何形状与容量的电池。同时，锂聚合物电池的单位能量比目前的一般锂离子电池提高了 50%，其容量、充放电特性、安全性、工作温度范围、循环寿命与环保性能等方面都较锂离子电池有了大幅度的提高。

图 4－4　锂聚合物电池

目前常见的液体锂离子电池在过度充电的情形下，容易造成安全阀破裂因而起火爆炸的情形，这是非常危险的。所以，必须加装保护电路，以确保电池不会发生过度充电的情形。而高分子锂聚合物电池方面，这种类型的电池相对液体锂离子电池而言具有较好的耐充放电特性，因此，对外加保护 IC 线路方面的要求可以适当放宽。此外，在充电方面，锂聚合物电池可以利用 IC 定电流充电，与锂离子电池所采用的 CCCV（Constant Current－Constant Voltage，恒流－恒压）充电方式比较起来，可以缩短充电等待的时间。

4.3.1　锂聚合物电池的工作原理

锂离子电池目前有液态锂离子电池和锂聚合物电池两类[59]。其中，液态锂离子电池是指 Li＋嵌入化合物为正、负极的二次电池。正极采用锂化合物 $LiCoO_2$、$LiNiO_2$ 或 $LiMn_2O_4$，负极采用锂－碳层间化合物 Li_xC_6。

锂聚合物电池的原理与液态锂离子电池的相同，主要区别在于电解质不同。众所周知，电池主要的构造包括有正极、负极与电解质三项要素。所谓的锂聚合物电池，是说在这三种主要构造中至少有一项或一项以上使用高分子材料作为主要的电池系统。而在所开发的锂聚合物电池系统中，高分子材料主要被应用于正极及电解质。正极材料包括导电高分子聚合物或一般锂离子电池所采用的无机化合物，电解质则可以使用固态或胶态高分子材料，或是有机电解液，一般锂离子电池技术使用液体或胶体电解液，因此需要坚固的二次包装来容纳可燃的活性成分，这就增加了电池重量，另外，也限制了电池尺寸的灵活性。

新一代的锂聚合物电池在形状上可以做到多样化，提高了电池造型设计的灵活性，可以配合产品需求，做成一些特殊形状与容量的电池，为应用设备开发商提供灵活性更高、适应性更好的电源解决方案，最大限度地优化其产品性能。同时，锂聚合物电池的单位能量比一般锂离子电池的提高了 10%，其容量、循环寿命等方面也较锂离子电池有了大幅度的提高。

4.3.2 锂聚合物电池的使用特点

①锂聚合物电池需配置相应的保护电路板。它具有过充电保护、过放电保护、过流（或过热）保护及正负极短路保护功能，同时，在电池组中还有均流及均压功能，以确保电池使用的安全性。

②锂聚合物电池需配置相应的充电器，保证充电电压在（4.2±0.05）V范围内。切勿随便用一个锂电池充电器来进行充电。

③切勿深度放电（放电到2.75 V），放电深度浅时可提高电池的寿命（它没有记忆效应），采用浅度放电（放电到3 V）较为合适。

④不能与其他种类电池或不同型号的锂聚合物电池混用。

⑤不能挤压、折弯电池，否则会损坏电池。

⑥不要放在加热器及火源附近，否则会损坏电池。

⑦长期不用时应定期充电，使电压保持在3.0 V以上。

⑧注意不同的放电倍率 C 与放电容量大小有关，其相互关系见表4-1。

表4-1 锂聚合物电池放电倍率与放电容量的关系

放电倍率	$1C$	$2C$	$5C$	$10C$	$12C$
放电容量比/%	99	98	95	90	70

4.3.3 锂聚合物电池的充放电特性

通常认为，锂聚合物电池在贮存状态下的带电量以40%～60%之间最为合适。当然，这是不可能时时保持的。闲置的锂聚合物电池也会受到自放电的困扰，长久的自放电会造成电池过放。为此，应针对自放电现象做好两手准备：一是定期充电，使其电压维持在3.6～3.9 V之间，锂聚合物电池因为没有记忆效应可以随时充电；二是确保放电终止电压不被突破，如果在使用过程中出现了电量不足的警报，应果断停止使用相应用电设备。

1. 放电

①环境温度。放电也就是锂聚合物电池的工作状态，此时的温度要求为-20 ℃～60 ℃。

②放电终止电压。目前普遍的标准是2.75 V，有的可设置为3 V。

③放电电流。锂聚合物电池也有大电流、大容量等类型，可以进行大功率放电的锂聚合物电池其电流应控制在产品规格书的范围以内。

2. 充电

锂电池充电器的工作特性应符合锂电池充电三阶段的特点，即能够实现预充电、恒流充电和恒压充电三个阶段的充电要求。为此，原装充电器是上上之选。

①环境温度。锂聚合物电池充电时的环境温度应控制在0 ℃ ~40 ℃范围内。

②充电截止电压。锂聚合物电池的充电截止电压为4.2 V，即使是多个电池芯串联组合充电，也要采用平衡充电方式，保证单只电芯的电压不会超过4.2 V。

③充电电流。锂聚合物电池在非急用情况下可用0.2C充电，一般不能超过1C充电。

4.4 镍氢电池

镍氢电池（见图4－5）是早期镍镉电池的替代产品[60,61]。由于不再使用有毒的镉，镍氢电池可以消除重金属元素对环境带来的污染问题。镍氢电池使用氧化镍作为阳极，使用吸收了氢的金属合金作为阴极，这种金属合金可吸收高达本身体积100倍的氢，储存能力极强。另外，镍氢电池具有与镍镉电池相同的1.2 V电压，加上自身的放电特性，可在一小时内再充电。由于内阻较低，一般可进行500次以上的充放电循环。镍氢电池具有较大的能量密度比，这意味着人们可以在不增加设备额外重量的情况下，使用镍氢电池代替镍镉电池来有效延长设备的工作时间。镍氢电池在电学特性方面与镍镉电池的亦基本相似，在实际应用时完全可以替代镍镉电池，而不需要对设备进行任何改造。镍氢电池另外一个值得称道的优点是它大大减小了镍镉电池中存在的“记忆效应”，这使镍氢电池可以更加方便地使用。

镍氢电池耐过充电和过放电的能力较强，具有较高的比能量，是镍镉电池比能量的1.5倍，其循环寿命也比镍镉电池的长，通常可达600 ~800次。但镍氢电池的大电流放电能力不如铅酸蓄电池和镍镉电池，尤其是电池组串联较多时更是如此。例如UP－VoyagerII所采用的镍氢电池组，由20个电池单元串联，其放电能力被限制在（2 ~3)C。

图4－5　镍氢电池

4.4.1 镍氢电池的工作原理

镍氢电池采用与镍镉电池相同的Ni氧化物作为正极，采用储氢金属合金作为负极，碱液（主要为 KOH）作为电解质。镍氢电池内部结构如图 4－6 所示。

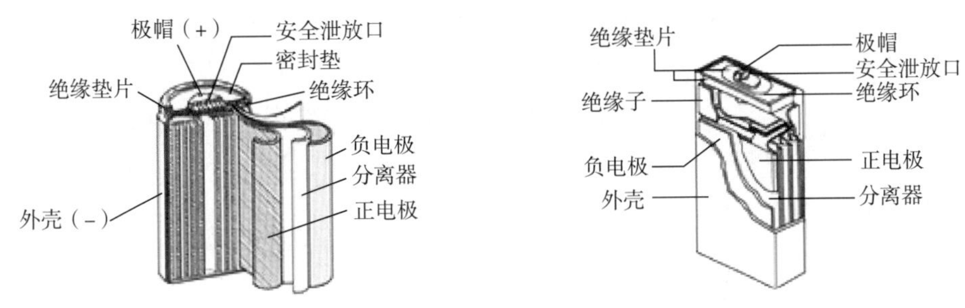

图 4－6 镍氢电池内部结构示意图

4.4.2 镍氢电池的使用特点

①一般情况下，新的镍氢电池只含有少量的电量，购买后要先进行充电然后再使用。但如果电池出厂时间较短，电量充足，则可以先使用然后再充电。新买的镍氢电池一般要经过 3～4 次的充电和使用，性能才能发挥到最佳状态。

②虽然镍氢电池的记忆效应小，但尽量每次使用完以后再充电，并且一次性充满，不要充一会用一会，然后再充。电池充电时，要注意充电器周围的散热情况。为了避免电量流失等问题发生，保持电池两端的接触点和电池盖子的内部干净，必要时使用柔软、清洁的干布轻擦。

③长时间不用时，应把电池从电池仓中取出，置于干燥的环境中（推荐放入电池盒中，可以避免电池短路）。长期不用的镍氢电池会在存放几个月后，自然进入一种“休眠”状态，电池寿命会大大降低。如果镍氢电池已经放置了很长时间，应先用慢充方式进行充电，因为：据测试，镍氢电池保存的最佳条件是带电 80% 左右保存。这是因为镍氢电池的自放电较大（一个月在 10%～15%），如果电池完全放电后再保存，很长时间内不使用，电池的自放电现象就会造成电池的过放电，会损坏电池。

④尽量不要对镍氢电池进行过放电。过放电会导致充电失败，这样做的危害远远大于镍氢电池本身的记忆效应。一般镍氢电池在充电前，电压在 1.2 V 以下，充满后正常电压在 1.4 V 左右，可由此判断电池的状态。

⑤充电器的充电方式可分为快充方式和慢充方式。慢充方式中充电电流小，通常在 200 mA 左右，比如常见的充电电流是在 160 mA 左右。慢充方式的充电时间长，充满 1 800 mA·h 的镍氢电池要耗费 16 h 左右。时间虽慢，但慢充方式充电会很足，并且不伤电池。快充方式充电电流通常都在 400 mA 以上，充电时间明显减少了很多，3～4 h 即可完成充电。

4.4.3 镍氢电池的充放电特性

在充电特性方面，镍氢电池与镍镉电池一样，其充电特性受充电电流、温度和充电时间的影响。镍氢电池端电压会随着充电电流的升高和温度的降低而增加；充电效率则会随着充电电流、充电时间和温度的改变而不同。充电电流越大，镍氢电池的端电压上升得越高。

在放电特性方面，镍氢电芯以不同速率放电至同一终止电压时，高速率放电初始过程端电压变化速率最大，中小速率放电过程端电压变化速率小，放出相同的电量的情况下，高速率放电结束时的电池电压低。与镍镉电池相比，镍氢电池具有更好的过放电能力。当过放电后单格电压达到 1 V 时，可通过反复的充、放电，单格电压很快会恢复到正常值。

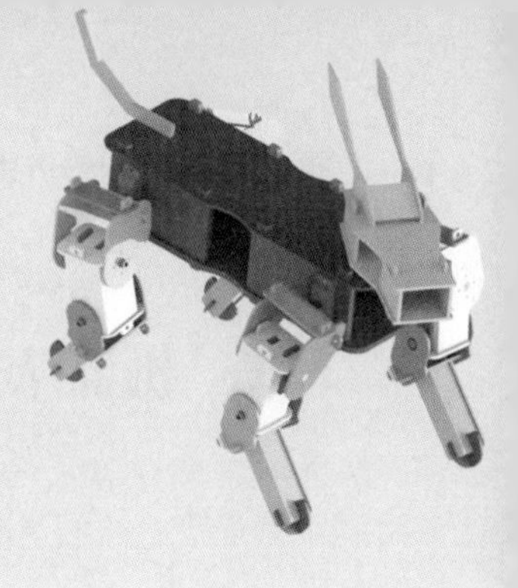

第 5 章

让你的机器人能感知
——传感系统

机器人之所以能够感知自身内部情况和外部环境信息，识别物体、躲避障碍，是因为它具有和人类一样的“五官”。人类的五官是眼、耳、鼻、舌、身，那么机器人的五官是什么呢？它们的“五官”就是传感器，传感器使机器人初步具有类似于人的各种感知能力，而不同类型传感器的组合就构成了机器人的感觉系统。

由于在现代社会里机器人的应用范围越来越广、作业能力越来越强，所以要求它对变化的环境和复杂的工作具有更好的适应能力，能进行更精确的定位和更准确的控制，并具有更高的智能。传感器是机器人获取信息、实施控制的充要条件与必备工具，因而对机器人的传感器有更大的需求和更高的要求。本章将系统介绍在机器人领域经常使用的几种传感器。

5.1 机器人传感系统简述

5.1.1 传感器的定义和分类

机器人感知自身内部情况和外部环境信息必须借助“电五官”——传感器，那么什么是传感器呢？

1. 传感器的定义

传感器是一种检测装置，它能感受到被测量的信息，并能将感受到的信息按一定规律变换成电信号或其他所需形式的信息输出，以满足信息在传输、处理、存储、显示、记录和控制等方面的要求。

2. 传感器的分类

机器人使用的传感器分为视觉、听觉、触觉、力觉和接近觉五大类。从人类生理学观点来看，人的感觉可分为内部感觉和外部感觉，与此类似，机器人的传感器也可分为内部传感器和外部传感器[62-64]。

机器人的内部传感器其功能是测量运动学和动力学参数，使机器人能够按照规定的位置、轨迹和速度等参数进行工作，感知自身的状态并加以调整与控制。位置传感器、角度传感器、速度传感器和加速度传感器都可作为机器人的内部传感器使用。上述四种传感器分别如图 5-1～图 5-4 所示。

图 5-1　位置传感器

图 5-2　角度传感器

外部传感器主要用来检测机器人所处环境及目标的状况，如对象是什么物体，机器人离物体的距离有多远，机器人抓取的物体是否滑落。它们帮助机器人准确了解外部情况，促使机器人与环境发生交互作用，并使机器人对环境具有自校正和自适应的能力。视觉传感器、听觉传感器、触觉传感器和接近觉传感器都可作为机器人的外部传感器使用。上述四种传感器分别如图5－5～图5－8所示。

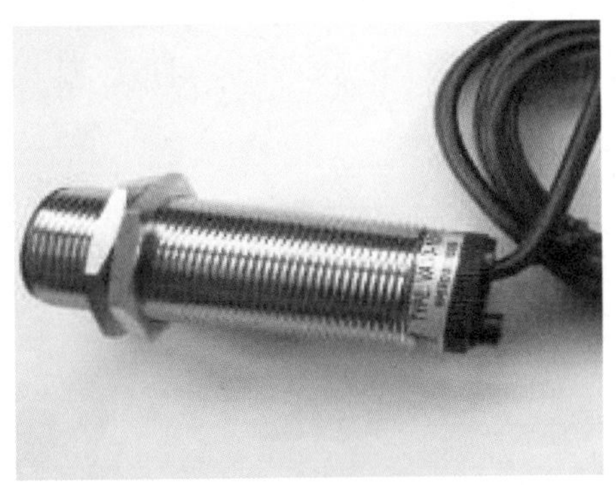

图5－3　速度传感器

图5－4　加速度传感器

图5－5　触觉传感器

图5－6　视觉传感器

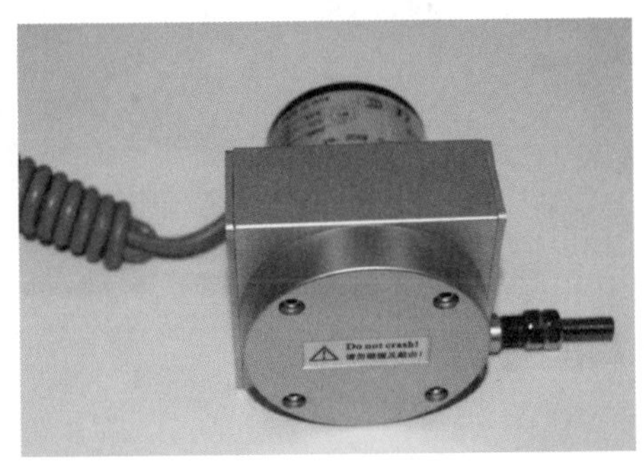

图5－7　听觉传感器

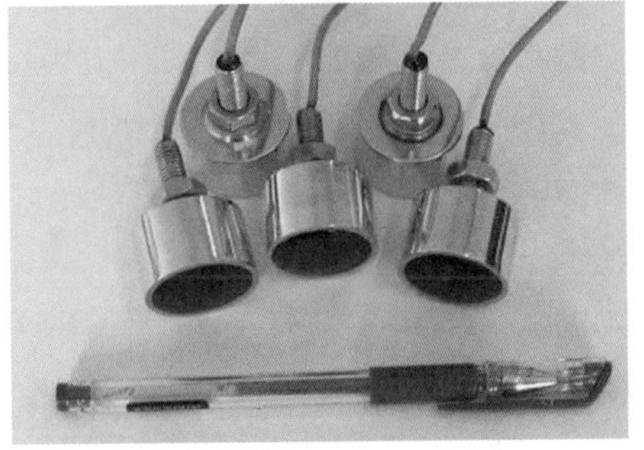

图5－8　接近觉传感器

广义来看，机器人的外部传感器就是具有人类五官感知能力的传感器。为了检测作业对象及环境状况或机器人与它们的关系，在机器人上安装了触觉传感器、视觉传感器、听觉传感器、接近觉传感器等，大大改善了机器人的工作状况，使其能够更为出色地完成复杂工作。

5.1.2 传感器的基本组成

传感器一般由敏感元件、转换元件、变换电路和辅助电源四部分组成，其具体组成形式如图 5－9 所示。

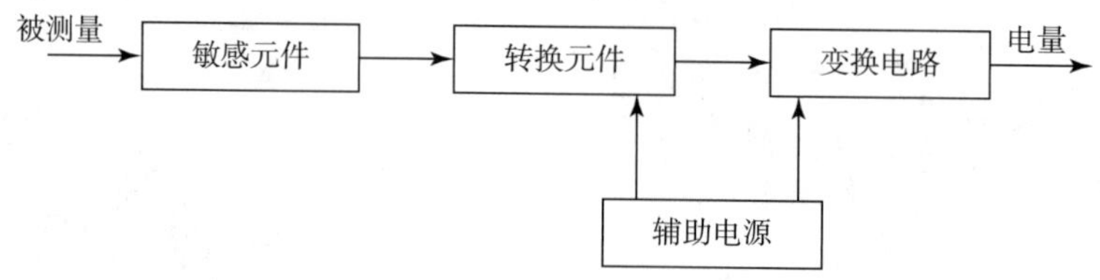

图 5－9　传感器的基本组成

在传感器中，敏感元件是指传感器能直接感受或相应被测量的部分；转换元件是指传感器中能将敏感元件感受的量或相应的被测量转换成适合于传输或测量的电信号部分；变换电路是指将电路参数量（如电阻、电容、电感）转换成便于测量的电量（如电压、电流、频率等）的电路部分；辅助电源是指为转换元件和转换电路供电的电源部分。

敏感元件直接感受被测量，并输出与被测量有确定关系的物理量信号；转换元件将敏感元件输出的物理量信号转换为电信号；变换电路负责对转换元件输出的电信号进行放大调制；转换元件和变换电路一般还需要辅助电源供电。

5.1.3 传感器的主要作用

人们为了从外界获取信息，必须借助于自身的感觉器官。而单靠人们自身的感觉器官，在研究自然现象及其规律方面，以及在开展生产活动方面，它们的功能就远远不够了。为了适应这种情况，就需要借助于传感器。我们可以将传感器的功能与人类的五大感觉器官相比拟：光敏传感器—视觉；声敏传感器—听觉；气敏传感器—嗅觉；化学传感器—味觉；压敏、温敏、流体传感器—触觉。因此可以说，传感器是人类五官功能的延长，故称为电五官。

传感器的功能十分强大，因此被人们广泛加以应用。时至今日，传感器早已深入渗透到诸如工业生产、宇宙开发、海洋探测、环境保护、资源调查、医学诊断、生物工程甚至文物保护等极其广泛的领域。可以毫不夸张地说，从茫茫太空，到浩瀚海洋，以至到各种复杂的工程系统，几乎每一个地方、每一个项目、每一种产品都离不开各种各样的传感器。

比如，传感器可以应用于现代工业生产尤其是自动化生产过程中，可以监视和控制生产过程中各个参数的变化情况，便于人们根据各个参数的实时状态做出适当调整，使设备工作在正常状态或最佳状态，并使生产的产品具有最好的质量。传感器也可以应用在基础学科研究中，帮助人们在宏观上观察遥远的茫茫宇宙，在微观上观察微小的粒子世界，在纵向上观察或长达数十万年的天体演化，或短到转瞬即逝的爆炸反应。此外，还出现了对深化物质认识，开拓新能源、新材料等具有重要作用的各种极端技术研究，如超高温、超低温、超高压、超高真空、超强磁场、超弱磁场等。显然，要获取大量人类感官无法直接获取的信息，没有相适应的传感器是不可能的。由此可见，传感器技术在发展经济、推动社会进步方面具有十分重要的作用。

5.2 机器人视觉系统概述

5.2.1 机器人视觉系统的基本组成

机器视觉就是用机器代替人眼来做测量和判断。机器视觉系统通过机器视觉产品（即图像摄取装置，可分为 CMOS 和 CCD 两种）将被摄取目标转换成图像信号，传送给专用的图像处理系统，得到被摄目标的形态信息，然后将像素分布、亮度、颜色等信息转变成数字化信号；此后，图像系统对这些信号进行各种运算来抽取目标的特征，进而根据判别的结果来控制现场的设备动作。机器视觉系统能够提高生产的柔性和自动化的程度。在一些不适于人工作业的危险场合或人工视觉难以满足要求的地方，常用机器视觉来替代人工视觉；在大批量工业生产过程中，用人工视觉检查产品质量效率低且精度不高，用机器视觉检测方法可以大大提高生产效率和生产的自动化程度，而且机器视觉易于实现信息集成，是实现计算机集成制造的基础技术。图 5－10 所示为机器视觉系统的工作原理图。

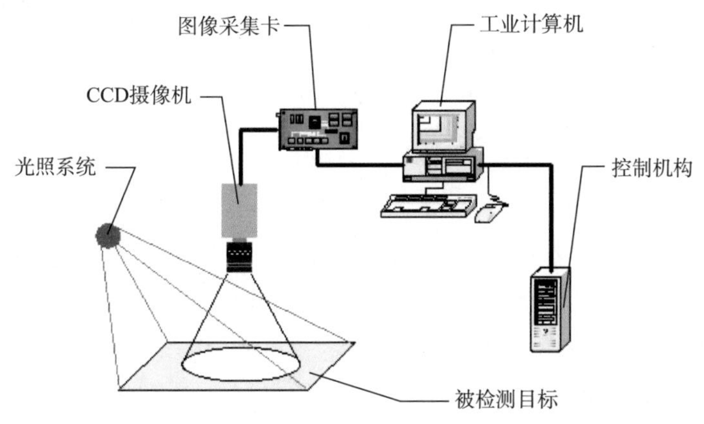

图 5－10 机器视觉工作原理图

一个典型的机器视觉系统通常由以下部分组成：

1. 照明系统

照明是影响机器视觉系统输入情况的重要因素，它直接影响输入数据的质量和应用效果。由于没有通用的机器视觉照明设备，所以针对每个特定的应用实例，要选择相应的照明装置，以达到最佳照明效果。照明部分的核心是光源，光源分为可见光和不可见光。常用的几种可见光源是白炽灯、日光灯、水银灯和钠光灯。可见光照明的缺点是光能难以保持稳定，从而影响照明效果。如何使光能在一定程度上保持稳定，是实用化过程中急需解决的问题。另外，环境光有可能影响图像的质量，所以可采用添加防护屏的方法来减少环境光的影响。照明系统按光源照射方法，可分为背向照明、前向照明、结构光照明和频闪光照明等。其中，背向照明是被测物放在光源和摄像机之间，其优点是能获得高对比度的图像。前向照明是光源和摄像机位于被测物的同侧，这种方式便于安装。结构光照明是将光栅或线光源等投射到被测物上，根据它们产生的畸变，解调出被测物的三维信息。频闪光照明是将高频率的光脉冲照射到物体上，摄像机拍摄时要求与光源同步。

2. 镜头

镜头（见图5－11）是机器视觉系统中必不可少的核心部件，直接影响成像质量的优劣和算法的实现及效果。镜头从焦距上可分为短焦镜头、中焦镜头，长焦镜头；从视场大小上可分为广角、标准、远摄镜头；从结构上可分为固定光圈定焦镜头、手动光圈定焦镜头、自动光圈定焦镜头、手动变焦镜头、自动变焦镜头、自动光圈电动变焦镜头、电动三可变（光圈、焦距、聚焦均可变）镜头等。

图5－11　镜头实物图

对于任何相机来说，镜头的好坏一直是影响其成像质量的关键因素，数码相机也不例外。虽然数码相机的 CCD 分辨率有限，原则上对镜头的光学分辨率要求较低；但由于数码相机的成像面积较小（因为数码相机是成像在 CCD 面板上，而 CCD 的面积较传统 35 mm 相机的胶片小很多），因而需要镜头保证一定的成像素质。例如，对某一确定的被摄体，水平方向需要 200 像素才能完美再现其细节，如果成像宽度为 10 mm，则光学分辨率为 20 线/mm 的镜头就能胜任；但如果成像宽度仅为 1 mm，则要求镜头的光学分辨率必须在 200 线/mm 以上。此外，传统胶卷对紫外线比较敏感，户外拍照时常需加装 UV 镜，而 CCD 对红外线比较敏感，需要为镜头增加特殊的镀层或外加滤镜，以提高成像质量。与此同时，镜头的物理口径也需要认真考虑，且不管其相对口径如何，其物理口径越大，光通量就越大，数码相机对光线的接收和控制就会更好，成像质量也就越好。

镜头对机器视觉系统来说同样十分重要，选择时需要注意以下几个性能参数：

①焦距。焦距是光学系统中衡量光的聚集或发散的度量方式，指平行光入射时从透镜光心到光聚集的焦点的距离；亦是照相机中，从镜片中心到底片或 CCD 等成像平面的距离。具有短焦距的光学系统比长焦距的光学系统有更佳的聚光能力。简单来说，焦距就是焦点到镜头中心点之间的距离。

②镜头口径。镜头口径也叫“有效口径”或“最大口径”。指每只镜头开足光圈时前镜的光束直径（亦可视作透镜直径）与焦距的比数。它表示该镜头最大光圈的纳光能力。如某个镜头焦距是 4，前镜光束直径是 1 时，这就是说焦距比光束直径大 4 倍，一般称它为 f 系数，f 代表焦距。

③光圈。光圈是一个用来控制光线透过镜头进入机身内感光面的光量的装置，它通常安装在镜头内部。平时所说的光圈值 *F*1、*F*1.2、*F*1.4、*F*2、*F*2.8、*F*4、*F*5.6、*F*8、*F*11、*F*16、*F*22、*F*32、*F*44 和 *F*64 等是光圈“系数”，是相对光圈，并非光圈的物理孔径，它与光圈的物理孔径及镜头到感光器件（胶片或 CCD 或 CMOS）的距离有关。

表达光圈大小用的是 F 值。光圈 F 值 = 镜头的焦距/镜头口径的直径，从以上的公式可知，要达到相同的光圈 F 值，长焦距镜头的口径要比短焦距镜头的口径大。当光圈物理孔径不变时，镜头中心与感光器件距离越远，F 数越大；反之，镜头中心与感光器件距离越近，通过光孔到达感光器件的光密度越高，F 数就越小。

这里值得一提的是，光圈 F 值越小，在同一单位时间内的进光量便越多，而且上一级的进光量刚好是下一级的两倍，例如光圈从 *F*8 调整到 *F*5.6，进光量便多一倍，也可以说光圈开大了一级。多数非专业数码相机镜头的焦距短、物理口径很小，*F*8 时光圈的物理孔径已经很小了，继续缩小就会发生衍射之类的光学现象，影响成像。所以一般非专业数码相机的最小光圈都在 *F*8 ~ *F*11，而专业型数码相机感光器件面积大，镜头与感光器件距离远，光圈值可以很小。对于消费型数码相机而言，光圈 F 值常常介于 *F*2.8 ~ *F*16 之间。

④放大倍数。它是光学镜头的一项性能参数，是指物体通过透镜在焦平面上的成像大小与物体实际大小的比值。

⑤影像至目标的距离。它也是光学镜头的一项性能参数，是指成像平面上的影像与目标之间的实际距离。

⑥畸变。畸变是由机器于视觉系统中垂轴放大率在整个视场范围内不能保持常数而引起的。当一个有畸变的光学系统对一个方形的网状物体成像时，由于某些参数的不同，可能会形成一个啤酒桶形状的图像，这种畸变称为正畸变，亦可称为桶形畸变；还有可能会形成一种枕头形状的图像，这种畸变称为负畸变，亦可称为枕形畸变。在

一般的光学系统中，只要畸变引起的图像变形不为人眼所觉察，是可以允许的，这一允许的畸变值约为 4%。但是有些需根据图像来测定物体尺寸的光学系统，如航空测量镜头等，畸变则直接影响测量精度，必须对其严加校正，使畸变小到万分之一甚至十万分之几。

3. 摄像机/照相机

按照不同标准，可分为标准分辨率数字相机和模拟相机等。人们可根据不同的应用场合来选用不同的相机。

在光学成像领域，相机（见图 5－12）的分类方法很多，主要分类方法包含以下几种：

①按成像色彩划分，可分为彩色相机和黑白相机；

②按分辨率划分，像素数在 38 万以下的为普通型，像素数在 38 万以上的为高分辨率型；

③按光敏面尺寸大小划分，可分为 1/4、1/3、1/2、1 in[①] 相机；

④按扫描方式划分，可分为行扫描相机（线阵相机）和面扫描相机（面阵相机）两种方式，其中面扫描相机又可分为隔行扫描相机和逐行扫描相机；

⑤按同步方式划分，可分为普通相机（内同步）和具有外同步功能的相机等。

图 5－12　相机实物图

4. 图像采集卡

图像采集卡在机器视觉系统中扮演着非常重要的角色，它直接决定了摄像头的接口特性，比如摄像头究竟是黑白的，还是彩色的；是模拟信号的，还是数字信号的等。比较典型的图像采集卡是 PCI 或 AGP 兼容的捕获卡，它可以将图像迅速地传送到计算机存储器进行处理。有些图像采集卡有内置的多路开关。例如，可以连接 8 个不同的摄像机，然后告诉采集卡采用哪一个相机抓拍到的信息。有些采集卡有内置的数字输

① 1 in＝2. 54 cm。

入装置以触发采集卡进行图像捕捉，当采集卡抓拍图像时，数字输出口就触发闸门。图 5－13 所示是一款 PC 上常用的图像采集卡。

图 5－13　图像采集卡

5.2.2　机器人视觉系统的主要作用与工作机理

机器视觉系统可用于移动机器人导航，能用于机器人导航的传感器类型很多，如视觉传感器（包括单目视觉，双目立体视觉）、声呐、GPS、激光测距仪、罗盘和里程计（光电码盘）等。实际上，一般实用型的机器人不会只依靠一种传感设备进行导航，而是采用多传感器融合技术，增加导航信息的完整性和冗余性，以达到精确和稳定控制机器人运动的目的。

机器视觉系统在机器人导航中主要起到环境探测和辨识的作用。环境探测包括障碍探测和陆标探测，而辨识主要是对陆标进行识别，其目的是为移动机器人提供相关的环境信息如障碍物相对机器人的位置信息，机器人在全局坐标下的位置信息，甚至运动物体的速度、方向、距离信息，以及目标的分类等。机器视觉导航的优点在于其探测的范围广、取得的信息多，其难点在于机器人导航使用的视频图像信号数据量很大，要求系统具有较强的实时数据处理能力，同时，如何从图像中提取对导航有价值的信息也是一个富有挑战性的工作。

一般而言，具有实用功能的简化版机器人视觉导航系统（见图 5－14）由以下四个部分组成：

①传感器单元。机器人视觉导航系统首先通过传感器单元获得各类信息，包括环境信息、机器人的姿态信息等。

②采集设备单元。采集设备将传感器系统采集的模拟信号转为数字信号，并将这些信号传递给信息处理单元。

③信息处理单元。信息处理单元对接收到信息进行处理，结合机器人的运动能力

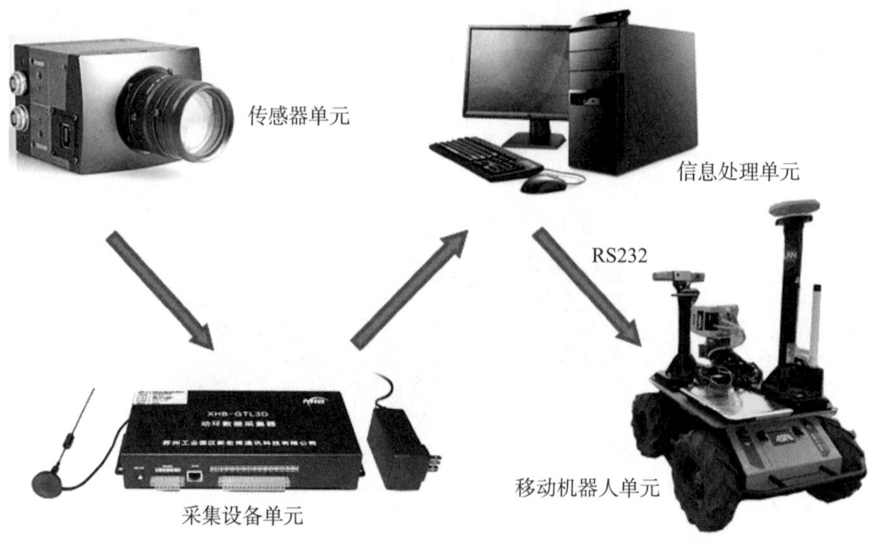

图5－14　机器人视觉导航系统

及导航要求生成控制指令，并发给移动机器人驱动控制系统。

④移动机器人单元。移动机器人的驱动控制系统收到控制指令后，驱动相应电动机转动，使机器人按控制指令运动。

5.3　视觉传感器

视觉传感器是整个机器视觉系统视觉信息的直接来源，主要由一个或者两个图形传感器组成，有时还要配以光投射器及其他辅助设备。视觉传感器的主要功能是获取可供机器视觉系统处理的最原始图像。图像传感器可以使用激光扫描器、线阵和面阵CCD摄像机或者TV摄像机，也可以是最新出现的数字摄像机等。

谈起视觉传感器，人们就会想到CCD与CMOS两大视觉感应器件。在传统印象中，CCD代表着高解析度、低噪点等“高大上”品质，而CMOS由于噪点问题，一直与电脑摄像头、手机摄像头等对画质相对要求不高的电子产品联系在一起。但是现在CMOS技术有了巨大进步，其摄像机绝非只局限于简单的应用，甚至进入了高清摄像机系列。为了了解CCD和CMOS的特点，还是从CCD和CMOS的不同工作原理说起。

5.3.1　CCD与CMOS的工作原理

1. CCD器件

CCD是电荷耦合器件的英文单词（Charge Coupled Device）首字母缩写形式，它是一种半导体成像器件（见图5－15），具有灵敏度高、畸变小、体积小、寿命长、抗强光、抗震动等优点。工作时，被摄物体的图像经过镜头聚焦至CCD芯片上，CCD根据光的强弱情况积累相应比例的电荷，各个像素积累的电荷在视频时序的控制下，逐点外移，经滤波、放大处理后，形成视频信号输出。当视频信号连接到监视器或电视机的视频输入端时，人们便可以看到与原始图像相同的视频图像。

需要说明的是，在CCD中，上百万个像素感光后会生成上百万个电荷，所有的电荷全部需要经过一个“放大器”进行电压转变，形成电子信号。因此，这个“放大器”就成为一个制约图像处理速度的“瓶颈”。当所有电荷由单一通道输出时，就像千军万马同时从一座桥上通过，庞大的数据量很容易引发信号“拥堵”现象，而数码摄像机高清标准（HDV）却恰恰需要在短时间内处理大量数据。因此，在民用级产品中使用单CCD无法满足高速读取高清数据的需要。

CCD器件由硅材料制成，对近红外光线比较敏感，其光谱响应可延伸至1.0 μm左右，响应峰值为绿光（550 nm）。夜间采用CCD器件隐蔽监视时，可以用近红外灯照明，人眼看不清的环境情况，在监视器上却可以清晰成像。由于CCD器件表面有一层吸收紫外线的透明电极，所以CCD对紫外线并不敏感。彩色摄像机的成像单元上有红、绿、蓝三色滤光条，所以彩色摄像机对红外线和紫外线均不敏感。

2. CMOS器件

CMOS（Complementary Metal Oxide Semiconductor，简称CMOS，其实物见图5－16）的中文名称叫互补金属氧化物半导体器件，它是一种电压控制的放大器件，也是组成CMOS数字集成电路的基本单元。CMOS中一对由MOS组成的门电路在瞬间要么PMOS导通，要么NMOS导通，要么都截至，比线性三极管的效率高得多，因此其功耗很低。

图5－15　CCD实物图

图5－16　CMOS实物图

传统的CMOS传感器是一种比CCD传感器低10倍感光度的传感器。它可以将所有的逻辑运算单元和控制环都放在同一个硅芯片上，使摄像机变得架构简单、易于携带，因此CMOS摄像机可以做得非常小巧。与CCD不同的是，CMOS的每个像素点都有一个单独的放大器转换输出，因此 CMOS 没有 CCD 的“瓶颈”问题，能够在短时间内处理大量数据，输出高清影像，满足 HDV 的需求。另外，CMOS 工作所需要的电压比 CCD 的低很多，功耗只有 CCD 的 1/3 左右，因此电池尺寸可以做得很小，方便实现摄像机的小型化。而且每个 CMOS 都有单独的数据处理能力，这也大大减小了集成电路的体积，为高清数码相机的小型化奠定了基础。

5.3.2 CCD 与 CMOS 的优劣比较

CCD 和 CMOS 的制作原理并没有本质的区别，CCD 与 CMOS 孰优孰劣也不能一概而论。一般而言，普及型的数码相机中使用 CCD 芯片的成像质量要好一些，因为 CCD 是集成在半导体单晶材料上，而 CMOS 是集成在金属氧化物的半导体材料上，而这导致两者的成像质量出现分别。CMOS 的结构相对简单，其生产工艺与现有大规模集成电路的生产工艺相同，因而导致生产成本有所降低。从原理上分析，CMOS 的信号是以点为单位的电荷信号，而 CCD 是以行为单位的电流信号，前者更为敏感，更为省电，速度也更为快捷。现在生产的高级 CMOS 并不比一般的 CCD 成像质量差，但相对来说，CMOS 的工艺还不是十分成熟，普通的 CMOS 一般分辨率较低而成像较差。

目前数码相机的视觉感应器只有 CCD 感应器和 CMOS 感应器两种。市面上绝大多数消费级别和高端级别的数码相机都使用 CCD 作为感应器，一些低端摄像头和简易电脑相机上则采用 CMOS 感应器。若有哪家摄像头厂商生产的摄像头使用了 CCD 感应器，厂商一定会不遗余力地以其作为卖点大肆宣传，甚至冠以“高级数码相机”之名。一时间，是否具有 CCD 感应器成为人们判断数码相机档次的标准。实际上这并不十分科学，这两种感光器的工作原理就可说明真实情况。CCD 是一种可以记录光线变化的半导体组件，由许多感光单位组成，通常以百万像素为单位。当 CCD 表面受到光线照射时，每个感光单位会将电荷反映在组件上，所有的感光单位所产生的信号加在一起，就构成了一幅完整的画面。CMOS 和 CCD 一样，同为在数字相机中可记录光线变化的半导体。CMOS 的制造技术和一般计算机芯片的制造技术没有什么差别，主要是利用硅和锗这两种元素所做成的半导体，使其在 CMOS 上共存着带 N（带 - 电）和 P（带 + 电）级的半导体，这两个互补效应所产生的电流即可被处理芯片记录和解读成影像。

尽管 CCD 在影像品质等各方面优于 CMOS，但不可否认的是，CMOS 具有低成本、低耗电以及高整合度的特性。由于数码影像产品的需求十分旺盛，CMOS 的低成本和稳定供货品质，使之成为相关厂商的最爱，也因此愿意投入巨大的人力、物力和财力去改善 CMOS 的品质特性与制造技术，使得 CMOS 与 CCD 两者的差异逐渐缩小。

5.4 测距传感器

5.4.1 测距传感器的分类

顾名思义，测距传感器就是能够测量距离的传感器。常见的测距传感器有超声波测距传感器、红外线测距传感器、激光测距传感器等。

1. 超声波测距传感器

超声波测距传感器（见图5－17）是经常采用的传感器之一，用来检测机器人前方或周围有无障碍物，并测量机器人与障碍物之间的距离。超声波测距的原理犹如蝙蝠，蝙蝠的嘴里可以发出超声波，超声波向前方传播，当超声波遇到昆虫或障碍物时会发生反射，蝙蝠的耳朵能够接收反射回波，从而判断昆虫或障碍物的位置和距离并予以捕杀或躲避。超声波传感器的工作方式与蝙蝠的类似，通过发送器发射超声波，当超声波被物体反射后传到接收器，通过接收反射波来判断是否检测到物体。

图5－17　超声波测距传感器

超声波是一种在空气中传播的超过人类听觉频率极限的声波。人的听觉所能感觉的声音频率范围因人而异，在20 Hz～20 kHz之间。超声波的传播速度v可以用式（5－1）表示：

$$v(\mathrm{m/s}) = 331.5 + 0.6T \qquad (5-1)$$

式中，T(℃）为环境温度，在23 ℃的常温下超声波的传播速度为345.3 m/s。超声波传感器一般就是利用这样的声波来检测物体的。

2. 红外测距传感器

红外测距传感器（见图5－18）是一种用红外线为工作介质的测量系统，已在现代科技、国防和工农业生产等领域获得了广泛应用。该传感器的特点是可以远距离测量（在无发光板和反射率低的情况下）、有同步输入端（可多个传感器同步测量）、测量范围广、响应时间短、外形紧凑、安装简易、便于操作。

3. 激光测距传感器

激光具有方向性强、单色性好、亮度高等许多优点，在检测领域中的应用十分广泛。1965 年，苏联利用激光测量地球和月球之间的距离（384 401 km），误差只有 250 m。1969 年，美国人登月后安置反射镜于月面，也用激光测量地月之间的距离，误差只有 15 cm。激光测距传感器如图 5－19 所示。

图 5－18　红外测距传感器

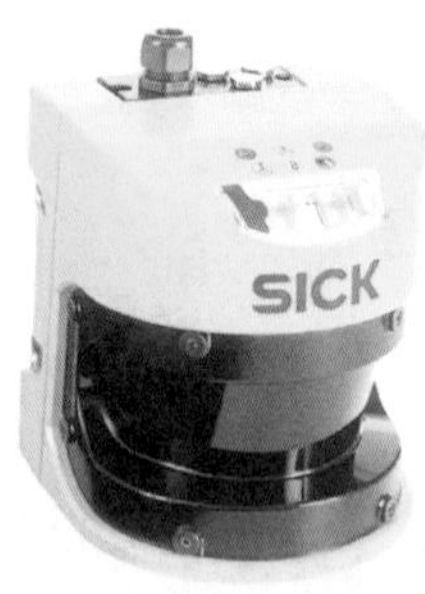

图 5－19　激光测距传感器

5.4.2　测距传感器的工作原理

1. 超声波测距传感器的工作原理

超声波传感器[65]实现测距是通过超声波发射器向某一方向发射超声波，并在发射超声波的同时开始计时，超声波在空气中传播时碰到障碍物就立即反射回来，超声波接收器收到反射波后就立即停止计时。已知超声波在空气中的传播速度为 v，根据计时器记录的发射声波和接收回波的时间差 Δt，就可以计算出发射点距障碍物的距离 s，即有

$$s = v \cdot \Delta t/2 \qquad (5-2)$$

上述测距方法即所谓的时间差测距法。

需要指出的是，由于超声波也是一种声波，其声速 c 与环境温度有关。在使用超声波传感器测距时，如果环境温度变化不大，则可认为声速是基本不变的。常温下超声波的传播速度是 334 m/s，但其传播速度 v 易受空气中温度、湿度、压强等因素的影响，其中受温度的影响较大。如环境温度每升高 1 ℃，声速增加约 0.6 m/s。如果测距精度要求很高，则应通过温度补偿的方法加以校正。已知环境温度 T 时，超声波传播速度 v 的计算公式为：

$$v = 331.45 + 0.607T \qquad (5-3)$$

在许多应用场合，采用小角度、小盲区的超声波测距传感器，具有测量准确、无接触、防水、防腐蚀、低成本等优点。有时还可根据需要采用超声波传感器阵列来进行测量，可提高测量精度、扩大测量范围，图5-20所示为超声波传感器阵列，图5-21所示为搭载了超声波测距阵列的电动小车。

图5-20 超声波传感器阵列

图5-21 搭载了超声波传感器的电动车

2. 红外测距传感器的工作原理

红外测距传感器利用红外信号遇到障碍物距离的不同其反射的强度也不同的原理，进行障碍物远近的检测。红外测距传感器具有一对红外信号发射与接收的二极管，发射管发射特定频率的红外信号，接收管接收这种特定频率的红外信号。当红外信号在检测方向遇到障碍物时，会产生反射，反射回来的红外信号被接收管接收，经过处理之后，通过数字传感器接口返回到机器人主机，机器人即可利用红外的返回信号来识别周围环境的变化。需要说明的是，机器人在这里利用了红外线传播时不会扩散的原理，由于红外线在穿越其他物质时折射率很小，所以长距离测量用的测距仪都会考虑红外线测距方式。红外线的传播是需要时间的，当红外线从测距仪发出一段时间后，碰到反射物并被反射回来，从而被接收管收到，人们根据红外线从发出到被接收到的时间差（Δt）和红外线的传播速度（c）就可以算出测距仪与障碍物之间的距离。简言之，红外线的工作原理就是利用高频调制的红外线在待测距离上往返产生的相位移推算出光束渡越时间 Δt，从而根据 $D=(c\times\Delta t)/2$ 得到距离 D。

图5-18所示红外测距传感器的型号为GP2Y0A21YK0F，它是由PSD集成组合（位置敏感探测器）、IRED（红外发光二极管）和信号处理电路组成，其工作原理如图5-22所示。该传感器的测距功能是基于三角测量原理实现的（见图5-23）。由图可知，红外发射器按照一定的角度发射红外光束，当遇到物体以后，这束光会反射回来，反射回来的红外光束被CCD检测器检测到以后，会获得一个偏移值 L。在知道了发射角度 a、偏移距 L、中心矩 X，以及滤镜的焦距 f 以后，传感器到物体的距离 D 就可以利用三角几何关系计算出来了。

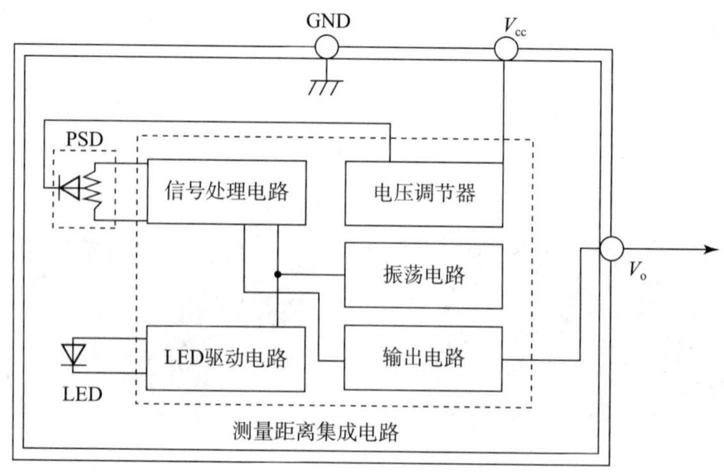

图 5－22　红外线传感器工作原理图

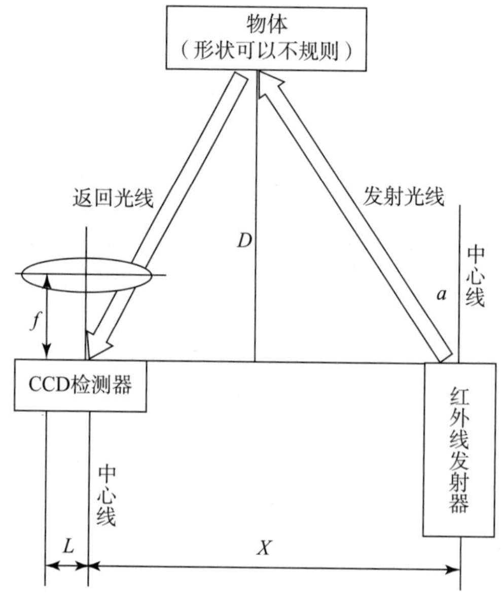

图 5－23　三角测量原理

可以看到，当 D 的距离足够近的时候，L 值会相当大，超过 CCD 的探测范围。这时，虽然物体很近，但是传感器反而看不到了。当物体距离 D 很大时，L 值就会很小。这时 CCD 检测器能否分辨得出这个很小的 L 值成为关键，也就是说，CCD 的分辨率决定能不能获得足够精确的 L 值。要检测越远的物体，CCD 的分辨率要求就越高。由于采用三角测量法，物体的反射率、环境温度和操作持续时间不太容易影响距离的检测。

红外测距传感器可以用于测量距离、实现避障、进行定位等作业，广泛应用于移动机器人和智能小车等运动平台。图 5－24 所示为一款装置着红外测距传感器和超声波测距传感器的智能小车。

3. 激光测距传感器的工作原理

图5－24 装置着红外测距传感器和超声波测距传感器的智能小车

激光传感器工作时，先由激光二极管对准目标发射激光脉冲。经目标反射后激光向各方向散射，部分散射光返回到传感器接收器，被光学系统接收后成像到雪崩光电二极管上。雪崩光电二极管是一种内部具有放大功能的光学传感器，因此它能检测到极其微弱的光信号。记录并处理从激光脉冲发出到返回被接收所经历的时间，即可测定目标距离。需要说明的是，激光传感器必须极其精确地测定传输时间，因为光速太快，微小的时间误差便会导致极大的测距误差。其工作原理如图5－25所示。

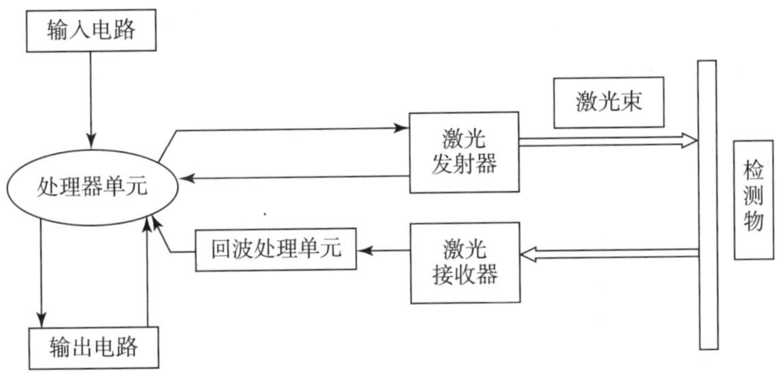

图5－25 激光测距传感器工作原理

5.5 触觉传感器

5.5.1 触觉传感器的分类

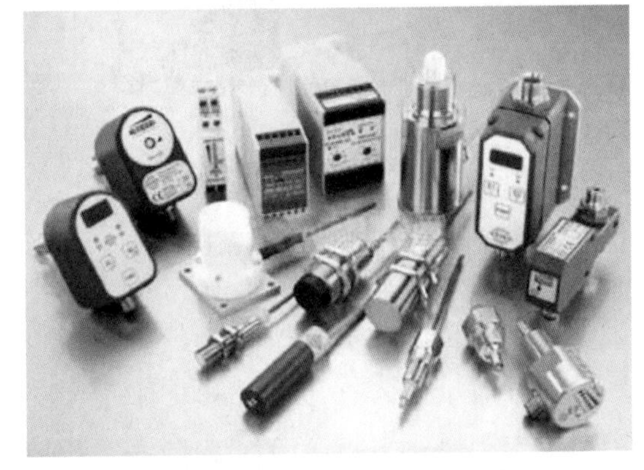
图5－26 触觉传感器实物图

触觉传感器（见图5－26）是机器人用于模仿人或某些生物触觉功能的一种传感器。触觉是人或某些生物与外界环境直接接触时的重要感觉功能，研制高性能、高灵敏度、满足使用要求的触觉传感器是机器人发展中的关键技术之一。随着微电子技术的发展和各种新材料、新工艺的出现与应用，已经提出了多种多样的触觉传感器的研制方案，但目前大都还处于实验室样品试制阶段，达到产品化、市场化要求的不多，因而人们还需加快触觉传感器研制的步伐。

触觉传感器按功能大致可分为接触觉传感器、力 - 力矩觉传感器、压觉传感器和滑觉传感器等。

5.5.2 触觉传感器的工作原理

1. 接触觉传感器

接触觉传感器是一种用以判断机器人（主要指四肢）是否接触到外界物体或测量被接触物体的特征的传感器，它主要有微动开关、导电橡胶、含碳海绵、碳素纤维、气动复位式装置等类型，下面分别予以介绍。

①微动开关式接触觉传感器。该类型传感器（见图 5 - 27）由弹簧和触头构成。触头接触外界物体后离开基板，使得信号通路断开，从而测到与外界物体的接触。这种常闭式（未接触时一直接通）的微动开关其优点是使用方便、结构简单，缺点是易产生机械振荡和触头易发生氧化。

②导电橡胶式接触觉传感器。该类型传感器（见图 5 - 28）以导电橡胶为敏感元件。当触头接触外界物体受压后，压迫导电橡胶，使其电阻发生改变，从而使流经导电橡胶的电流发生变化。这种传感器的优点是具有柔性，缺点是由于导电橡胶的材料配方存在差异，出现的漂移和滞后特性往往并不一致。

图 5 - 27 微动开关式接触觉传感器

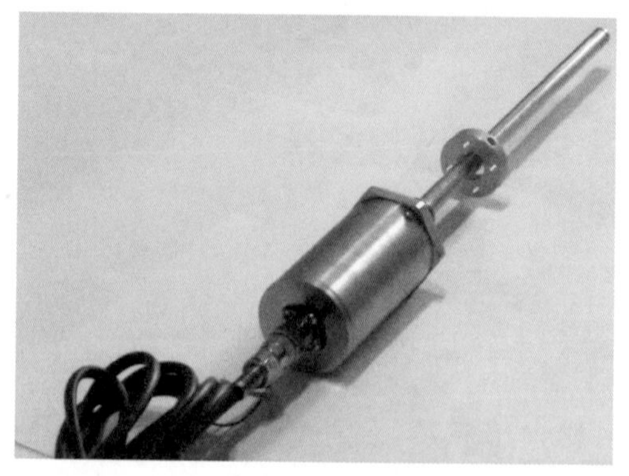

图 5 - 28 导电橡胶式接触觉传感器

③含碳海绵式接触觉传感器。该类型传感器的基本结构如图 5 - 29 所示，在基板上装有海绵构成的弹性体，在海绵中按阵列布以含碳海绵。当其接触物体受压后，含碳海绵的电阻减小，测量流经含碳海绵电流的大小，可确定受压程度。这种传感器也可用作压力觉传感器。优点是结构简单、弹性好、使用方便。缺点是碳素分布的均匀

性直接影响测量结果和受压后的恢复能力较差。

④碳素纤维式接触觉传感器。该类型传感器以碳素纤维为上表层，下表层为基板，中间装以氨基甲酸酯和金属电极。接触外界物体时碳素纤维受压与电极接触导电。优点是柔性好，可装于机械手臂曲面处，使用方便。缺点是滞后较大。

⑤气动复位式接触觉传感器。该类型传感器（见图5-30）具有柔性绝缘表面，受压时变形，脱离接触时则由压缩空气作为复位的动力。与外界物体接触时其内部的弹性圆泡（铍铜箔）与下部触点接触而导电。优点是柔性好、可靠性高。缺点是需要压缩空气源，使用时稍嫌复杂。

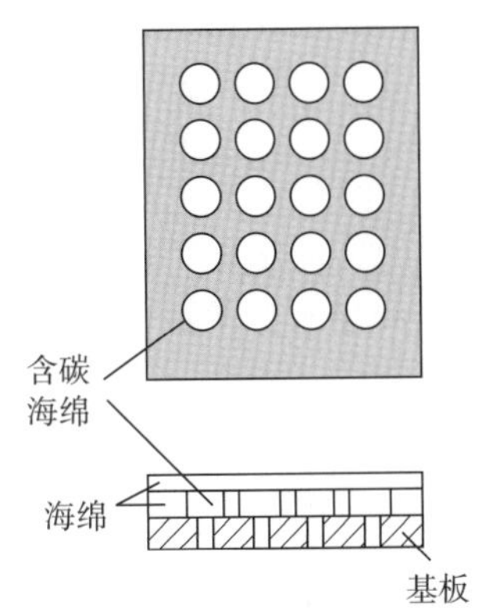

图5-29 含碳海绵式接触觉传感器的基本结构

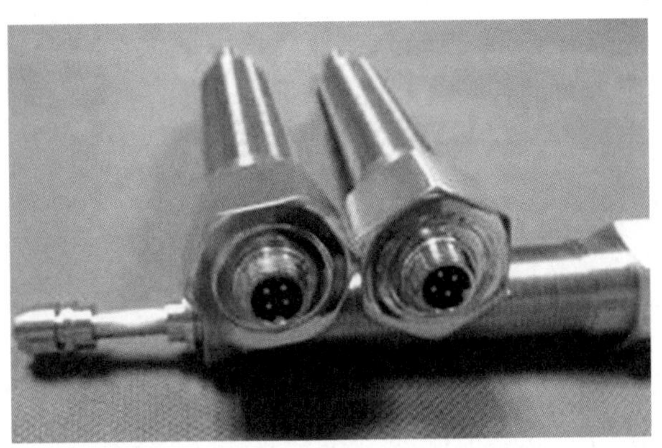

图5-30 气动复位式接触觉传感器

2. 力觉/力矩传感器

力觉/力矩传感器是用于测量机器人自身或与外界相互作用而产生的力或力矩的传感器。它通常装在机器人各关节处。我们知道，在笛卡尔坐标系中，刚体在空间的运动可用6个坐标来描述，即可用表示刚体质心位置的三个直角坐标和分别绕三个直角坐标轴旋转的角度坐标来描述。人们可以用一些不同结构的弹性敏感元件来感受机器人关节在6个自由度上所受的力或力矩，再由粘贴其上的应变片（见半导体应变计、电阻应变计）将力或力矩的各个分量转换为相应的电信号。常用的弹性敏感元件其结构形式有十字交叉式、三根竖立弹性梁式和八根弹性梁横竖混合式等，图5-31所示为三根竖立弹性梁6自由度力觉传感器的结构简图。由图可见，在三根竖立梁的内侧均粘贴着张力测量应变片，在外侧则都粘贴着剪切力测量应变片，这些测量应变片能够准确测量出对应的张力和剪切力变化的情况，从而构成6个自由度上的力和力矩分量输出。

3. 压觉传感器

压觉传感器是测量机器人在接触外界物体时所受压力和压力分布的传感器。它有助于机器人对接触对象的几何形状和材质硬度的识别。压觉传感器的敏感元件可由各类压敏材料制成，常用的有压敏导电橡胶、由碳纤维烧结而成的丝状碳素纤维片和绳状导电橡胶的排列面等。图 5－32 显示的是以压敏导电橡胶为基本材料的压觉传感器。由图可见，在导电橡胶上面附有柔性保护层，下部装有玻璃纤维保护环和金属电极。在外部压力作用下，导电橡胶的电阻发生变化，使基底电极电流产生相应变化，从而检测出与压力呈一定关系的电信号及压力分布情况。通过改变导电橡胶的渗入成分可控制电阻的大小。例如渗入石墨可加大导电橡胶的电阻，而渗碳或渗镍则可减小导电橡胶的电阻。通过合理选材和加工可制成如图 5－32 所示的高密度分布式压觉传感器。这种传感器可以测量细微的压力分布及其变化，堪称优良的“人工皮肤”。

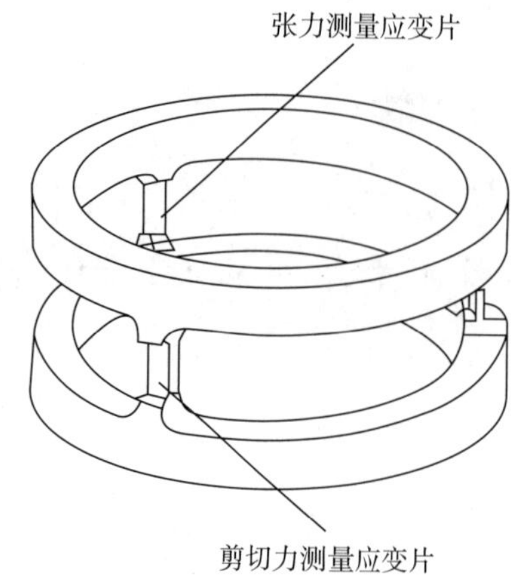

图5－31　竖梁式 6 自由度力觉传感器结构简图

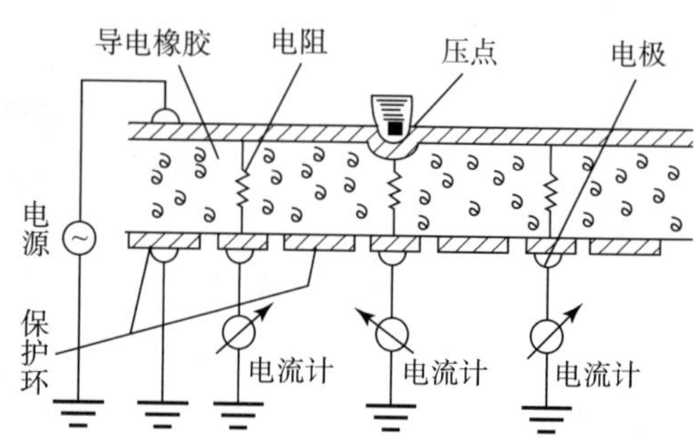

图 5－32　高密度分布式压觉传感器工作原理图

4. 滑觉传感器

滑觉传感器可用于判断和测量机器人抓握或搬运物体时物体产生的滑移现象。它实际上是一种位移传感器。按有无滑动方向检测功能，该传感器可分为无方向性、单方向性和全方向性三类，下面分别予以介绍。

①无方向性滑移传感器主要为探针耳机式，它由蓝宝石探针、金属缓冲器、压电罗谢尔盐晶体和橡胶缓冲器组成。当滑动产生时，探针产生振动，由罗谢尔盐晶体将其转换为相应的电信号。缓冲器的作用是减小噪声的干扰。

②单方向性滑移传感器主要为滚筒光电式。被抓物体的滑移会使滚筒转动，导致光敏二极管接收到透过码盘（装在滚筒的圆面上）射入的光信号，通过滚筒的转角信号（对应着射入的光信号）而测出物体的滑动。

③全方向性滑移传感器采用表面包有绝缘材料并构成经纬分布的导电与不导电区的金属球（见图 5－33）。当传感器接触物体并产生滑动时，这个金属球就会发生转

动，使球面上的导电与不导电区交替接触电极，从而产生通断信号，通过对通断信号的计数和判断可测出滑移的大小和方向。

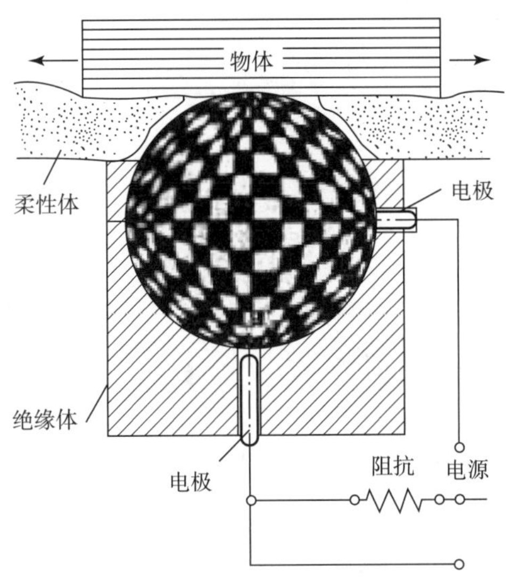

图5-33　球式滑觉传感器工作原理

5.6　姿态传感器

5.6.1　姿态传感器的分类

机器人的传感探测系统中经常会用到姿态传感器[66]（见图5-34），它是机器人实现对自身姿态的精确控制必不可少的关键器件之一。目前，机器人技术领域使用的姿态传感器是一种基于MEMS（微机电系统）技术的高性能三维运动姿态测量系统。它包含三轴陀螺仪、三轴加速度计、三轴电子罗盘、MPU6050等运动传感器，通过内嵌的低功耗ARM处理器得到经过温度补偿的三维姿态与方位等数据。利用基于四元数的三维算法和特殊的数据融合技术，实时输出以四元数、欧拉角表示的零漂移三维姿态方位数据。姿态传感器可广泛嵌入到航模、无人机、机器人、机械云台、车辆船舶、地面及水下设备、虚拟现实装备，以及人体运动分析等需要自主测量三维姿态与方位的产品或设备中。

图5-34　姿态传感器实物图

5.6.2　姿态传感器的工作原理

如前所述，姿态传感器主要由三轴陀螺仪、三轴加速度计、三轴电子罗盘、MPU6050 等运动传感器组成，要了解其工作原理，就应当先了解陀螺仪、加速度计等的结构特性与工作原理。

1. 三轴陀螺仪

在一定的初始条件和一定的外在力矩作用下，陀螺会在不停自转的同时，环绕着另一个固定的转轴不停地旋转，这就是陀螺的旋进，又称为回转效应。陀螺旋进是日常生活中常见的现象，许多人耳熟能详的陀螺就是一例（见图 5－35）。

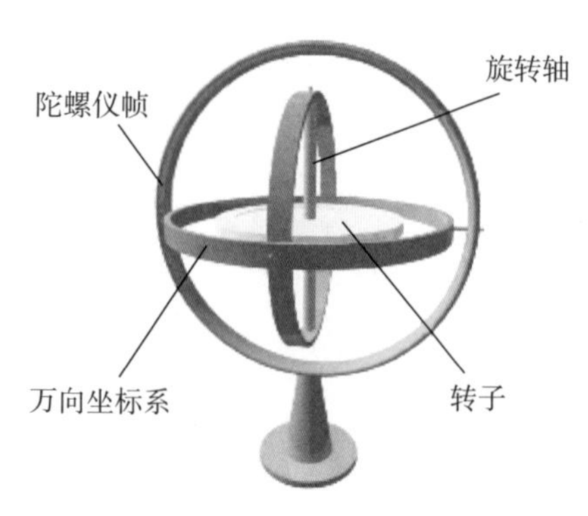

图 5－35　三轴陀螺仪

人们利用陀螺的力学性质所制成的各种功能的陀螺装置称为陀螺仪（Gyroscope），它在国民经济建设各个领域都有着广泛的应用。

陀螺仪是用高速回转体的动量矩来感受壳体相对惯性空间绕正交于自转轴的一个或两个轴的角运动检测装置。利用其他原理制成的能起同样功能作用的角运动检测装置也称陀螺仪。三轴陀螺仪可同时测定 6 个方向上的位置、移动轨迹、加速度，单轴的只能测量两个方向的量。也就是说，一个 6 自由度系统的测量需要用到 3 个单轴陀螺仪，而一个三轴陀螺仪就能替代三个单轴的陀螺仪。三轴陀螺仪的体积小、质量小、结构简单、可靠性好，在许多应用场合都能见到它的身影。

2. 三轴加速度计

加速度传感器是一种能够测量加速力的电子设备。加速力就是当物体在加速过程中作用在物体上的力，好比地球引力。加速力可以是个常量，比如 g，也可以是个变量。加速度计有两种：一种是角加速度计，是由陀螺仪（角速度传感器）改进的；另一种是线加速度计。加速度计种类繁多，其中有一种是三轴加速度计（见图 5－36），它同样是基于加速力的基本原理去实现测量工作的。

图 5－36　三轴加速度计

加速度是个空间矢量，了解物体运动时的加速度情况对控制物体的精确运动十分重要。

但要准确了解物体的运动状态，就必须测得其在三个坐标轴上的加速度分量；另外，在预先不知道物体运动方向的情况下，只有应用三轴加速度计来检测加速度信号，才有可能帮助我们破解物体如何运动之谜。通过测量由于重力引起的加速度，人们可以计算出所用设备相对于水平面的倾斜角度；通过分析动态加速度，人们可以分析出所用设备移动的方式。加速度计可以帮助机器人了解它身处的环境和实时的状态，是在爬山，还是在下坡？摔倒了没有？对于飞行机器人来说，加速度计在改善其飞行姿态的控制效果方面也是至关重要的。

目前的三轴加速度计大多采用压阻式、压电式和电容式工作原理，产生的加速度正比于电阻、电压和电容的变化，通过相应的放大和滤波电路进行采集。这个和普通的加速度计是基于同样的工作原理的，所以经过一定的技术加工，三个单轴的加速度计就可以变成一个三轴加速度计。

两轴加速度计已能满足多数应用设备的需求，但有些方面的应用还离不开三轴加速度计，例如在移动机器人、飞行机器人的姿态控制中，三轴加速度计能够起到不可或缺的作用。

3. MPU6050

MPU6050 是 INVENSENCE 公司推出的一款组合有多种测量功能的传感器，具有低成本、低能耗和高性能的特点。该传感器首次集成了三轴陀螺仪和三轴加速度计，拥有数字运动处理单元（DMP），可直接融合陀螺仪和加速度计采集的数据。其集成的陀螺仪最大能检测 ±2 000°/s，其集成的加速度计最大能检测 ±16g，最大能承受10 000g的外部冲击。MPU6050 采用 IIC 协议与主控芯片 STM32 进行通信，工作效率很高，其电路设计如图 5－37 所示。

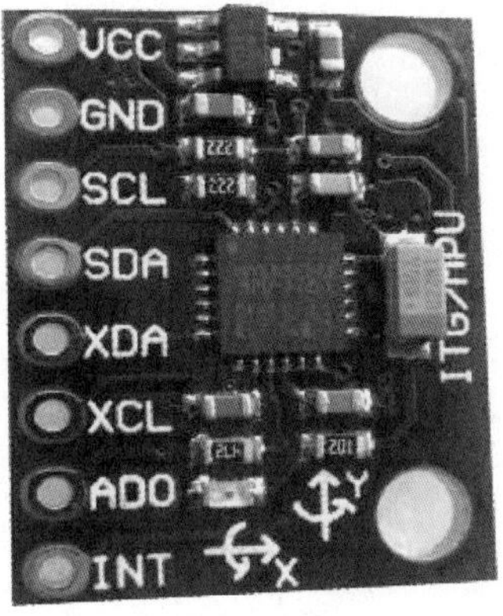

图 5－37　MPU6050 的电路图

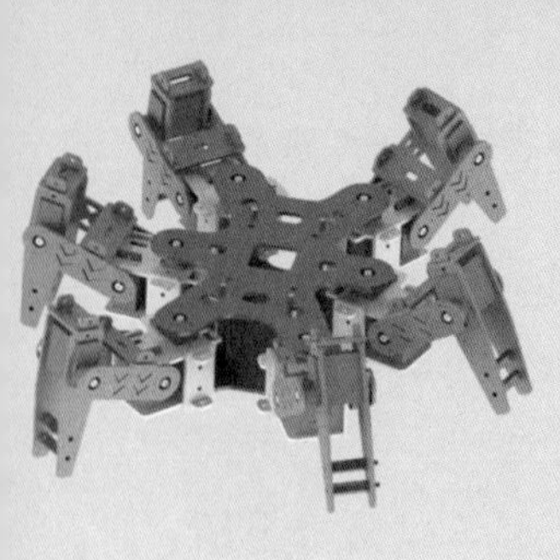

第 6 章 让你的机器人懂沟通——通信系统

通信系统是用以完成信息传输过程的技术系统的总称，它是信息社会的主要支柱，是现代高新技术的重要组成部分，也是国民经济的神经系统和命脉所在。

众所周知，通信是通过某种媒体进行信息传递的。古代，人们通过驿站驰递、飞鸽传书、烽火报警等方式进行信息传送。现代通信则主要是借助电磁波在自由空间的传播或在导引媒体中的传输机理来实现，前者称为无线通信，后者称为有线通信。当电磁波的波长达到光波范围时，这样的通信系统称为光通信系统，其他电磁波范围的通信系统则称为电磁通信系统，简称为电信系统。由于光的导引媒体采用特制的玻璃纤维，因此有线光通信系统又称光纤通信系统。一般电磁波的导引媒体是导线，按其具体结构可分为电缆通信系统和明线通信系统；无线电信系统按其电磁波的波长则有微波通信系统与短波通信系统之分。另外，按照通信业务的不同，通信系统又可分为电话通信系统、数据通信系统、传真通信系统和图像通信系统等。由于人们对通信的容量要求越来越高，对通信的业务要求越来越多样化，所以通信系统正迅速向着宽带化方向发展，而光纤通信系统将在通信网中发挥越来越重要的作用。今天，随着科学水平的飞速发展，相继出现了无线电、互联网、Wi－Fi、固定电话、移动电话，甚至可视电话等各种通信方式。

在机器人中，通信系统也是重要的组成部分之一。没有通信系统，传感器采集的机器人内外部信息不能送达机载计算机；没有通信系统，机载计算机的控制指令不能送达驱动部分，机器人将无法实现预期的运动。通信系统帮助机器人各个组成部分建立起畅通的信息连接渠道，使机器人各个组成部分能够各司其职。因此，我们必须认真研究机器人的通信系统，让它充分发挥能动性，使机器人各个部分的沟通顺畅起来。

6.1 机器人通信系统简述

6.1.1 机器人通信系统的基本组成

目前，机器人常用的通信模型[67,68]有“客户/服务器”模型（Client/Server，以下简称 C/S 模型）和“点对点”模型（Point－to－Point，以下简称 P2P 模型）。

1. 客户/服务器模型

在 C/S 模型（见图 6－1）的通信系统中，各种进程的通信必须通过中心服务器中转，所有客户进程与服务器进程进行双向通信，客户进程间无直接通路，因而不能直接通信。C/S 模型通常适用于需要集中控制的应用场合，中心服务器了解各个客户机的实际需求，有利于对客户进程进行管理以及实现通信资源的合理分配与适时调度。另外，C/S 模型结构简单、易于实现，便于错误诊断及系统维护。缺点是系统的所有数据都必须经中心服务器中转，导致服务器的工作负荷过大，客户进程间的通信效率降低，所以服务器性能和网络带宽有可能成为影响系统性能的“瓶颈”；另外，中心

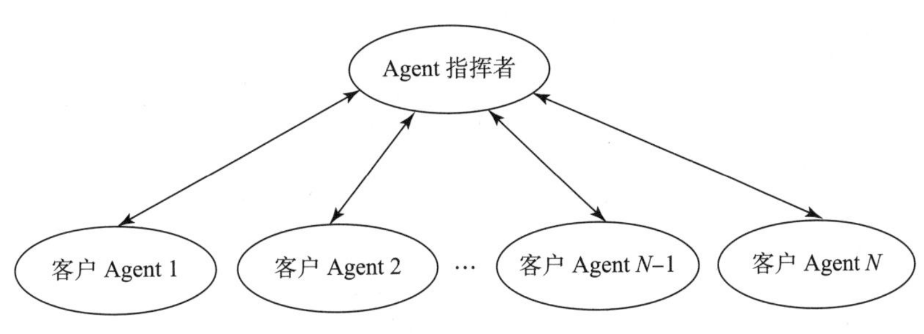

图 6－1　C/S 模型结构图

服务器的错误可能会导致整个系统崩溃，因此，基于 C/S 模型的通信系统的可靠性较差，难以适应多机器人实时通信系统的要求。

尽管 C/S 模型在可靠性方面存在缺陷，但在软实时应用或系统可靠性有所保障的情况下，C/S 模型仍然是一个不错的选择。在实际应用中，一些基于 C/S 模型的系统已经开发出来，例如，卡内基－梅隆大学（CMU）的研究者们开发了适于机器人多任务处理的进程间通信软件包，其最初版本被称为 TCA（Task Control Architecture），该软件包正是基于 C/S 模型的，它采用 TCP 协议开发成功。

2. 点对点模型

如上所述所，出于对 C/S 模型缺点的考虑，人们提出了点对点式（P2P）的通信模型，它是将通信模型由中心结构改变为分布式结构，这样一个通信节点进程的出错将不会影响其他节点的进程，有助于提高系统的可靠性；另外，节点间通信不经过中心服务器的转发，而是直接进行通信，提高了通信效率。图 6－2 所示为 P2P 模型的结构示意图。

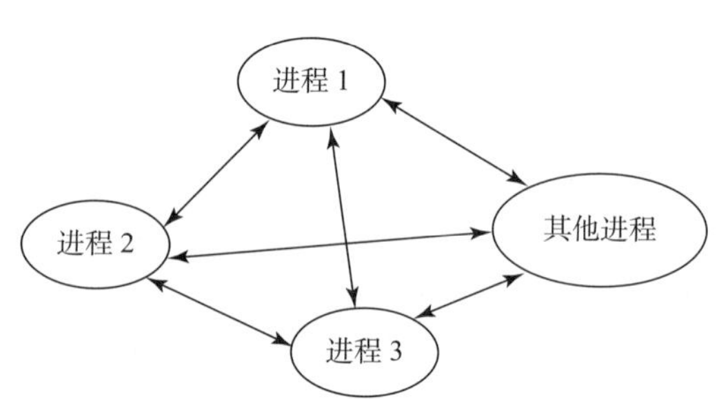

图 6－2　P2P 通信模型结构图

该模型结构类似于网络模型中的全互连模型，适用于计算进程完全对等的系统。这种模型的特点是：两两计算进程间存在直接通路，可进行直接通信；系统运行不依赖于模型中的某个节点，因此系统负载较为均衡、可靠性较好。

然而，P2P 模型并不适于包含控制、调度、管理等任务的应用场合。需要说明的是，分布式问题的求解是多智能体机器人系统研究中的重点内容之一，人们通常将待解决的问题分解为若干子问题，然后分别交给各个智能体求解，各个智能体之间相互协作以完成最终问题的求解。因为不同的智能体执行时是分顺序的，而且不同的智能体对资源的要求也不一样，因此人们希望有一种机制能对系统资源进行可预计的统一分配、管理和调度。如果采用 P2P 模型来实现这一机制，由于各智能体的对等特性，那么每个智能体都要保存自身的状态信息，这无疑增加了本地存储的负担，而且智能体内部状态的任何变化都必须及时通知其他智能体，这样又增加了网络通信的负担。最后，每个智能体都必须处理和调度相关的计算任务，进而增加了系统负担。这样，P2P 模型所具有的优势就丧失殆尽了，而且系统的可维护性和自诊断都存在一定的困难。

6.1.2　机器人通信系统的工作机理

要想实现机器人与控制器间的通信，必须建立一套完整的通信机制，让中心智能体知道其他智能体的名称、地址、能力及相关状态信息。人们将上述这些信息称为控制相关信息或系统辅助信息，将涉及这些信息的任务称为控制相关任务。这些信息和任务对机器人通信系统和控制系统的任务协作及运行至关重要。

根据前面介绍的常用通信模型和通信方式，本书拟采用 C/S 模型，设置一个中心控制器来处理有关智能体通信和控制的信息。此时其他智能体只需保存通信控制器的地址，在控制器上设置一个用于存储各智能体相关信息的数据库以及与控制相关的调度机构。每个智能体在启动时将自己的相关信息登记在控制器数据库中，在运行时根据需要将变化的状态信息更新到数据库中，调度机构根据这些信息产生控制调度的信号对智能体进行调度和控制，并在退出时删除自己的信息；在需要其他智能体信息时则向控制器询问。这样，整个机器人控制系统中只需要保存一份动态智能体信息，且各智能体的地址、能力、状态信息等可以按需改变而不会引起系统的紊乱，便于实现系统的动态扩展。

直接通信的机制要求发送 Agent 和接收 Agent 同时在线，它们之间遵循 CAN 总线通信协议。为了克服 C/S 模型的缺点，缓解中心服务器的工作负荷过大的问题，采取实时调度算法，提高 C/S 模型的容错能力。

6.1.3 机器人通信系统的主要作用

通信是机器人之间进行交互、协助和组织的基础。通过通信，多机器人系统中各机器人能了解其他机器人的意图、目标、动作以及当前环境状态等信息，进而进行有效的磋商，协作完成任务。一般来说，机器人之间的通信可以分为隐式通信和显式通信两类。隐式通信与显式通信是机器人系统各具特色的两种通信模式，如果将两者各自的优势结合起来，则多机器人系统就可以灵活地应对各种复杂的动态未知环境，完成许多艰巨任务。利用显式通信进行少量机器人之间的上层协作，通过隐式通信进行大量机器人之间的底层协调，在出现隐式通信无法解决的冲突或死锁时，再利用显式通信进行少量的协调工作加以解决。这样的通信结构既可以增强系统的协调能力、合作能力、容错能力，又可以减少通信量，避免出现通信中的“瓶颈”效应。

6.2 机器人通信技术的分类

6.2.1 蓝牙无线通信技术

1. 蓝牙无线通信的工作原理

蓝牙（Bluetooth）是一种开放的低成本、短距离无线连接技术规范的代称，主要用于传送语音和数据。蓝牙技术作为一种便携式电子设备和固定式电子设备之间替代电缆连接的短距离无线通信的标准[69]，具有工作稳定、设备简单、价格低廉、功率较低、对人体危害较小等特点。它强调的是全球性的统一运作，其工作频率定在2.45 GHz这个为工业生产、科学研究、医疗服务等大众领域都共同开放的频段上，符号速率为1 Mb/s，每个时隙宽度为625 μs，采用时分双工（TDD）方式和GFSK调制方式。蓝牙技术支持一个异步数据信道、三个并发的同步语音信道或一个同时传送异步数据和同步话音的信道。每一个话音信道支持64 kb/s的同步语音；异步信道支持最大速率为57.6 kb/s的非对称连接，或者是432 kb/s的对称连接。系统采用跳频技术抵抗信号衰落，使用快跳频和短分组技术减少同频干扰来保证传输的可靠性，并采用前向纠错（FEC）技术来减小远距离传输时的随机噪声影响。

蓝牙网络的基本单元是微微网，它可以同时最多支持8个电子设备，其中发起通信的那个设备称为主设备，其他设备称为从设备。一组相互独立、以特定方式连接在一起的微微网构成分布式网络，各微微网通过使用不同的调频序列来区分。蓝牙技术支持多种类型的业务，包括声音和数据，为将来的电器设备提供联网和数据传输的功能，它将使来自各个设备制造商的设备能以同样的“语言”进行交流，这种“语言”可以认为是一种虚拟的电缆。蓝牙的一般传输距离是10 cm～10 m，如果提高功率，其传输距离则可扩大到100 m。

2. 蓝牙无线通信的使用方式及技术特点

蓝牙技术的一个很大优势在于它应用了全球统一的频率设定，消除了“国界”的障碍，而在蜂窝式移动电话领域，这种障碍已经困扰用户多年。另外，蓝牙技术使用的频段是对所有无线电系统都开放的频段，因此，使用时可能会遇到不可预测的干扰源，例如某些家电设备、无绳电话、微波炉等，都可能是干扰源。为此，蓝牙技术特别设计了快速确认和跳频方案以确保链路工作的稳定。跳频技术是把频带分成若干个跳频信道，在一次连接中，无线电收发器按一定的码序列不断地从一个信道跳到另一个信道，只有收发双方都按这个规律通信，而其他干扰源不可能按同样的规律进行干扰。跳频的瞬时带宽很窄，但通过扩展频谱技术可将这个窄带成倍地扩展，使之变成宽频带，从而使可能干扰的影响变得很小。与其他工作在相同频段的系统相比，蓝牙跳频更快，数据包更短，这使蓝牙技术系统比其他系统工作更加稳定。

目前，蓝牙技术主要以满足美国FCC要求为目标，对于其他国家的应用需求，还要做一些适应性调整。蓝牙1.0规范已公布的主要技术指标和系统参数见表6－1。

表 6-1 蓝牙技术指标和系统参数

工作频段/GHz	ISM 频段：2.402～2.480
双工方式	全双工，TDD 时分双工
业务类型	支持电路交换和分组交换业务
数据速率/(Mb·s^{-1})	1
非同步信道速率/(kb·s^{-1})	非对称连接 721、57.6、432.6
同步信道频率/(kb·s^{-1})	64
功率/mW	美国 FCC 要求小于 0 dBm（1 mW），其他家可扩展为 100
跳频频率数/(频点·MHz^{-1})	79
跳频速率/(次·s^{-1})	1 600
工作模式	PARK/HOLD/SNIFF
数据连接方式	面向连接业务 SCO，无连接业务 ACL
纠错方式	1/3FEC，2/3FEC，ARQ
鉴权	采用反逻辑算术
信道加密	采用 0 位、40 位、60 位加密字符
语音编码方式	连续可变斜率调制 CVSD
发射距离/m	一般可达 10，增加功率情况下可达 100

3. 蓝牙无线通信的信息处理

蓝牙协议体系结构主要包括蓝牙核心协议（基带、LMP、L2CAP、SDP）、串口仿真协议（RFCOMM）、电话传送控制协议（TCS），以及可选协议（PPP、TCP/IP、OBEX、WAP、IrMC）等。为了使远程设备上的对应应用程序能够实现互操作功能，SIG 为蓝牙应用模型定义了完整的协议栈，如图 6-3 所示。

需要指出的是，并不是所有的应用程序都要利用全部协议。相反，应用程序往往只利用协议栈中的某些部分，并且协议栈中的某些附加垂直协议子集恰恰是用于支持主要应用的服务。蓝牙技术规范的开放性保证了设备制造商可以自由地选用其专利协议或常用的公共协议，在蓝牙技术规范的基础上开发新的应用。

蓝牙技术规范包括协议（Protocol）和应用规范（Profile）两个部分。卷 1 为核心（Core）部分，用以规定诸如射频、基带、连接管理、业务搜寻（servicediscovery）、传输层以及与不同通信协议间的互用、互操作性等组件；卷 2 为协议子集（Profile）部分，用以规定不同蓝牙应用（也称应用模式）所需的协议和过程。核心协议定义了各功能元素（如串口仿真协议、逻辑链路控制和适配协议等）各自的工作方式，而应用

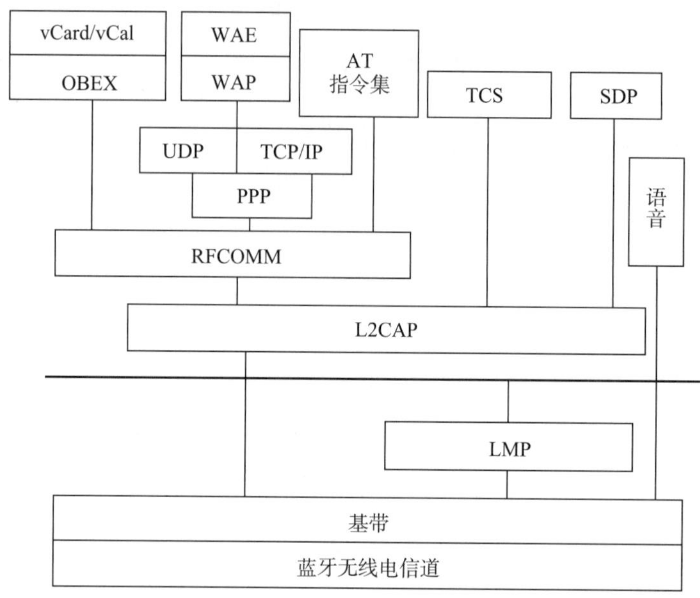

图 6-3　蓝牙协议堆栈示意图

规范则阐述了为了实现一个特定的应用模型，各层协议间的运转协同机制。显然，Protocol 是一种横向体系结构，而 Profile 是一种纵向体系结构。

蓝牙规范的协议栈仍采用分层结构，分别完成数据流的过滤和传输、跳频和数据帧传输、连接的建立和释放、链路的控制、数据的拆装、业务质量、协议的复用和分用等功能。在设计协议栈时，特别是设计高层协议时，采用的原则就是最大限度地重用现有的协议，而且其高层应用协议（协议栈的垂直层）都是采用公共的数据链路和物理层。

蓝牙规范的核心部分是其协议栈。这个协议栈允许多个设备进行相互定位、连接和交换数据，并能实现互操作和交互式的应用。协议栈的各种单元（协议、层、应用等）在逻辑上被分为三组：

（1）传输协议组

该协议组包含的协议主要用于使蓝牙设备能确认彼此的相互位置，并能创建、配置和管理物理以及逻辑的链路，以使高层协议和应用经这些链路利用传输协议来传输数据。协议组包括射频（BluetoothRadio）、基带（Baseband）、链路管理协议（LMP）、逻辑链路控制和自适应协议（L2CAP）以及主机控制器接口协议（HCI）。

（2）中间件协议组

为了在蓝牙链路上运行已有的和新出现的应用，该协议组由另外的一些传送协议构成。它不仅包括第三方和业内的一些标准协议，还包括 SIG 特别为蓝牙无线通信而制定的一些协议。前者包括与 Internet 有关的协议（PPP、IP 和 TCP 等）、无线应用协议（WAP）和 IrDA 及类似组织所采用的对象交换协议等。后者包括三个专为蓝牙通信而制定的协议，以使种类繁多的应用能在蓝牙链路上运行。其中被称为 RFCOMM 的串行端口仿真器协议（Serial Portemulator Protocol）能使一些传统的串口应用在蓝牙传输协议上无缝地运行。另一个基于分组的电话控制信令协议为电话的操作提供了高级控制功能，比如为无绳手机和基站提供了分组管理和移动型支持。最后，服务发现协议（Service Discovery Protocol）使设备能够相互查询对方所支持的服务，并能够获知如何访问这些设备的信息。

（3）应用组

该协议组包含使用蓝牙链路的实际应用。包括通用协议子集、电话协议子集、串口和对象交换协议子集、联网协议子集等，目前共定义了 13 种协议子集。这些应用被 SIG 统一收录在蓝牙协议子集内。

基于蓝牙技术的应用成果非常丰富，图 6－4 和图 6－5 展示了蓝牙技术的一些应用实例。

图 6－4　基于蓝牙技术的环境智能管理系统

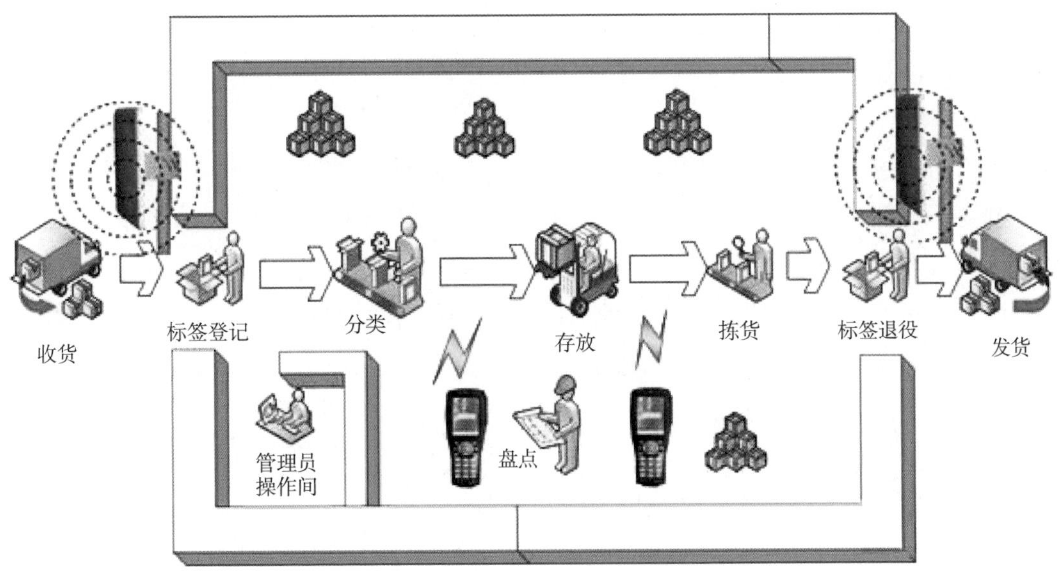

图 6－5　基于蓝牙技术的物流管理系统

6.2.2　超带宽无线通信技术

1. 超带宽无线通信的工作原理

无线通信技术是当前发展最快、活力最大的技术领域之一，在这个领域中，各种新技术、新方法层出不穷。其中，超宽带（Ultra Wide Band，UWB）无线通信技术是在 20 世纪 90 年代以后发展起来的一种具有巨大发展潜力的新型无线通信技术，被列为未来通信的十大技术之一。

随着无线通信技术的发展，人们对高速短距离无线通信的要求越来越高。UWB 技术的出现，实现了短距离内超带宽、高速的数据传输。其调制方式和多址技术的特点使得它具有其他无线通信技术所无法具有的一些优点，比如很宽的带宽、很高的数据传输速度，加上功耗低、安全性能高等特点，使之成为无线通信领域的宠儿[70]。

UWB 是指信号带宽大于500 MHz 或者是信号带宽与中心频率之比大于25%。与常见的无线电通信方式使用连续的载波不同，UWB 采用极短的脉冲信号来传送信息，通常每个脉冲持续的时间只有几十皮秒到几纳秒的时间。这些脉冲所占用的带宽甚至高达几吉赫兹，因此其最大数据传输速率可高达每秒几百兆比特。在高速通信的同时，UWB 设备的发射功率却很小，仅仅是现有设备的几百分之一，对于普通的非超宽带接收机来说近似于噪声。从理论上讲，UWB 可以与现有无线电设备共享带宽。所以，UWB 是一种高速而又低功耗的数据通信方式，有望在无线通信领域得到广泛的应用。

MT－UWB 最基本的单元是单脉冲小波，如图 6－6 所示，它是由高斯函数在时域中推导得出的，其中心频率和带宽依赖于单脉冲的宽度。实际上，空间频谱是由发射天线的带通和暂时响应特性决定的，时域编码、时域调制系统采用长序列单脉冲小波来进行通信，数据调制和信道分配是通过改变脉冲和脉冲之间的时间间隔进行的。另外，数据编码也可以通过脉冲的极性进行。

脉冲的发送如果以固定的间隔进行时，会导致频谱中包含一种不希望见到的由脉冲重复率分割的“梳状线”，而且梳状线的峰值功率将会限制总的传输功率。因此，为了平滑频谱，使频谱更接近噪声，而且能够提供信道选择，单脉冲利用伪噪声（PN）序列进行时域加扰，即在等于平均脉冲重复率的倒数时间间隔内，在3 ns 精度内加载单脉冲（见图 6－7），它是一个小波序列，或称为 NP 时域编码的“脉冲”串。

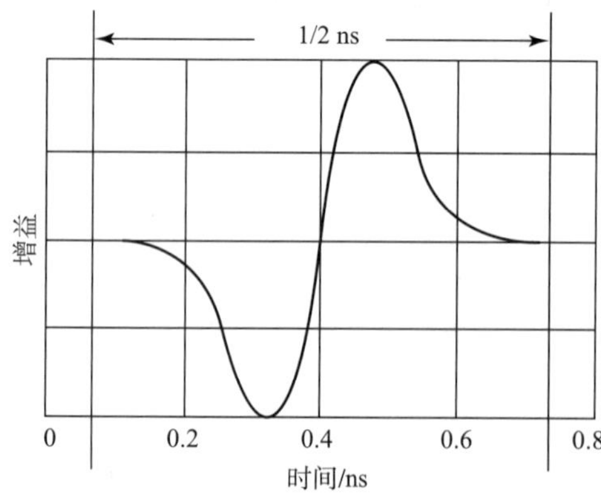

图 6－6　时域内的单脉冲小波

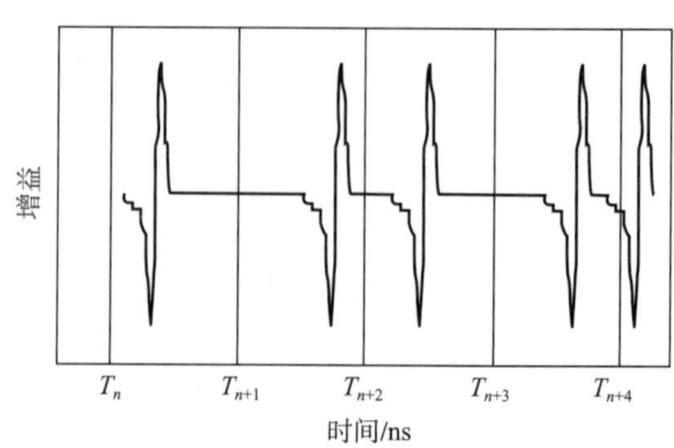

图 6－7　时域内时域编码单脉冲小波序列

MT－UWB 系统通过脉冲位置进行调制，或通过脉冲的极性来进行调制。脉冲位置调制是在相对标准 PN 编码位置提前或晚 1/4 周期的位置上放置脉冲。调制进一步平滑了信号的频谱，使得系统更不容易被检测到，增加了隐蔽性。

2. 超带宽无线通信的使用方式及技术特点

图 6－8 中显示了 MT－UWB 发射器的结构组成示意图。从图中可以发现，TM－UWB 发射器并不包含功率放大器，替代它的是一个脉冲发生器，它根据要求按一定的功率发射脉冲。可编程时延实现了 PN 时域编码和时域调制。另外，系统中的调制也可以用脉冲极性来实现。定时器的性能不仅影响到精确的时间调制和精确的 PN 编码，还会影响到精确的距离定位，是 TM－UWB 系统的关键技术。

如图 6－9 所示，TM－UWB 接收器把接收到的 RF 信号经放大后直接送到前端交叉相关器处理，相关器将收到的电磁脉冲序列直接转变为基带数字或模拟输出信号，没有中间频率范围，因而极大地减小了复杂度。TM－UWB 接收器的一个重要特点就是它的工作步骤相对简单，没有功放、PLL、VCO、混频器等，制作成本低，可以实现全数字化。采用软件无线电技术，还可实现动态调整数据率、功耗等，并且 UWB 技术相比其他通信技术还具有如下的技术特点：

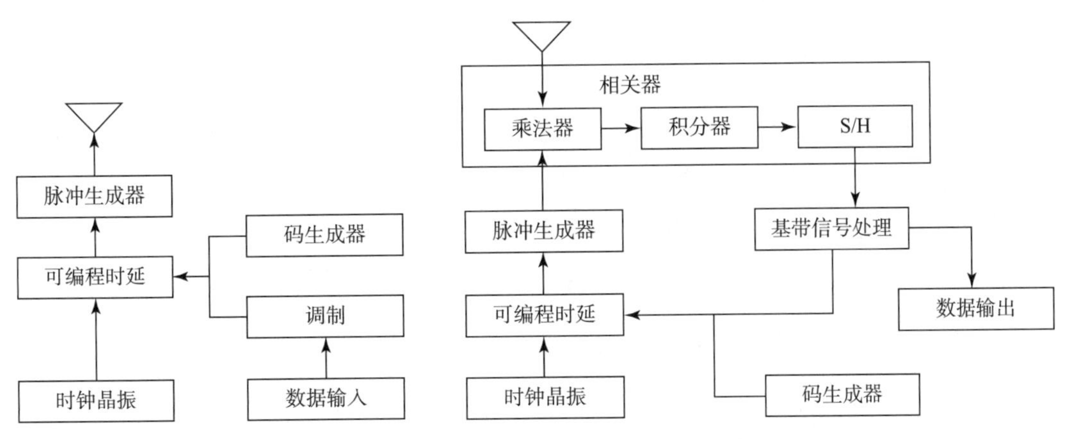

图 6－8　MT－UWB 发射器组成示意图

图 6－9　MT－UWB 接收器组成示意图

（1）隐蔽性

无线电波在空间传播的“公开性”是无线通信较之有线通信的固有不足。UWB 无线通信发射的是占空比很低的窄脉冲信号，脉冲宽度通常在 1 ns 以下，射频带宽可达 1 GHz 以上，所需平均功率很小，信号被隐蔽在环境噪声和其他信号中，难以被敌方检测。这是 UWB 较常规无线通信最为突出的特点。

（2）系统结构比较简单

无线通信技术使用的通信载波是连续的电波，载波的频率和功率在一定范围内变化，从而利用载波的状态变化来传输信息。而 UWB 则不使用载波，它通过发送纳秒级脉冲来传输数据信号。UWB 发射器直接用小型脉冲进行激励，不需要传统收发器所需要的上变频，从而不需要功用放大器与混频器，因此，UWB 允许采用非常低廉的宽频发射器。同时，在接收端，UWB 的接收器也有别于传统的接收器，不需要中频处理，因此 UWB 系统结构比较简单。

（3）高速的数据传输

UWB 以非常宽的频率带宽来换取高速的数据传输，并且不单独占用现在已经拥挤不堪的频率资源，而是共享其他无线技术使用的频带。在军事应用中，UWB 可以利用巨大的扩频增益来实现远距离、低截获率、低检测率、高安全性和高速的数据传输。

（4）处理增益

处理增益定义为信号的射频带宽与信息带宽之比。UWB 无线通信可以做到比目前实际扩谱系统高得多的处理增益。例如，对信息带宽为 8 kHz、信道带宽为 1.25 MHz 的码分多址直接序列扩谱系统，其处理增益为 156（22 dB）；对于 UWB 系统，可以采用窄脉冲将 8 kHz 带宽的基带信号变换为 2 GHz 带宽的射频信号，处理增益为 250 000。

（5）多径分辨能力

由于常规无线通信中的射频信号大多为连续信号或其持续时间远大于多径传播时间，于是大量多径分量的交叠造成严重的多径衰落，限制了通信质量和数据传输速率。而 UWB 无线通信发射的是持续时间极短、占空比极低的脉冲，在接收端，多径信号在时间上能做到有效分离。发射窄脉冲的 UWB 无线信号，在多径环境中的衰落不像连续波信号那样严重。大量的实验表明，对常规无线电信号多径衰落深达 10 ~ 30 dB 的环境，对 UWB 无线通信信号的衰落最多不到 5 dB。此外，由于脉冲多径信号在时间上很容易分离，可以极为方便地采用 Rake 接收技术，以充分利用发射信号的能量来提高信噪比，从而改善通信质量。

（6）传输速率

数字化、综合化、宽频化、智能化和个人化是无线通信技术发展的主要趋势。对于高质量的多媒体业务，高速率传输技术是必不可少的基础。从信号传播的角度考虑，UWB 无线通信由于能有效减小多径传播的影响而使其可以高速率传输数据。目前的演示系统表明，在近距离上（3 ~ 4 m），其传输速率可达 480 Mb/s。

（7）穿透能力

相关实验证明，UWB 无线通信具有很强的穿透树叶和障碍物的能力，有望填补常规超短波信号在丛林中不能有效传播的空白。同时，相关实验还表明，适用于窄带系统的丛林通信模型同样适用于 UWB 系统，UWB 技术也能实现隔墙成像等。

基于 UWB 技术的应用成果非常丰富，图 6 – 10 所示为 UWB 技术的应用实例。

图6-10 基于超带宽无线通信技术的地下采矿管理系统

6.2.3 ZigBee 无线通信技术

1. ZigBee 无线通信的工作原理

ZigBee[71]是一种近距离、低复杂度、低功耗、低速率、低成本的双向无线通信技术。主要用于距离短、功耗低且传输速率不高的各种电子设备之间进行数据传输以及典型的有周期性数据、间歇性数据和低反应时间数据传输的应用。

人们通过长期观察发现，蜜蜂在发现花丛后会通过一种特殊的肢体语言来告知同伴新发现的食物源位置等相关信息，这种肢体语言就是 ZigZag 舞蹈，是蜜蜂之间一种简单传达信息的方式。由于蜜蜂（bee）是靠飞翔和“嗡嗡”（zig）地抖动翅膀的“舞蹈”来向同伴传递花粉所在方位信息，也就是说，蜜蜂依靠这样的方式构成了群体中的通信网络，于是人们借用 ZigBee 作为新一代无线通信技术的名称。

简单而言，ZigBee 是一种高可靠性的无线数传网络，类似于 CDMA 和 GSM 网络。ZigBee 数传模块类似于移动网络基站，是一个由可多到 65 535 个无线数传模块组成的无线数传网络平台，在整个网络范围内，每一个 ZigBee 网络数传模块之间可以相互通信，每个网络节点间的距离可以从标准的 75 m 到几百米、几千米，并且支持无限扩展。

ZigBee 是基于 IEEE 802.15.4 标准的低功耗局域网协议。根据国际标准规定，ZigBee 技术是一种短距离、低功耗的无线通信技术。其特点是近距离、低复杂度、自组织、低功耗、低数据速率。主要适用于自动控制和远程控制领域，也可以嵌入各种设备。简而言之，ZigBee 就是一种便宜的，低功耗的近距离无线组网通信技术。ZigBee 协议从下到上分别为物理层（PHY）、媒体访问控制层（MAC）、传输层（TL）、网络层（NWK）、应用层（APL）等。其中物理层和媒体访问控制层遵循 IEEE 802.15.4 标准的规定。

与移动通信的CDMA网或GSM网不同的是，ZigBee网络主要是为工业现场自动化控制数据传输而建立的，因而它必须具有体系简单、使用方便、工作可靠、价格低廉的特点。而移动通信网主要是为语音通信而建立的，每个基站价值一般都在百万元人民币以上，而每个ZigBee“基站”花费却不到1 000元人民币。每个ZigBee网络节点不仅本身可以作为监控对象，例如其所连接的传感器直接进行数据采集和监控，还可以自动中转别的网络节点传过来的数据资料。除此之外，每一个ZigBee网络节点（FFD）还可在自己信号覆盖的范围内，和多个不承担网络信息中转任务的孤立的子节点（RFD）无线连接。

2. ZigBee无线通信的使用方式及技术特点

机器人通信可以采用ZigBee的星型结构。在该结构的网络中，充当网络协调器的机器人负责组建网络、管理网络，并对网络的安全负责。它要存储网络内所有节点的设备信息，包括数据包转发表、设备关联表以及与安全有关的密钥等。其他普通机器人使用的ZigBee节点都是RFD设备。当这类机器人受到某些触发时，例如内部定时器所定时间到了、外部传感器采集完数据、收到协调器要求答复的命令，就会向协调器传送数据。作为网络协调器的机器人可以采用有线方式和一台PC机相连，在PC机上存储网络所需的绑定表、路由表和设备信息，减小网络协调器的负担，提高网络的运行效率。

与其他无线通信方式相比，ZigBee除复杂性低、对资源要求少以外，主要特点如下：

①功耗低。ZigBee的数据传输速率低，传输数据量小，其发射功率仅为1 mW，且支持休眠模式，因此，ZigBee设备的节能效果非常明显。据估算，在休眠模式下，仅靠两节5号电池就可以维持一个ZigBee节点设备长达6个月到2年左右的使用时间。而在同样的情况下，其他设备如蓝牙仅能维持几周，比较而言，ZigBee设备的功耗极低。

②成本低。在智能家居系统中，成本控制始终是一个重要的要求。ZigBee协议栈简单，并且ZigBee协议是免收专利费的，这就大大降低了其芯片的成本。ZigBee模块的初始成本在6美元左右，现在价格已经降低到几美分。低成本是ZigBee技术能够应用于智能家居系统中的一个关键因素。

③时延短。ZigBee设备模块的通信时延非常短，从休眠状态激活的响应非常快，典型的网络设备加入和退出网络时延只需30 ms，休眠激活的时延仅需15 ms，在非信标模式下，活动设备信道接入的时延为15 ms。因此，ZigBee的这个特点非常适用于对时延要求苛刻的智能家居系统（例如安防报警子系统）。

④容量大。Zigbee可组建成星型、片型及网状网络结构，在组建的网络中，存在

一个主节点和若干个子节点，一个主节点最多可管理254个子节点；同时，主节点还可被上一层网络节点管理，这样就能组成一个多达65 000个节点的大网络，一个区域内可以同时存在最多100个ZigBee网络，并且组建网络非常灵活。

⑤可靠性高。ZigBee采用多种机制为整体系统的数据传输提供可靠保证，在物理层采用抗干扰的扩频技术。在MAC层采用了碰撞避免机制，这种机制要求数据在完全确认的情况下传输，当有数据需要传输时则立即传输，但每个发送的数据包都必须等待接收方的确认信息，并采取了信道切换功能等。同时预留了专用时隙，以满足某些固定带宽的通信业务的需要，这样就能减少数据在发送时因竞争和冲突造成的丢包情况。

⑥安全性好。ZigBee提供了三级安全模式，分别为无安全设定级别、使用接入控制清单（ACL）防止非法获取数据级别以及采用最高级加密标准（AES128）的对称密码，并提供了基于循环冗余校验（CRC）的数据包完整性检查功能，且支持鉴权和认证，各个应用可以对其安全属性进行灵活确定。这样就能为数据传输提供较强的安全保障。

⑦工作频段灵活。ZigBee使用的频段分别为2.4 GHz、868 MHz（欧洲），以及915 MHz（美国），均为免执照的频段。

⑧自主能力强。ZigBee的网络节点能够自动寻找其他节点构成网络，并且当网络中发生节点增加、删除、变动、故障等情况时，网络能够进行自我修复，并对网络拓扑结构进行相应的调整，保证整个系统正常工作。

3. ZigBee无线通信的信息处理

ZigBee协议栈是一个多层体系结构，由4个子层组成。每一层都有两个数据实体，分别为其相邻的上层提供特定的服务，数据实体提供数据传输服务，管理实体则提供全部其他的服务，每个服务实体都有一个服务接入点（SAP），每个SAP都通过一系列的服务指令来为其上层提供服务接口，并完成相应的功能。

ZigBee协议栈的体系结构如图6－11所示，是基于标准的（OSI）参考模型建立的，分别由IEEE 802协会小组和ZigBee技术联盟两家共同制定完成的，其中IEEE 802.15.4—2003标准中对最下面的物理层（PHY）和介质接入控制子层（MAC）进行了定义。ZigBee技术联盟提供了网络层和应用层（APL）框架的设计。其中应用层的框架包括了应用支持子层（APS）、ZigBee设备对象（ZDO）和由制造商制定的应用对象。

在图6－11所示网络体系结构中，物理层由半双工的无线收发器及其接口组成，工作频率可以是868 MHz、915 MHz或者2.4 GHz，它直接利用无线信道实现数据传输。媒体访问控制子层提供节点自身和其相邻的节点之间可靠的数据传输链路。其主要任务是实现传输数据的共享，并且提高节点通信的有效性。网络层在MAC层的基础上实现网络节点之间的可靠的数据传输，提供路由寻址、多跳转发等功能，并组建和维护星型、片型以及网状网络。对于那些没有路由功能的终端节点来说，仅仅具备简单的加入或者退出网络的功能而已。路由器的任务是发现邻近节点、构造路由表以及完成信息的转发。协调器具备组建网络、启动网络，以及为新申请加入的网络节点分配网络地址等功能。应用子层通过维护一个绑定表来实现将网络信息转发到运行在节点上的不同的应用终端节点，并在这些终端节点设备之间传输信息等。绑定表将设备能够提供的服务和需要的服务匹配起来。应用对象是运行在端点的应用软件，它具体实现节点的应用功能。ZigBee体系结构在协议栈的MAC层、网络层和应用层之中提供密钥的建立、交换以及利用密钥对信息进行加密、解密处理等服务。各层在发送帧时按指定的加密方案进行加密处理，在接收时进行相应的解密。

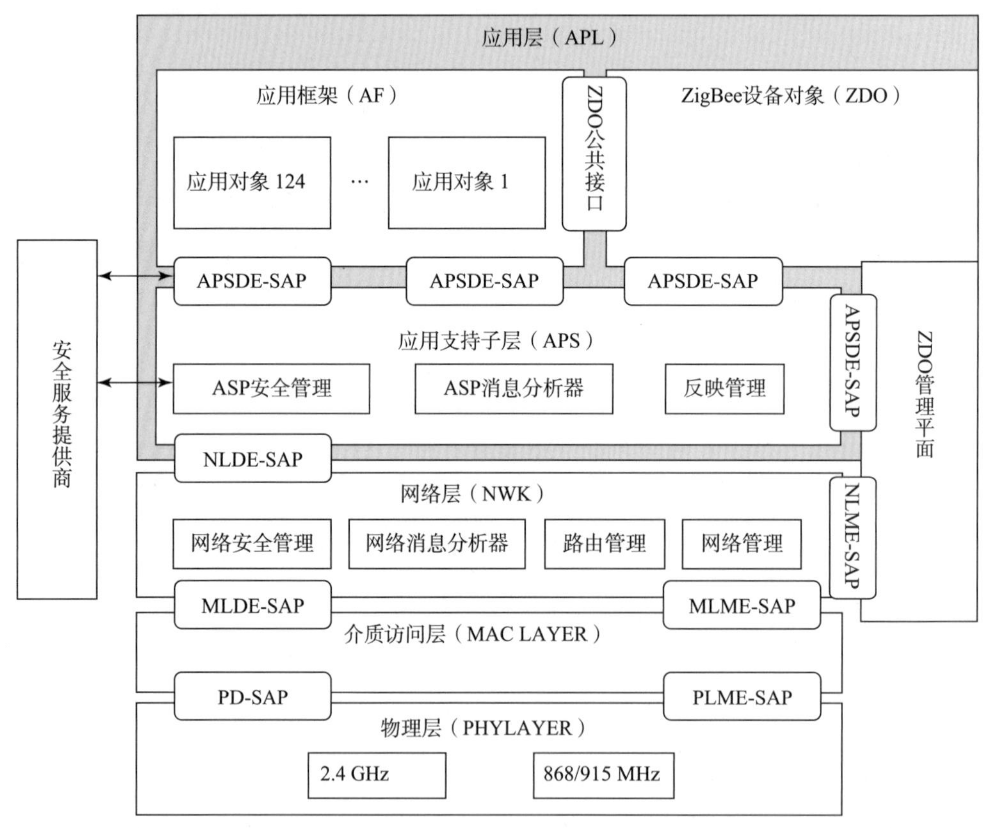

图6－11 ZigBee协议栈体系结构图

目前，ZigBee技术已在许多领域获得了广泛应用，图6－12和图6－13所示为ZigBee的应用实例。

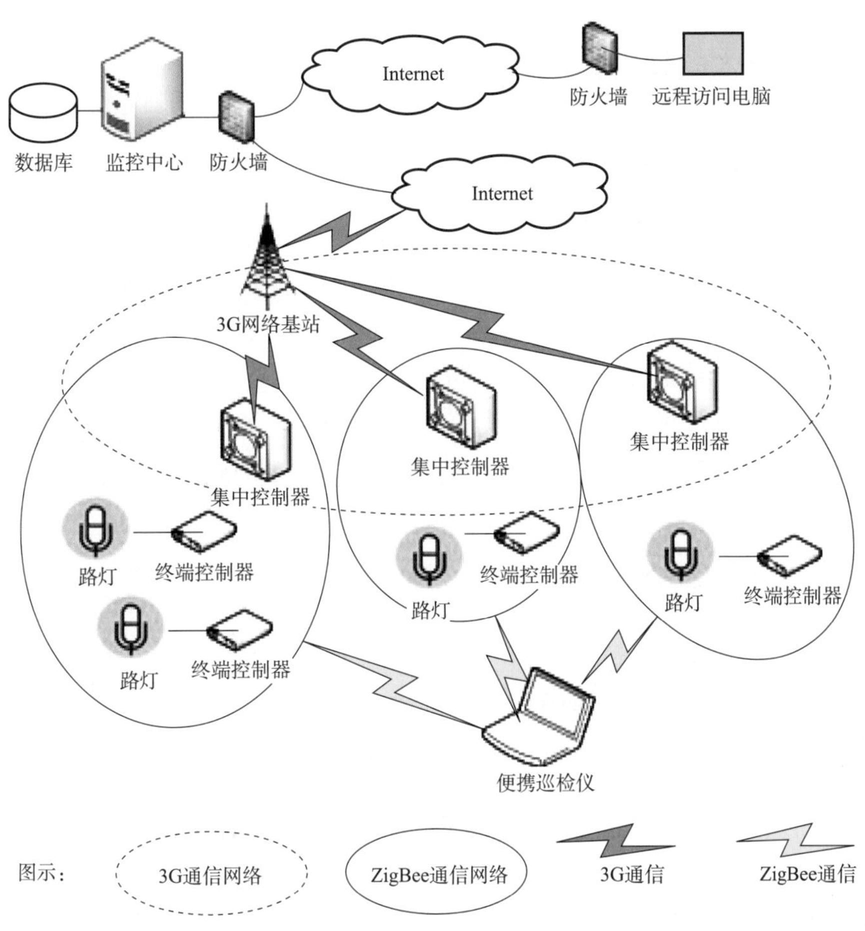

图6－12　基于ZigBee技术的LED路灯智能照明控制系统研究

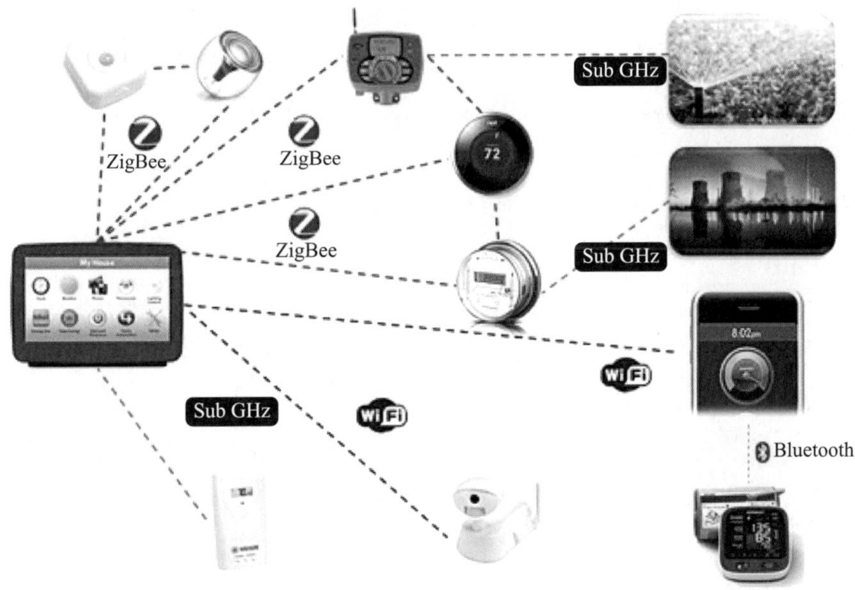

图6－13　基于ZigBee技术的智能能源管理系统

6.2.4 Wi－Fi 无线通信技术

1. Wi－Fi 无线通信技术的工作原理

随着网络的普及，越来越多的人开始享受到网络给生活带来的方便。但是上网地点的固定、上网工具不方便携带等问题，使人们对无线网络更加渴望。而 Wi－Fi 技术的诞生，正好满足了人们的这种需求，也使得 Wi－Fi 技术越来越受到人们的关注。

所谓 Wi－Fi，其实就是 WirelessFidelity 的缩写[72]，意思就是无线局域网。它遵循 IEEE 所制定的 802. 11x 系列标准，所以一般所谓的 802. 11x 系列标准都属于 Wi－Fi。根据 802. 11x 标准的不同，Wi－Fi 的工作频段也有 2. 4 GHz 和 5 GHz 的差别。但是 Wi－Fi却能够实现随时随地上网的需求，也能提供较高速的宽带接入。当然，Wi－Fi 技术也存在着诸如兼容性和安全性等方面的问题，不过它也凭借着自身的优势，占据着无线传输的主流地位。

2. Wi－Fi 无线通信技术的使用方式及特点

（1） Wi－Fi 技术的应用方向

①公众服务。利用 Wi－Fi 技术为公众提供服务已经不算是一个新概念。在美国，这叫作“Hotspot”服务，即热点服务，也就是说，在热点地区，比如酒店、机场、休闲场所及会展中心等地方，利用 Wi－Fi 技术进行覆盖，为用户提供高速的宽带无线连接。随着笔记本电脑和 PDA 的普及，越来越多的商务人士希望在旅行的途中也可以上网。还有，在许多休闲场所，如咖啡屋和茶吧等地方，也有不少客人希望能够提供上网服务。Wi－Fi 的特性正好使之可以在这样的小范围内提供高速的无线连接。目前，国内已经有不少咖啡屋、机场候机室以及酒店大堂等公共场所都进行了 Wi－Fi 覆盖，用户只要携带配有无线网卡的笔记本电脑或 PDA，就可以在这类区域无线上网。

②家庭应用。Wi－Fi 家庭网关不仅可以提供无线连接功能，还可以承担共享 IP 的路由功能。最优的解决方案是选择一台 Wi－Fi 网关设备，覆盖到家庭的全部范围。只要安装一块无线局域网网卡，家里的电脑就可以连接因特网。这样一来，家里的网络就变得非常简单方便。台式机安装 USB 接口的网卡，可以摆放在房间的任何一个位置；笔记本就更方便了，可以不受约束地移动到任何地方使用。目前在国内，越来越多的家庭拥有电脑，而且随着生活水平的提高，许多家庭都不止配备一台电脑，因此 Wi－Fi 的家庭网关就有了广阔的用武之地。

③大型企业应用。一般来说，每个大型企业都已经有了一个成熟的有线网络，在这种情况下，无线局域网可以成为大型企业内部网络的一个延伸和补充。比如说对会议室进行无线覆盖，可以为参加会议的人员提供便利的网络连接，方便会议中的资料

演示和文件交换。一部分大型企业，如思科（中国）等公司，它们的员工绝大部分都是使用笔记本电脑的，而且其工作的流动性很强。这时使用 Wi-Fi 技术覆盖，可以为这些用户提供无所不在的网络连接，提高他们工作的效率。

④小型办公环境。很多小型公司不像大型企业那样具备完善的有线网络，对它们来说，需要建立一个自己内部的局域网。这时就可以考虑使用 Wi-Fi 来实现办公室内的网络部署。只要在办公室内安装一个无线局域网的接入点（AccessPoint，AP），同时在每台电脑上安装一个无线网卡，就可以建立起公司自己的内部网络，快速地进入工作状态。如果企业需要搬家，无线局域网的全部设备也可以迅速地迁入新的工作地点投入使用；如果有新的员工加入到企业当中，也可以迅速连接进入公司的内部网，帮助其快速了解公司的情况。正是由于 Wi-Fi 的便捷性能，如今国内越来越多的小型公司也开始在公司内部使用 Wi-Fi。

（2）Wi-Fi 无线通信的技术特点

①安装便捷。无线局域网免去了大量的布线工作，只需安装一个或多个无线访问点（AP），就可以覆盖整个建筑内的局域网络，而且便于管理和维护。

②易于扩展。无线局域网有多种配置方式，每个 AP 可以支持 100 多个用户的接入，只需在现有的无线局域网基础之上再增加 AP，就可以把几个用户的小型网络扩展成为拥有几百、几千个用户的大型网络。

③高度可靠。通过使用和以太网类似的连接协议和数据包确认方法，可以提供可靠的数据传送和网络带宽的有效使用。

④便于移动。在无线局域网信号覆盖的范围内，各个节点可以不受地理位置的限制而进行任意移动。通常来说，其支持的范围在室外可达 300 m，在办公环境中可达 10~100 m。在无线信号覆盖的范围内，都可以接入网络，而且可以在不同运营商和不同国家的网络间进行漫游。

（3）Wi-Fi 无线通信的信息处理

一般架设无线网络的基本配备就是无线网卡及一台 AP，如此便能以无线的模式，配合既有的有线架构来分享网络资源，其架设费用和复杂程度远远低于传统的有线网络。如果只是供几台电脑使用的对等网，也可不要 AP，只需每台电脑配备无线网卡。AP 为 AccessPoint 简称，一般翻译为“无线访问接入点”，或“桥接器”。它主要在媒体存取控制层 MAC 中扮演无线工作站及有线局域网的“桥梁”。有了 AP，就像一般有线网络的 Hub 一般，无线工作站可以快速且轻易地与网络相连。特别是对于宽带的使用，Wi-Fi 技术更显优势，有线宽带网络（ADSL、小区 LAN 等）到户后，连接到一个 AP，然后在电脑中安装一块无线网卡即可。普通的家庭有一个 AP 已经足够，甚至用户的邻里得到授权后，无须增加端口，也能以共享的方式上网。

基于 Wi-Fi 技术的应用实例很多，图 6-14 显示了其中的一个例子。

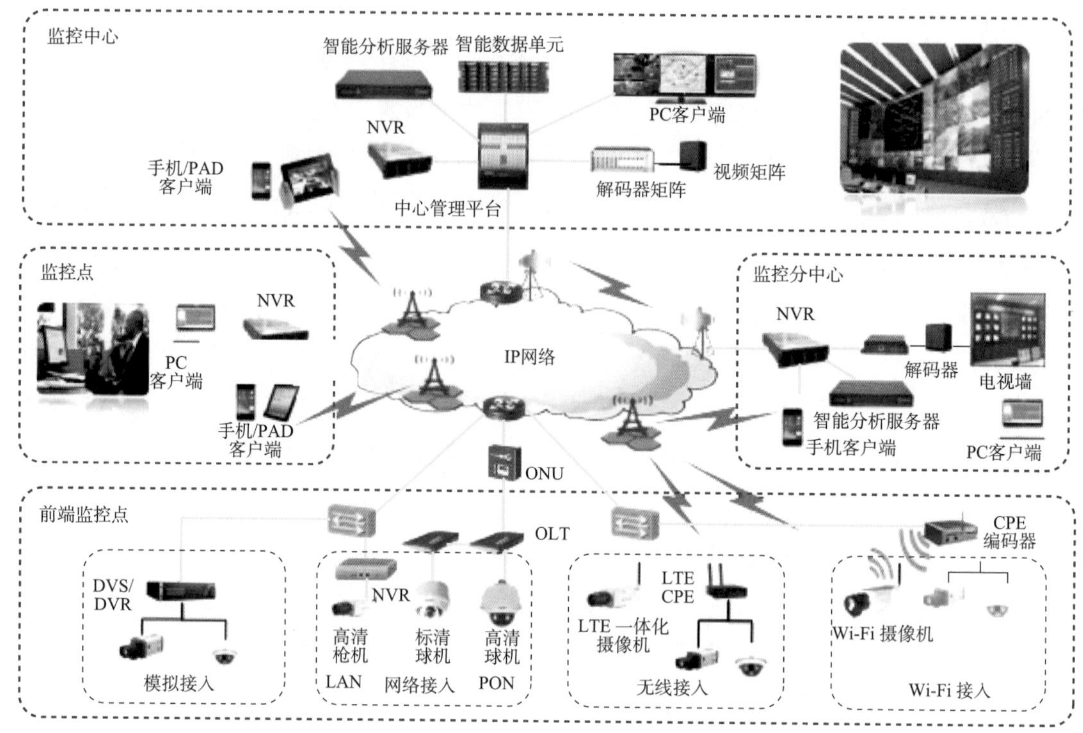

图 6－14　基于 Wi－Fi 技术的应用实例

6.2.5　2.4 GHz 无线通信技术

1. 2.4GHz 无线通信技术的工作原理

2.4 GHz 无线通信技术是一种短距离无线传输技术[73]，主要供开源使用。2.4 GHz 指的是一个工作频段，2.4 GHz ISM（Industry Science Medicine）是全世界公开通用的无线频段，蓝牙技术即工作在这一频段。在 2.4 GHz 频段下工作可以获得更大的使用范围和更强的抗干扰能力，目前 2.4 GHz 无线通信技术广泛用于家用及商用领域。

2. 2.4 GHz 无线通信技术的使用方式及特点

2.4 GHz 无线通信技术没有标准的通信协议栈，因此在整个协议的规划和设计时对产品的抗干扰性和稳定性等有着认真的考虑。由于其与低层硬件的结构特征结合紧密，设计了物理层、链路管理层和应用层的三层结构。其中物理层和链路管理层的很多特性由硬件本身所决定。关键的设计部分应用层则是通过使用划分信道子集的方式和跳频方式，有效防止了来自同类产品间信道的相互干扰和占用现象。同时，又通过对改进的 DSSS 直接序列扩频方式和无 DSSS 扩频两种通信方式的合理配置，实现了设备性能和抗干扰能力之间的平衡。

2.4 GHz 频段近年来日益受到重视，原因主要有三：首先，它是一个全球性使用的频段，开发的产品具有全球通用性；其次，它整体的频宽胜于其他 ISM 频段，这就提高了整体数据的传输速率，允许系统共存；最后，就是尺寸方面的优势，2.4 GHz 无线电设备和天线的体积相当小，产品体积也很小，这使它在很多时候都更容易获得青睐。

3. 2.4 GHz 无线通信技术的信息处理

2.4 GHz 无线通信技术的通信协议比蓝牙协议更简洁，能满足特定的功能需求，并加快产品开发周期、降低成本。整个协议分为 3 层：物理层、数据链路层和应用层。物理层包括 GFSK 调制和解调器、DSSS 基带控制器、RSSI 接收信号强度检测、SPI 数据接口和电源管理，主要完成数据的调制解调、编码解码、DSSS 直接序列扩频和 SPI 通信。数据链路层主要完成解包和封包过程。它主要有两种基本封包，即传输包和响应包，分别如图 6－15 和图 6－16 所示。

P	SOP	Length	PayLoad Data	CRC
前导序列	包起始符	包长度	负载区	校验

图 6－15　传输包结构

图 6－16　响应包结构

图 6－15 中，前导序列用于控制包与包之间的传输间隔。SOP 用于表示包的起始，包长度说明整个包的大小，采用 16 位 CRC 校验。根据不同的应用设备，应用层有不同定义，比如在笔者完成的某计算机控制系统中，应用层就包括鼠标、键盘、控制器等。

每种类型的包在应用层协议中的用途不同。绑定包用于建立主控端和从属端之间一对一的连接关系。每个主控端最多有一个从属端，但一个从属端可以有多个主控端。连接包用于在主控端和从属端失去联系时重新建立连接，相互更新最新的状态信息。

多数无线接收端只能和单一的主控端进行实时通信。为了与多个主控端同时进行连接，在从属端建立一对多的关系，需要进行有效的信道保护机制和数据接收机制，防止由于数据碰撞而导致无法正确接收数据。可以利用以下两种机制有效防止信道间的相互干扰。

（1）改进的直接序列扩频（DSSS）

传统 DSSS 将需要发送的每个比特的数据信息用伪噪声编码（PNcode）扩展到一个很宽的频带上，在接收端使用与发送端扩展所用相同的 PNcode 对接收到的扩频信号进行恢复处理，得到发送的数据比特。而改进的 DSSS 对每个字节进行直接扩频，极大提高了数据传输的速率，并确保只有在收发两端保持相同 PNcode 的情况下，数据才能被正确接收。若两端的 PNcode 不同，则传输的数据将被视为无效数据在物理层被丢弃。

（2）独立通信信道（Channel）机制

CYRF6936 有 78 个可用的 Channel，每个 Channel 之间间隔 1 MHz，78 个可用信道被分成了 6 个子集。每个子集包含 13 个信道，每个子集中的信道间隔为 6 MHz。每种主控设备选择一个子集作为传输信道，即设备采用了不同子集中的不同信道，降低了相邻信道容易出现干扰的概率，减少了碰撞。所有设备都采用第 1 个子集的信道来建立 BIND 连接。

2.4 GHz 无线通信技术的应用成果极为丰富，图 6－17 展示了其在校园网建设中的功能与作用。

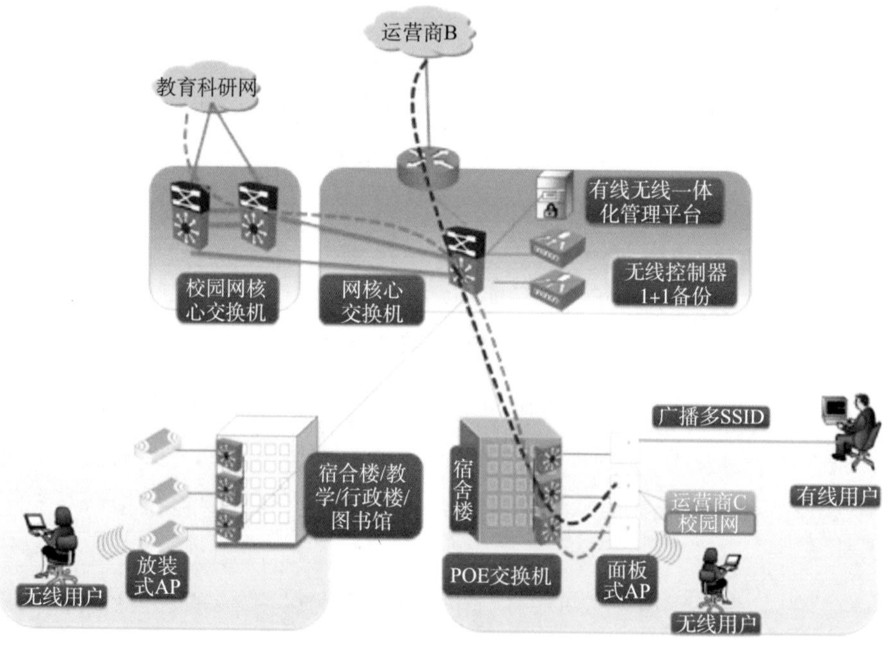

图 6－17　2.4 GHz 无线通信技术在校园网建设中的功能与作用

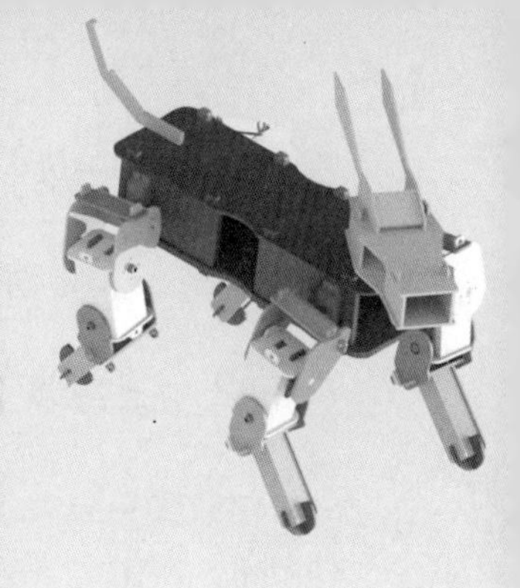

第 7 章 制作你的小型仿生机器人

7.1 小型仿生机器人的设计工具

7.1.1 三维实体造型设计的基本内容

三维实体造型是计算机图形学中的一种非常复杂、非常系统、非常普及、非常实用的技术。目前，实体造型与建模的方法共有 5 种，即线框造型、曲面造型、实体造型、特征造型和分维造型。在实体造型与建模中，人们迫切希望了解和掌握有关实体的更多几何信息，这就使得剖分一个实体成为一种可贵的功能，人们期望能借此观看和认知实体的内部形状和相关信息。

与线框模型和曲面模型相比，实体模型是最为完善、最为直观的一种几何模型。采用这种模型，人们可以从 CAD 系统中得到工程应用所需要的各种信息，并将其用于数控编程、空气动力学分析、有限元分析等。实体建模的方法包括边框描述、创建实体几何形状、截面扫描、放样和旋转等。

7.1.2 三维实体造型设计的基本软件

SolidWorks 是美国 SolidWorks 公司开发的一种计算机辅助设计（Computer Aided Design，CAD）产品[74,75]，是实行数字化设计的造型软件，在国际上得到广泛的应用。SolidWorks 具有非常开放的系统，添加各种插件后，可实现产品的三维建模、装配校验、运动仿真、有限元分析、加工仿真、数控加工及加工工艺的制定，以保证产品从设计、工程分析、工艺分析、加工模拟到产品制造过程中的数据的一致性，从而真正实现产品的数字化设计与制造，大幅度提高产品的设计效率和质量。

SolidWorks 是在 Windows 环境下进行机械设计的软件，它基于特征、参数化进行实体造型，是一个以设计功能为主的 CAD/CAE/CAM 软件，具有人性化的操作界面，具备功能齐备、性能稳定、使用简单、操作方便的特点，同时，SolidWorks 也提供了二次开发的环境和开放的数据结构。

7.1.3 三维实体造型设计的基本步骤

由于 SolidWorks 软件的优点比较突出，使用更为方便，本章将以其为应用工具，进行本章中所述小型仿生机器人的三维实体造型设计。采用 SolidWorks 进行三维实体造型设计的具体步骤如下：

1. 绘制草图

草图是三维实体造型设计的基础，不论采用哪一种建模方式，草图都是实现模型结构从无到有的第一步。但在三维实体造型设计系统中，草图的作用与地位发生了一些变化，其中心思想是人们的设计意图应采用三维实体来表达，这与以前人们只是写写画画，用简单的线条和潦草的图形来作为草图使用的概念不同。草图作为实体建模的基础，编辑其中的管理特征比管理草图效率高。所以，在三维实体造型设计中，认真完成草图的绘制十分重要。需要指出的是，在绘制草图的过程中应该注意以下几个原则：

①根据建立特征的不同以及特征间的相互关系，确定草图的绘图平面和基本形状。

②零件的第一幅草图应该和原点定位，以确定特征在空间的位置。

③每一幅草图应尽量简单，不要包含复杂的嵌套，有利于草图的管理和特征的修改。

④要非常清楚草图平面的位置，一般情况下可使用“正视于”命令，使草图平面和屏幕平行。

⑤复杂的草图轮廓一般应用于二维草图到三维模型的转化操作，正规的建模过程

中最好不要使用复杂的草图。

⑥尽管 SolidWorks 不要求完全定义的草图，但在绘制草图的过程中最好使用完全定义的草图。合理标注尺寸以及正确添加几何关系，反映了设计者的思维方式和设计能力。

⑦任何草图在绘制时只需要绘制大概形状以及位置关系，要利用几何关系和尺寸标注来确定几何体的大小和位置，这有利于提高工作效率。

⑧绘制实体时，要注意 SolidWorks 的系统反馈和推理线，可以在绘制过程中确定实体间的关系。在特定的反馈状态下，系统会自动添加草图元素间的几何关系。

⑨首先确定草图各元素间的几何关系，其次是确定位置关系和定位尺寸，最后标注草图的形状尺寸。

⑩中心线（构造线）不参与特征的生成，只起着辅助作用。因此，必要时可使用构造线定位或标注尺寸。

⑪小尺寸几何体应使用夸张画法，标注完尺寸后改成正确的尺寸。

在遵循以上原则的条件下，可开始进行草图绘制。首先单击草图绘制工具上的“草图”命令，或者单击草图绘制工具栏上的“草图绘制”，或者单击菜单栏，然后选择“草图绘制”，如图 7－1 所示。

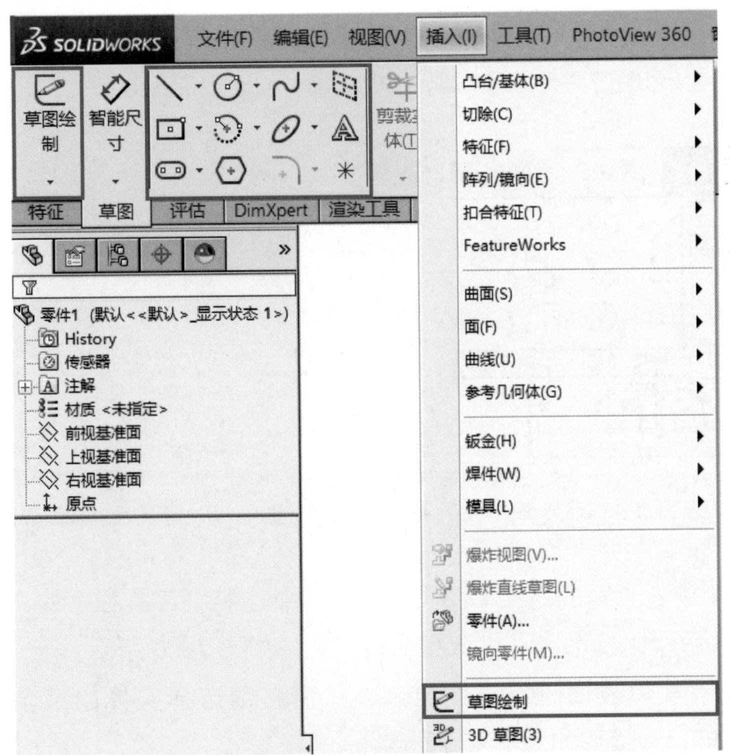

图 7－1　草图绘制界面

接下来选择所显示的三个基准面上的任意一个基准面，然后在该基准面上单击“绘制草图”，被选中的基准面会高亮显示，如图 7 –2 所示。

选中基准面以后，使用草图实体工具绘制草图，或者在草图绘制工具栏上选择一工具，然后生成草图。这里选择草图工具为圆命令，再在基准面上绘制一个圆，如图 7 –3 所示。

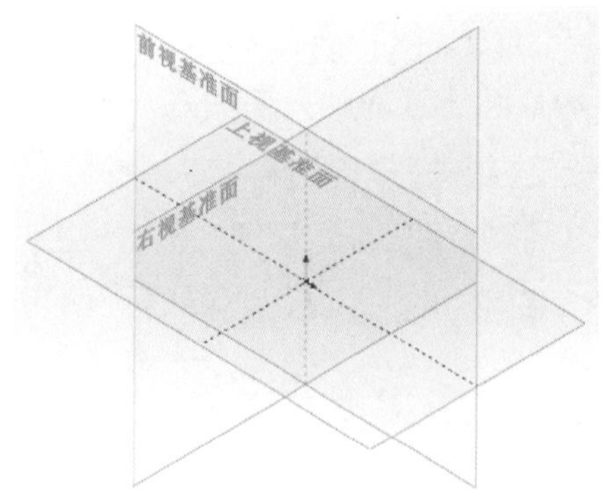

图 7 –2　选择草图绘制基准面

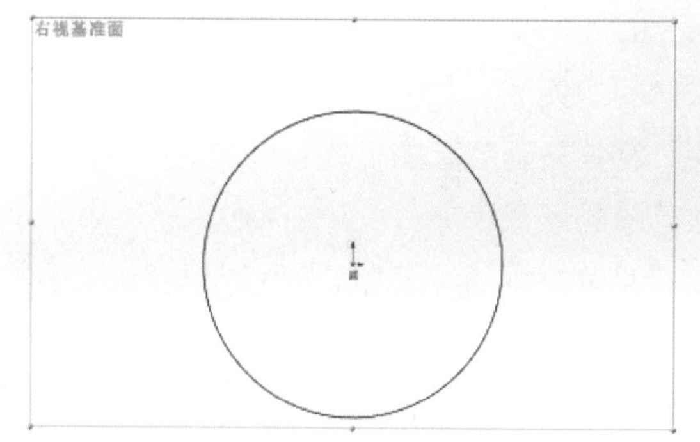

图 7 –3　采用画圆命令在基准面作图

绘制好草图轮廓后，可给图形标注尺寸。标注尺寸的数字可以进行修改，图形会根据修改的尺寸变大或者变小。如果不需要修改，直接单击“确定”即可，草图尺寸标注界面如图 7 –4 和图 7 –5 所示。

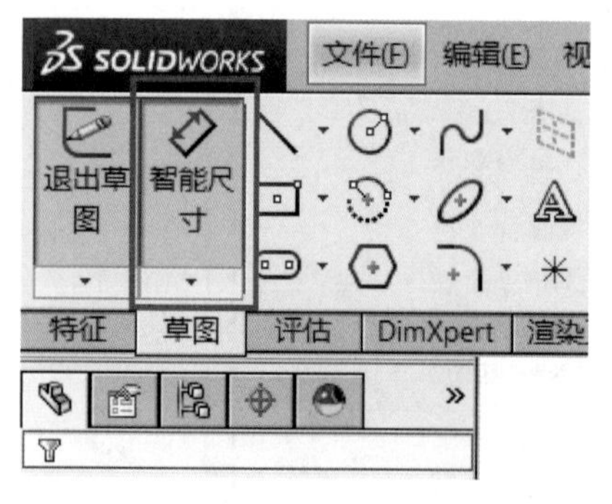

图 7 –4　草图尺寸标注界面 1

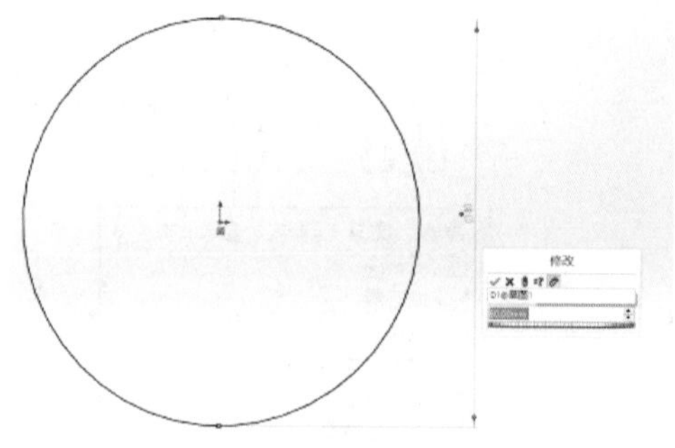
图 7 –5　草图尺寸标注界面 2

单击图 7 –4 中右上角的退出草图图标，或者单击特征工具栏上的“拉伸凸台”或者“旋转凸台”命令，就可以退出草图编辑状态，如图 7 –6 所示。

如果要在已有实体表面进行草图绘制，只需右键选择实体的某个平面，再选择“创建草图”即可，其情形如图 7 –7 所示。

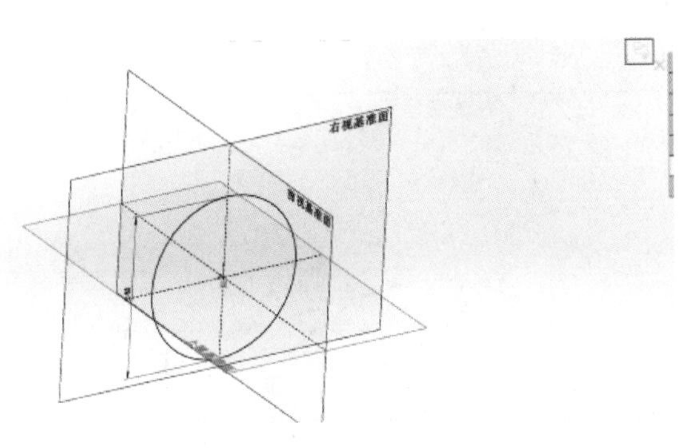

图 7-6 退出草图编辑状态界面

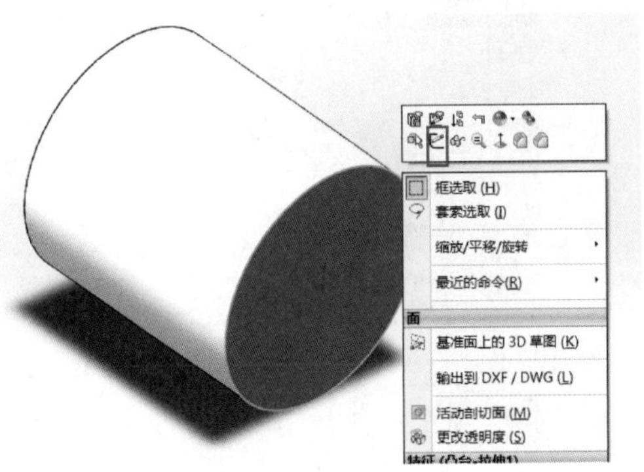

图 7-7 实体表面进行草图绘制界面

2. 绘制三维图

在草图绘制完毕的前提下，可进行三维图形的绘制。常用的方法有拉伸、旋转等，具体步骤如下：

①新建零件图，在前视基准面上创建直径为 40 mm 的圆形草图，如图 7-8 所示。

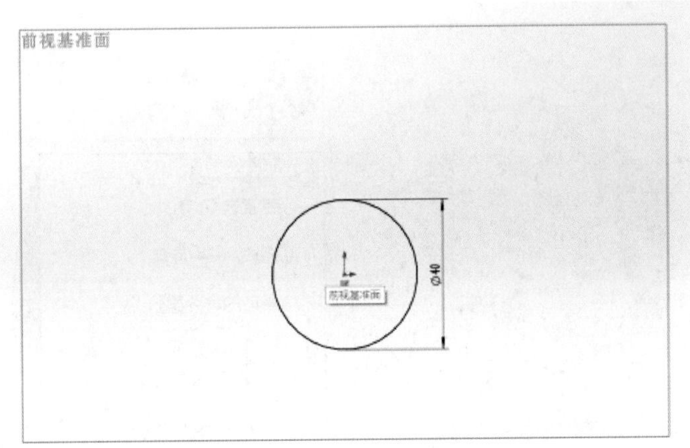

图 7-8 在前视基准面上创建圆形

②退出草图绘制界面，在“特征”选项栏里选择“拉伸凸台/基体”，长度设为 20 mm。选择绿色“√”，然后退出拉伸。其步骤与结果如图 7-9 所示。

③在拉伸得到的基体的一面选择创建新草图。可以按组合快捷键 Ctrl + L 显示前视图。其情形如图 7-10 所示。

④在新创建的草图上绘制直径分别为 30 mm 和 20 mm 的同心圆，其情形如图 7-11 所示。

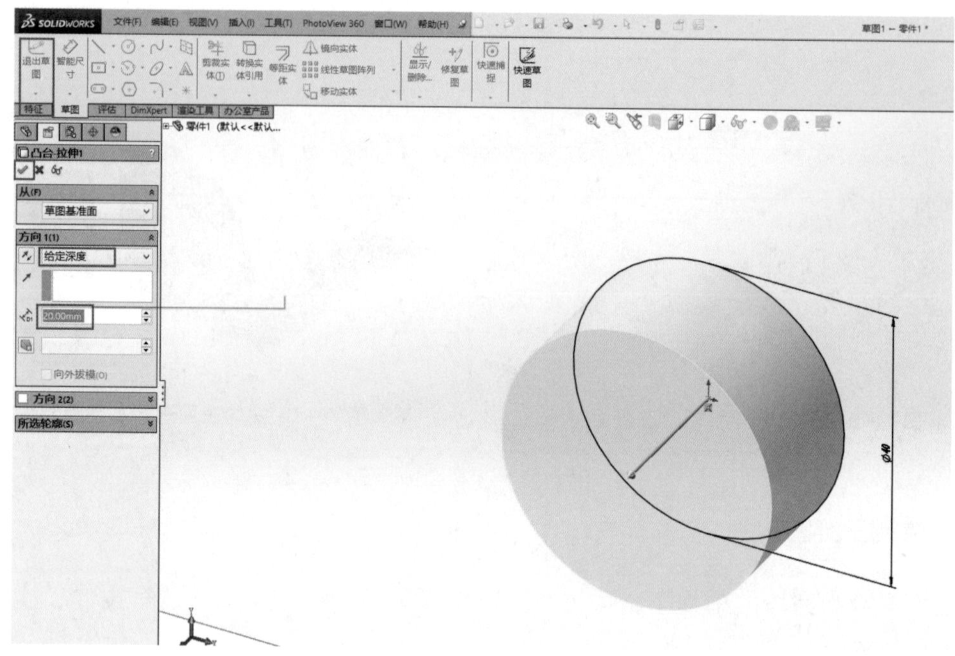

图7－9　拉伸界面

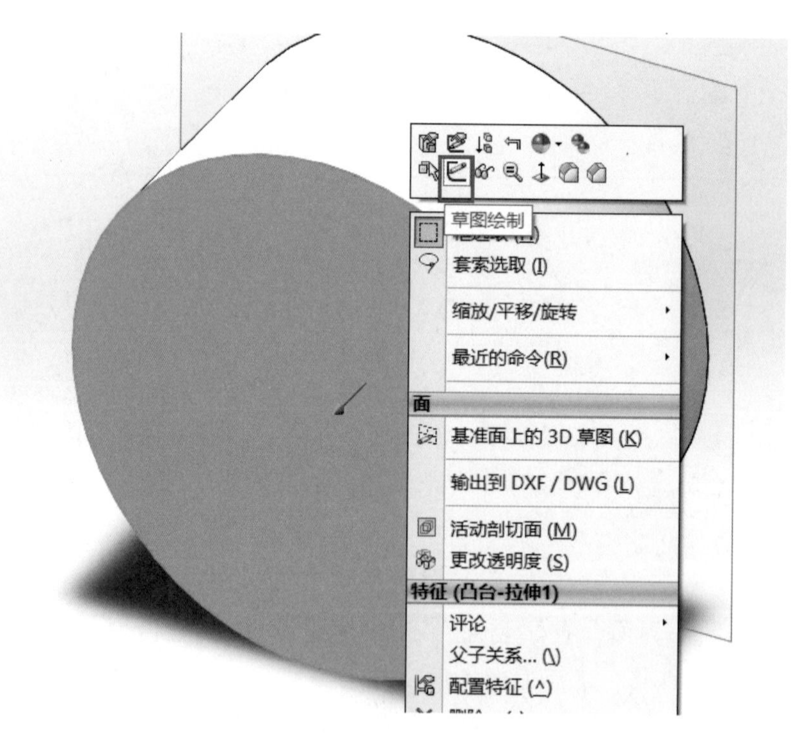

图7－10　创建新草图界面

⑤退出草图，选择“拉伸凸台/基体”，在拉伸截面中选择圆环部分，设定拉伸长度为 40 mm，选择绿色“√”，然后退出拉伸。所得拉伸结果如图 7－12 所示。

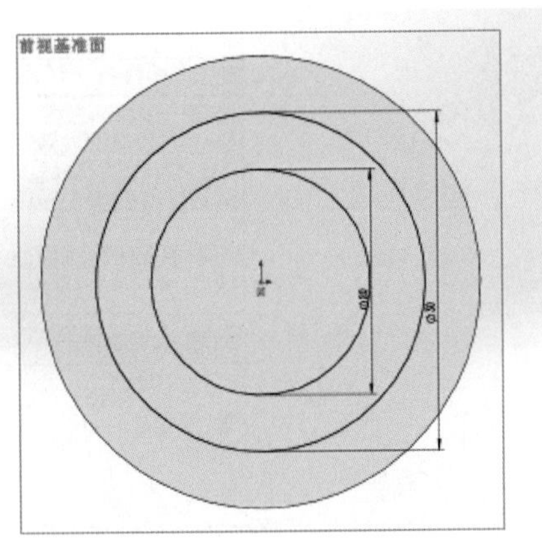

图 7－11　绘制同心圆界面

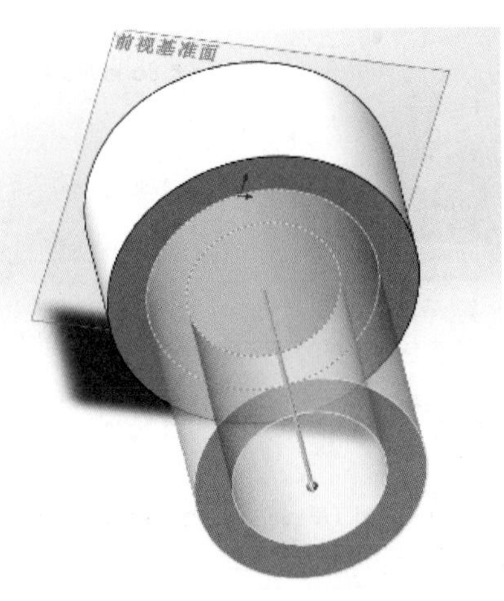

图 7－12　拉伸效果

⑥将所得绘图结果更名为“底座”进行保存。

3. 绘制装配图

装配图由多个零件或部件按一定的配合关系组合而成。本例展示如何使用配合关系完成装配图的绘制。

①首先新建零件，改名为“轴”。在前视图中创建草图，绘制直径为 20 mm 的圆，然后拉伸 100 mm。所得结果如图 7－13 所示。

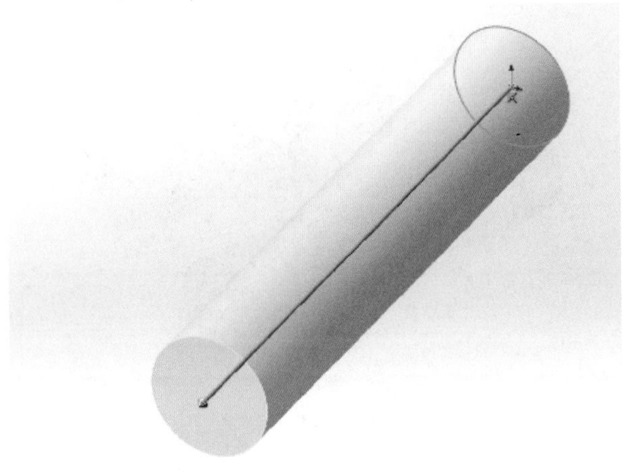

图 7－13　轴的绘制效果

②新建装配体，导入轴与上例中的底座，其操作步骤与相关界面如图 7－14 和图 7－15 所示。

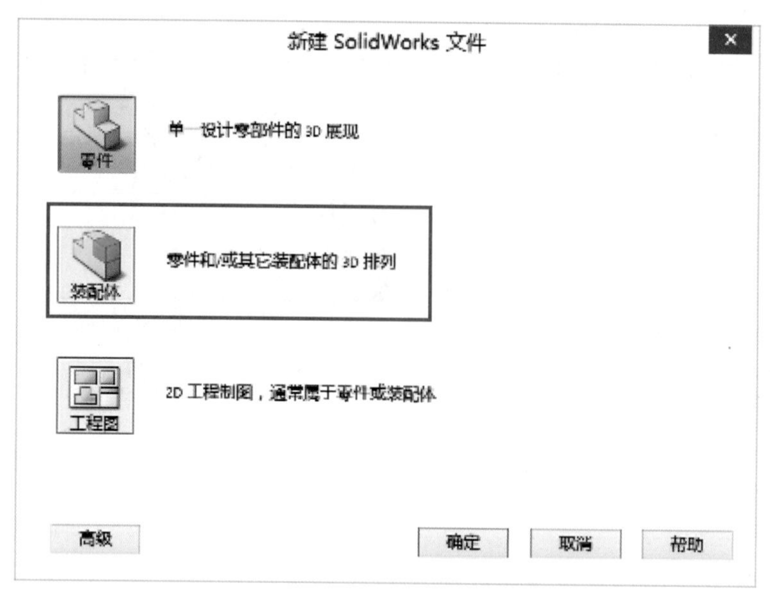

图 7－14　新建装配体界面

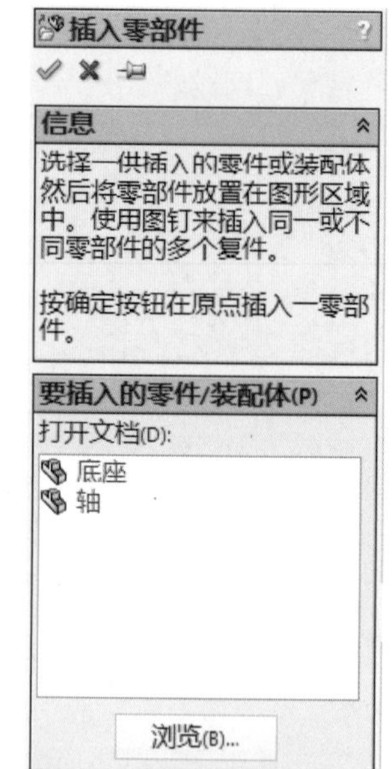

图 7－15　导入零件界面

③接下来将导入的轴与底座对应的孔进行配合。为了更加清楚地表示两者的配合关系，可将轴与底座设为不同的颜色，其结果如图 7－16 所示。

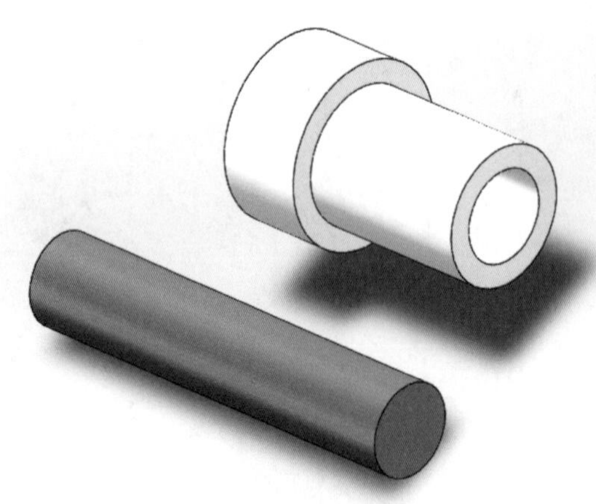

图 7－16　轴与底座设为不同颜色效果图

④依次选择轴的外圆柱面和底座孔的内圆柱面，再选择标准配合中的同轴心，然后选择配合。操作界面如图 7－17 所示。图 7－18 表示了轴与底座的配合效果。

⑤利用鼠标拖曳轴使其退出配合孔，准备将轴与底座进行重新配合，以保证轴的底端不伸出底座的下端面，避免发生干涉现象。上述操作的结果如图 7－19 所示。

⑥选择底座通孔的下端面，再选择轴的底面，选择“重合配合”。此处可以用鼠标滚轮进行视图调节以便观察。具体操作步骤与装配效果分别如图 7－20 和图 7－21 所示。

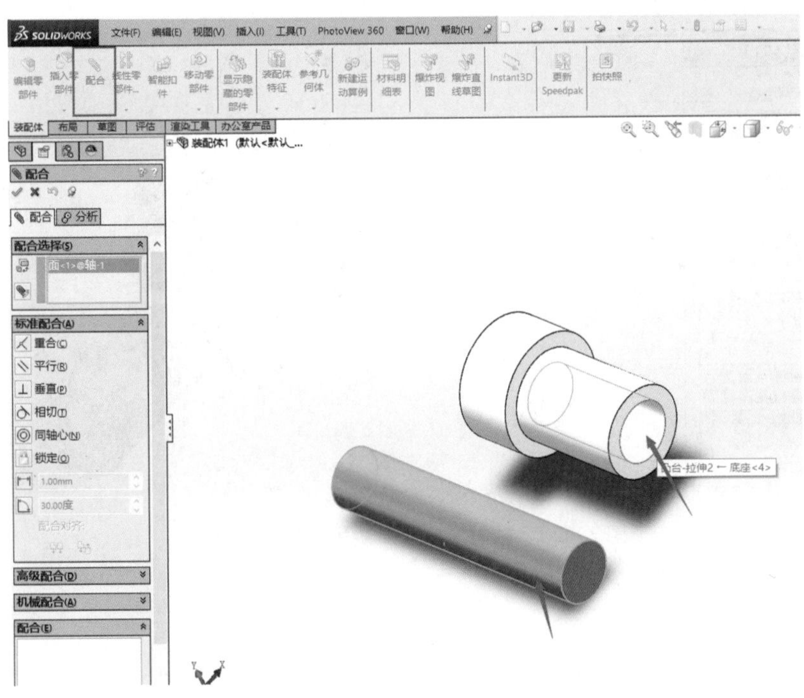

图7－17　轴与底座配合操作界面

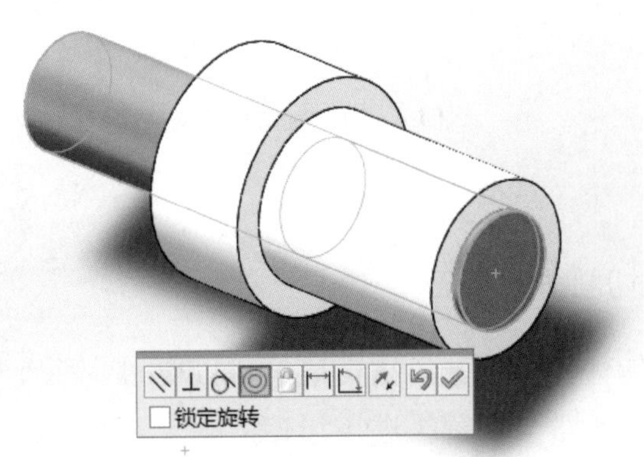

图7－18　轴与底座配合效果

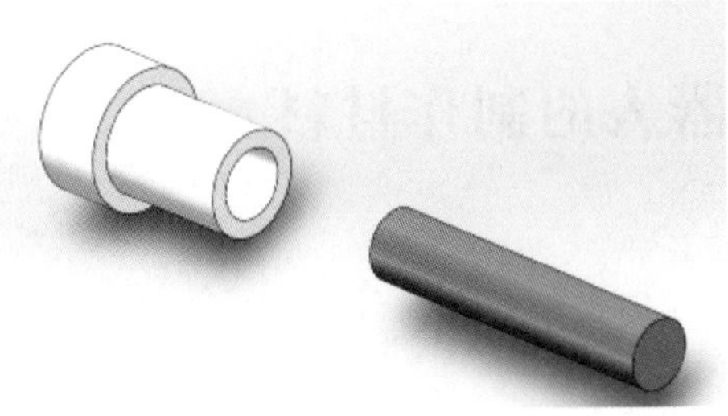

图7－19　轴退出配合孔情形

图 7－20　轴与底座重新装配操作过程界面

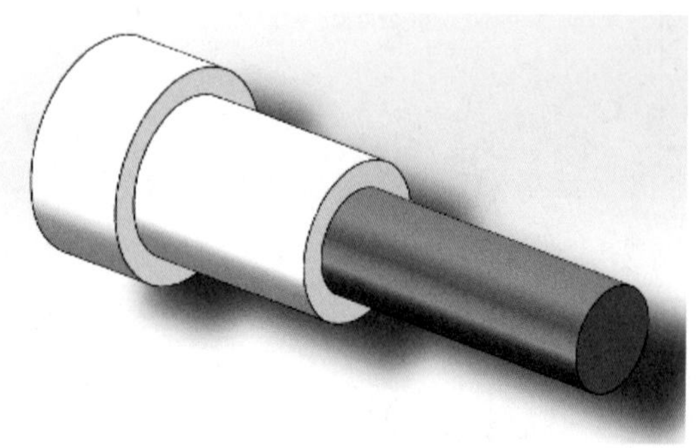

图 7－21　轴与底座重新装配效果

至此形成了一个简单但完整的装配体。

4. 生成二维切割图纸

将上述三维实体造型设计的结果采用 SolidWorks 中的相应功能模块生成二维切割图纸，其目的是利用激光切割机进行加工，或为人工手动切割提供加工依据，其格式为 .dwg 文件。在生成二维切割图纸时，需要在文档中绘制待切割的图形，并且进行合理布局，优化切割方案，防止浪费材料。

7.2　小型仿生机器人的制作材料

7.2.1　塑料类材料

在制作小型仿生机器人时，常用亚克力板作为主体材料。亚克力又名有机玻璃，具有非常高的透明度，透光率可达92%，有“塑胶水晶”之美誉。图7-22所示为常见的亚克力板材。亚克力具有极佳的耐候性，尤其适用于室外，居塑胶之冠。亚克力还兼具良好的表面硬度与光泽度，其加工可塑性很大，可制成各种形状与产品。另外，亚克力种类繁多、色彩丰富（含半透明的色板），且即便是很厚的板材，仍能维持高透明度，使人心生好感。

市场上还有多种颜色的亚克力板材可供选择。图7-23展示了五彩缤纷的亚克力薄板。

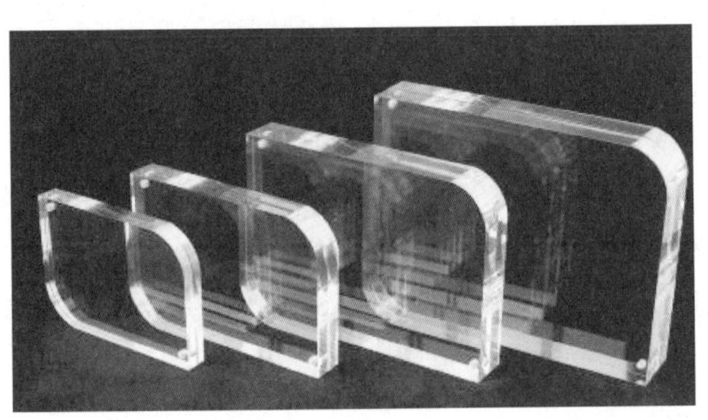

图7-22 透明亚克力板材

图7-23 五彩缤纷的亚克力板材

7.2.2 木材类材料

三合板（见图7-24）也是制作小型仿生机器人的常用材料。它是最常见的一种胶合板，是通过将三层1 mm左右的实木单板或薄板按不同纹理方向采用胶贴热压制成的。三合板的发明是在1810年，迄今已有二百多年的历史了。起先，英国科学家用三合板制作轻型飞机，后来三合板在工业领域获得广泛应用，现在三合板则在现代社会的许多方面发挥着巨大的作用。它具有结构强度高、隔热保温、抗弯抗压、稳定性和密封性好等优点。

图7-24 三合板

需要注意的是，三合板有正反面的区别。挑选时，要挑选那些木纹清晰、正面光洁平滑、不毛糙刺手的三合板，尤其是不应有破损、碰伤、硬伤、疤节等疵点，切割面无脱胶现象。有的三合板是将两个不同纹路的单板贴在一起制成的，所以，在选择时要注意夹板拼缝处应严密。挑选三合板时，可用手敲击三合板的各个部位，若声音发脆，则证明质量良好；若声音发闷，则表示胶合板已出现散胶现象，就不能用来制作小型仿生机器人。

7.3 小型仿生机器人的制作工具

工具，其意原指人们工作时所需用的器具。好的工具能够帮助人们更好地开展工作，提高工作的效率，改善工作的品质，所以人们在开展各种活动时都会选择合适的工具。其实，除了人类善于使用各类工具以外，动物使用工具的例子也很多，如秃鹫常会利用一块石头把厚厚的鸵鸟蛋壳砸碎，以便能够吃到里面的美味；加拉帕戈斯群岛的啄木地雀能使用一根小棍或仙人掌刺把藏在树皮下或树洞里的昆虫取出来；缝叶莺在筑巢时能把长在树上的一个大树叶折叠起来，再用植物纤维把叶的边缘缝合在一起，建成一个舒适的巢；射水鱼看到停落在水面植物上的昆虫时，便会准确地射出一股强大的水流，把昆虫击落在水面上并将其吞落。哺乳动物使用工具的一个著名事例是海獭利用石块砸碎软体动物的贝壳；黑猩猩既会用棍挖取地下可食的植物和白蚁，也会用木棍撬开纸箱拿取香蕉，还会把几只箱子叠在一起拿取悬挂在天花板上的食物。动物们使用工具既有先天的本能因素，又有后天的学习因素，但在大多数情况下是通过学习来获得的。

既然动物们都能通过学习掌握使用工具的本领，那么作为“万物之灵”的人类来说，我们在制作小型仿生机器人时也要使用好相关的工具。

7.3.1 五金工具

在形形色色的各种工具中，五金工具是一个大类，图 7 – 25 展示了其中的一小部

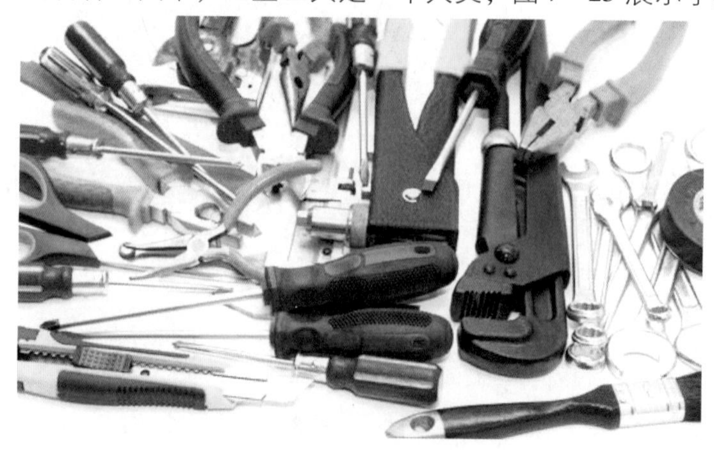

图 7 – 25　各种五金工具

分。所谓五金工具，是指铁、钢、铝、铜等金属经过锻造、压延、切割等物理加工制造而成的各种金属器件的总称。五金工具按照产品的用途来划分，可以分为工具五金、建筑五金、日用五金、锁具磨具、厨卫五金、家居五金以及五金零部件等几类。

五金工具中包括各种手动、电动、气动、切割工具、汽保工具、农用工具、起重工具、测量工具、工具机械、切削工具、工夹具、刀具、模具、刃具、砂轮、钻头、抛光机、工具配件、量具刃具和磨具磨料等。但在小型仿生机器人的制作过程中，常用的五金工具有尖嘴钳、螺丝刀、电烙铁、美工刀等为数不多的几种，具体如图 7 – 26 ~ 图 7 – 29 所示。

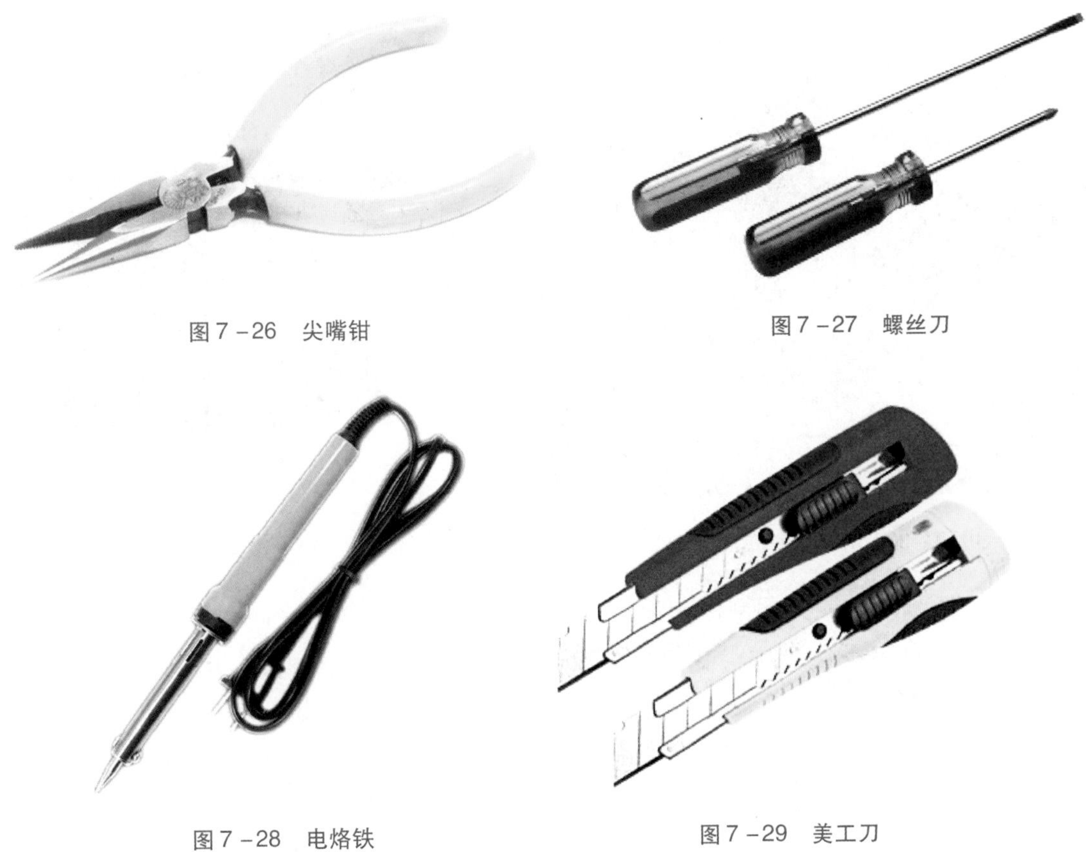

图 7 – 26　尖嘴钳

图 7 – 27　螺丝刀

图 7 – 28　电烙铁

图 7 – 29　美工刀

人们在使用这些工具时一定要讲究方式方法，更要注意安全，防止造成伤害。

7.3.2　切割设备

在制作小型仿生机器人时，我们需要将三维实体造型设计的结果采用 SolidWorks 中的相应功能模块生成二维切割图纸，并按图将所设计的零件一个个切割出来。除了人工手动切割以外，常用的切割设备为激光切割机（图 7 – 30）。激光切割机是将从激光器发射出的激光，经光路系统聚焦成高功率密度的激光束，当激光束照射到被切割材料表面，使激光所照射的材料局部达到熔点或沸点，同时与光束同轴的高压气体将熔化或气化的材料碎末吹走。随着光束与被切割材料相对位置的移动，最终使材料形成切缝，从而达到切割的目的。

激光切割加工采用激光束代替传统的切割刀具进行材料切割加工，具有精度高、切割快、切口平滑、不受切割形状限制等优点，同时，它还能自动排版，优化切割方案，达到节省材料、降低加工成本等目的，将逐渐改进或取代传统的金属切割工艺设备。

由于制作小型仿生机器人的材料大多选用亚克力板或三合板等非金属板材，所用激光切割设备的功率不需太大，可使用小型激光切割机，如图 7－31 所示。

图 7－30　激光切割机加工场景

图 7－31　小型激光切割机

图 7－31 所示的激光切割机，在加工时其激光切割头的机械部分与被切割材料不产生接触，工作中不会对材料表面造成划伤；而且其切割速度很快，切口非常光滑，一般不需后续加工；另外，由于其功率不是很大，所以切割热影响区小、板材变形小、切缝窄（0. 1 ~ 0. 3 mm）、切口没有机械应力。总体来看，相比其他切割设备，激光切割机加工材料时无剪切毛刺、加工精度高、重复性好、便于数控编程、可加工任意平面图形、可以对幅面很大的整板进行切割、无须开模具、经济省时，因而在制作小型仿生机器人时是一个很好的帮手。但激光设备的使用一定要严格按照说明书的要求，必须制定相应的安全操作规程，且一丝不苟地加以执行。

7. 3. 3　3D 打印设备

3D 打印的思想起源于 19 世纪末的美国，20 世纪 80 年代 3D 打印技术在一些先进国家和地区得以发展和推广，而近年来 3D 打印的概念、技术及其产品发展势头铺天盖地、普及领域无所不至。故有人将它称作“上上个世纪的思想，上个世纪的技术，这个世纪的市场”。

19 世纪末，美国科学家们研究出了照相雕塑和地貌成形技术，在此基础上，产生了 3D 打印成型的核心思想。但由于技术条件和工艺水平的制约，这一思想转化为商品的步伐始终不快。20 世纪 80 年代以前，3D 打印设备的数量稀少，只有少数“科学怪人”和电子产品“铁杆粉丝”才会拥有这样的一些“稀罕宝物”，主要用来打印像珠宝、玩具、特殊工具、新奇厨具之类的东西。甚至也有部分汽车“发烧友”打印出了汽车零部件，然后根据塑料模型去订制一些市面上买不到的零部件。

1979 年，美国科学家 R. F. Housholder 获得类似“快速成型”技术的专利，但遗憾的是该专利并没有实现商业化。

20 世纪 80 年代初期，3D 打印技术已现端倪，其学名叫作“快速成型”。20 世纪 80 年代后期，美国科学家发明了一种可打印出三维效果的打印机，并将其成功推向市场。自此 3D 打印技术逐渐发展成熟并被广泛应用。那时，普通打印机只能打印一些平面纸张资料，而这种最新发明的打印机，不仅能打印立体的物品，而且造价有所降低，因而激发了人们关于 3D 打印的丰富想象力。

1995 年，麻省理工学院的科学家们创造了“三维打印”一词，Jim Bredt 和 Tim Anderson 修改了喷墨打印机的方案，提出把约束溶剂挤压到粉末床的解决方案，而不是像常规喷墨打印机把墨水挤压在纸张上的做法。

2003 年以来，3D 打印机在全球的销售量逐渐扩大，价格也开始下降。近年来，3D 打印机风靡全球，无所不在，人们正享受着三维打印技术带来的种种便利。

实际上，3D 打印机又称三维打印机，它是一种基于累积制造技术，即快速成形技术的一种新型打印设备。从本质上来看，它是一种以数字模型文件为基础，运用特殊蜡材、粉末状金属或塑料等可黏合材料，通过打印方式将一层层的可黏合材料进行堆积来制造三维物体的装置。逐层打印、逐步堆积的方式就是其构造物体的核心所在。人们只要把数据和原料放进 3D 打印机中，机器就会按照程序把人们需要的产品通过一层层堆积的方式制造出来。

1. 3D 打印机的成员

(1) 最小的 3D 打印机

世界上最小的 3D 打印机是奥地利维也纳技术大学的化学研究员和机械工程师们共同研制的（见图 7-32）。这款迷你型 3D 打印机只有大装牛奶盒大小，质量约为 1.5 kg，造价约合 1.1 万元人民币。相比于其他的打印技术，这款 3D 打印机的成本大大降低。研发人员还在对打印机进行材料和技术的进一步实验，希望能够早日面世。

(2) 最大的 3D 打印机

2014 年 6 月 19 日上午，由世界 3D 打印技术产业联盟、中国 3D 打印技术产业联盟、亚洲制造业协会、青岛市政府共同主办，青岛高新区承办的“2014 世界 3D 打印

图7－32　最小的3D打印机

技术产业博览会”在青岛国际会展中心开幕。来自美国、德国、英国、比利时、韩国、加拿大和国内3D打印行业的110多家3D打印企业展示了全球最新的桌面级3D打印机和工业级、生物医学级3D打印机。而在青岛高新区，一个长、宽、高各12 m的世界上最大的3D打印机（见图7－33），半年内将打印出一座7 m高的仿天坛建筑。

图7－33　最大的3D打印机

当天下午，矗立在青岛高新区的一个庞然大物缓缓揭开了神秘面纱，一眼望去，这个巨大的"钢铁侠"甚为壮观。"这是世界上最大的3D打印机，光设计、制造和安装，我们就花了好几个月。"打印机所属青岛尤尼科技有限责任公司的工作人员说，这台打印机的体重超过了120吨，是利用吊车等安装起来的。当天正式启动后，它就将投入紧张的打印工作。"打印天坛至少需要半年左右时间，需要一层层地往上增加，就跟盖房子似的。"工作人员说，这台打印机的打印精度可以控制在毫米以内，对于以厘米计算精度的传统建筑行业来说，这是一个质的飞跃。它采用热熔堆积固化成型法，通俗地讲，就是将挤压成半熔融状态的打印材料层层沉积在基础地板上，从数据资料直接建构出原型。打印这座房屋所用的材料，是玻璃钢，这是一种复合材料，不仅轻巧、坚固、耐腐蚀，而且抗老化、防水与绝缘，更为重要的是，它在生产使用过程中大大降低了能耗和污染物的排放，这种优势决定了它不仅可以成为新型的建筑材料，还可以在机电、管道、船舶、汽车、航空航天，甚至是太空科学等领域发挥作用。

(3) 激光3D打印机

我国大连理工大学参与研发的最大加工尺寸达1.8 m的世界最大激光3D打印机进入调试阶段，其采用"轮廓线扫描"的独特技术路线，可以制作大型工业样件及结构复杂的铸造模具。这种基于"轮廓失效"的激光三维打印方法已获得两项国家发明专利。该激光3D打印机只需打印零件每一层的轮廓线，使轮廓线上砂子的覆膜树脂碳化失效，再按照常规方法在180 ℃加热炉内将打印过的砂子加热固化和后处理剥离，就可以得到原型件或铸模。这种打印方法的加工时间与零件的表面积成正比，大大提升打印效率，打印速度可达到一般3D打印的5~15倍。

3D打印机堆叠薄层的形式多种多样。3D打印机与传统打印机最大的区别在于它使用的"墨水"是实实在在的原材料。堆叠薄层的形式五花八门，可用于打印的介质也丰富多彩，从塑料到金属、从陶瓷到橡胶，可打印的材料品种繁多。有些3D打印机还能结合不同介质，令打印出来的物体一头坚硬而另一头柔软。图7-34所示为桌面级3D打印机，图7-35所示为工业级3D打印机。

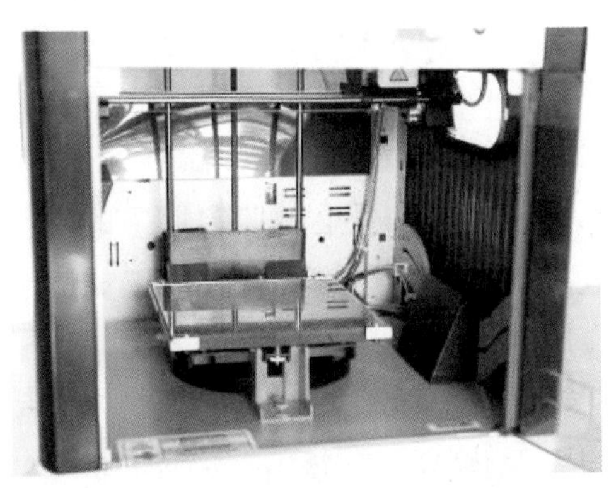

图7-34 桌面级3D打印机

图7-35 工业级3D打印机

具体而言，3D 打印机堆叠[76]薄层的形式主要有以下几种：

①有些 3D 打印机使用“喷墨”的方式，即使用打印机喷头将一层极薄的液态塑料物质喷涂在铸模托盘上，然后将此涂层置于紫外线下进行照射处理，使之硬化。之后铸模托盘下降极小的距离，以供下一层堆叠上来。

②有些 3D 打印机使用“熔积成型”的方式，整个流程是在喷头内熔化塑料，然后通过沉积塑料纤维的方式形成堆叠薄层。

③有些 3D 打印机使用“激光烧结”的技术，以粉末微粒作为打印介质。粉末微粒被喷撒在铸模托盘上形成一层极薄的粉末层，熔铸成指定形状，然后由喷出的液态黏合剂进行固化。

④有些 3D 打印机利用真空中的电子流熔化粉末微粒，当遇到包含孔洞及悬臂这样的复杂结构时，介质中就需要加入凝胶剂或其他物质以提供支撑或用来占据空间。这部分粉末不会被熔铸，最后只需用水或气流冲洗掉支撑物便可形成孔隙。

3D 打印技术为世界制造业带来了革命性的变化，以前许多部件的设计完全依赖于相应的生产工艺能否实现，而 3D 打印机的出现颠覆了这一生产思路，使得企业在生产部件时不再过度考虑生产工艺问题，任何复杂形状的设计均可通过 3D 打印来实现。

3D 打印无须机械加工或模具，就能直接从计算机图形数据中生成任何形状的物体，从而极大地缩短了产品的生产周期，提高了生产率。尽管仍有待完善，但 3D 打印技术市场潜力巨大，势必成为未来制造业的众多突破技术之一。

2. 3D 打印机的材料

3D 打印技术实际上可细分为三维印刷技术（3DP）、熔融层积成型技术（FDM）、立体平版印刷技术（SLA）、选区激光烧结技术（SLS）、激光成型技术（DLP）和紫外线成型技术（UV），打印技术不同，则所用材料完全不同。目前应用最多的是 FDM，这种技术可以进入家庭，其操作简单，所用材料也普遍易得，打印出来的产品也接近日常生活用品。FDM 所用的材料主要是环保高分子材料，如 PLA、PCL、PHA、PBS、PA、ABS、PC、PS、POM 和 PVC。一般在家庭中使用的材料应考虑安全第一原则，所选材料一定要环保，如 PLA、PCL、PHA、PBS、生物 PA，而 ABS、PC、PS、POM 和 PVC 不适于家用场合，因为 FDM 一般是在桌面上打印，熔融的高分子材料所产生的气味或是分解产生的有害物质直接与家庭成员接触，容易造成安全问题，所以，在家庭使用或室内使用时一般建议用生物材料合成的高分子材料。一些需要有一定强度功能的制件或其他特殊功能的制件则可以选择相应的材料，如尼龙、玻璃纤维、耐用性尼龙材料、石膏材料、铝材料、钛合金、不锈钢、镀银、镀金、橡胶类材料等。

7.3.4 测量工具

在制作小型仿生机器人时，经常需要测量零件的尺寸，以便装配。这时就需要用到直尺或测量精度更高的游标卡尺。直尺的用法比较简单，不用赘述；游标卡尺则相对复杂，需要了解其结构特点和使用方法。通常人们使用游标卡尺测量零件尺寸，它是一种测量长度、内外径、深度的量具。游标卡尺由主尺和附在主尺上能沿主尺滑动的游标两部分构成。主尺一般以 mm 为单位，而游标上则有 10、20 或 50 个分格，根据分格的不同，游标卡尺可分为 10 分度游标卡尺、20 分度游标卡尺和 50 分度游标卡尺等，游标为 10 分度的有 9 mm，20 分度的有 19 mm，50 分度的有 49 mm。游标卡尺的主尺和游标上有两副活动量爪，分别是内测量爪和外测量爪，内测量爪通常用来测量内径，外测量爪通常用来测量长度和外径。图 7－36 所示为 50 分度游标卡尺。

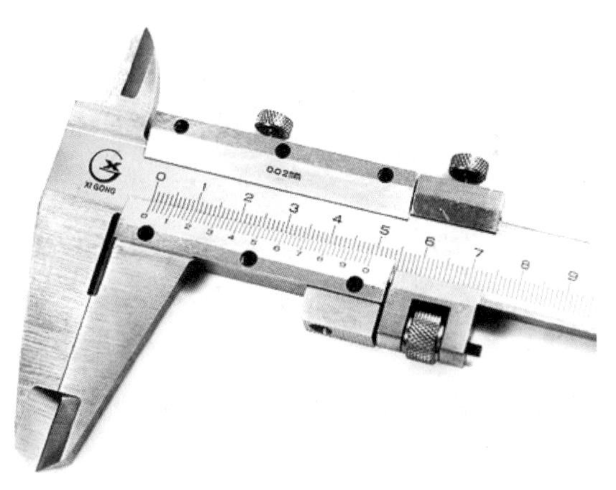

图 7－36　50 分度游标卡尺

1. 工作原理

游标卡尺是一种常用的测量长度的工具，它由主尺和能在主尺上滑动的游标组成。如果从背面去看，游标是一个整体。游标与主尺之间有一弹簧片（图 7－36 中未能画出），利用弹簧片的弹力使游标与主尺靠紧。游标上部有一个紧固螺钉，可将游标固定在主尺上的任意位置。主尺和游标都有量爪，主尺上的是固定量爪，游标上的是活动量爪，利用游标卡尺上方的内测量爪可以测量槽的宽度和管的内径，利用游标卡尺下方的外测量爪可以测量零件的厚度和管的外径。深度尺与游标尺连在一起，从主尺后部伸出，可以测槽和筒的深度。

主尺和游标尺上面都有刻度。以准确到 0.1 mm 的游标卡尺为例，主尺上的最小分度是 1 mm，游标尺上有 10 个小的等分刻度，总长 9 mm，每一分度为 0.9 mm，比主尺上的最小分度相差 0.1 mm。量爪并拢时主尺和游标的零刻度线对齐，它们的第 1 条刻度线相差 0.1 mm，第 2 条刻度线相差 0.2 mm，……，第 10 条刻度线相差 1 mm，即游标的第 10 条刻度线恰好与主尺的 9 mm 刻度线对齐。

当量爪间所量物体的线度为 0.1 mm 时，游标尺向右应移动 0.1 mm。这时它的第一条刻度线恰好与主尺的 1 mm 刻度线对齐。同样，当游标的第 5 条刻度线跟主尺的 5 mm刻度线对齐时，说明两量爪之间有 0.5 mm 的宽度，……，依此类推。

在测量大于1 mm的长度时，整的毫米数要从游标“0”线与尺身相对的刻度线读出。

2. 使用方法

用软布将游标卡尺的量爪擦干净，使其并拢，查看游标和主尺的零刻度线是否对齐。如果对齐，就可以进行测量；如果没有对齐，则要记取零误差：游标的零刻度线在主尺零刻度线右侧的叫正零误差，在主尺零刻度线左侧的叫负零误差（这种规定方法与数轴的规定一致，原点以右为正，原点以左为负）。

测量时，右手拿住主尺，大拇指移动游标，左手拿待测外径（或内径）的物体，使待测物位于外测量爪之间，当与量爪紧紧相贴时，即可读数，如图7-37所示。

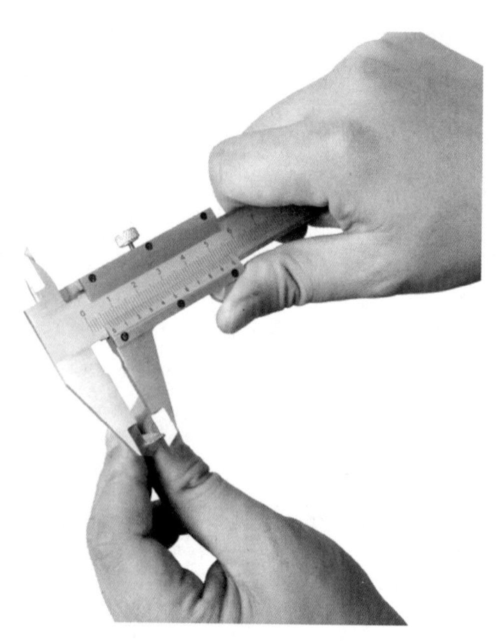

图7-37　游标卡尺的使用

当测量零件的外尺寸时，卡尺两测量面的连线应垂直于被测量表面，不能歪斜。测量时，可以轻轻摇动卡尺，放正垂直位置，如图7-38（a）所示。否则，量爪若在如图7-38（b）所示的错误位置上，将使测量结果 a 比实际尺寸 b 小；先把卡尺的活动量爪张开，使量爪能自由地卡进工件，把零件贴靠在固定量爪上，然后移动尺框，用轻微的压力使活动量爪接触零件。如卡尺带有微动装置，此时可拧紧微动装置上的固定

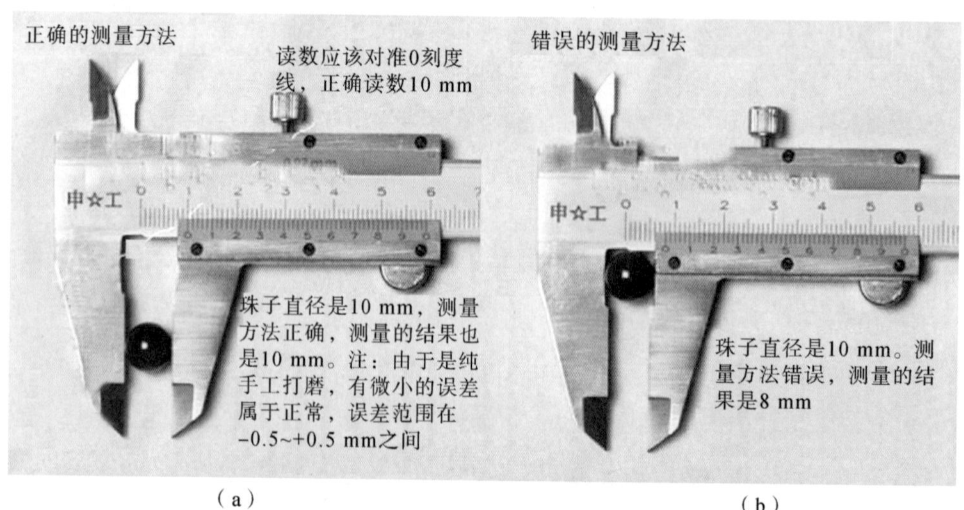

（a）　　（b）

图7-38　正确使用游标卡尺

螺钉，再转动调节螺母，使量爪接触零件并读取尺寸。决不可把卡尺的两个量爪调节到接近甚至小于所测尺寸，把卡尺强制地卡到零件上去。这样做会使量爪变形，或使测量面过早磨损，使卡尺失去应有的精度。

3. 应用范围

游标卡尺作为一种常用量具，其可具体应用在以下这四个方面：

①测量工件宽度；

②测量工件外径；

③测量工件内径；

④测量工件深度。

4. 正确读数

读数时首先以游标零刻度线为准在主尺上读取毫米整数，即以毫米为单位的整数部分。然后看游标上第几条刻度线与主尺的刻度线对齐，如第 6 条刻度线与主尺刻度线对齐，则小数部分即为 0. 6 mm（若没有正好对齐的线，则取最接近对齐的线进行读数）。如有零误差，则一律用上述结果减去零误差（零误差为负，相当于加上相同大小的零误差），读数结果为：

$$L = 整数部分 + 小数部分 - 零误差$$

判断游标上哪条刻度线与主尺刻度线对准，可用下述方法：选定相邻的三条线，如左侧的线在主尺对应线之右，右侧的线在主尺对应线之左，中间那条线便可以认为是对准了。

$$L = 对准前刻度 + 游标上第\ n\ 条刻度线与主尺的刻度线对齐 \times (乘以) 分度值$$

如果需测量几次取平均值，不需每次都减去零误差，只要从最后结果减去零误差即可。

下面以图 7 – 39 所示 0. 02 游标卡尺的某一状态为例进行说明。

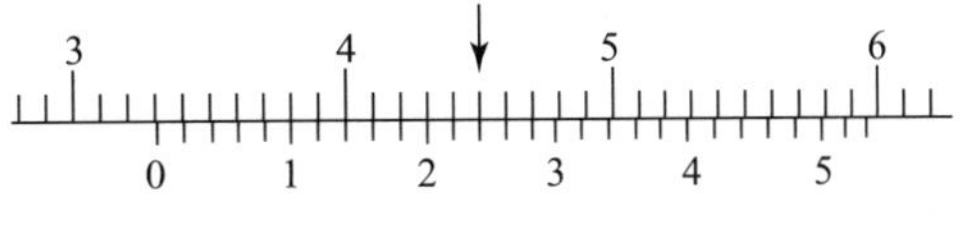

图 7 – 39　游标卡尺的正确读法

①在主尺上读出游标零刻度线以左的刻度，该值就是最后读数的整数部分。图示为 33 mm。

②游标上一定有一条与主尺的刻线对齐，在游标上读出该刻线距游标的零刻度线以左的刻度的格数，乘上该游标卡尺的精度 0. 02 mm，就得到最后读数的小数部分。或者直接在游标上读出该刻线的读数，图示为 0. 24 mm。

③将所得到的整数和小数部分相加，就得到总尺寸为 33. 24 mm。

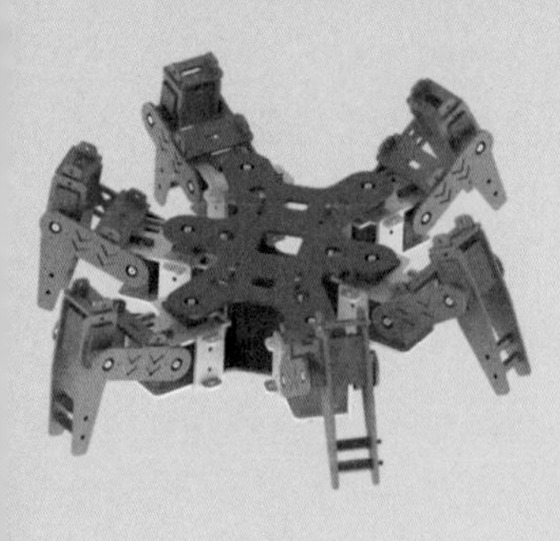

第 8 章 小型仿生六足机器人的设计与制作

自然界的昆虫约有 1 000 多万种，已命名的约有 110 多万种，是最昌盛的动物类群。在昆虫庞大家族中，六足昆虫种类繁多，本领高强，常常成为人们仿生研究的对象。本章就将以昆虫为模仿对象，设计出一款小巧灵活的仿生六足机器人。

首先通过对昆虫腿部结构特性和运动原理的分析与探讨入手，确定六足机器人所需结构类型，进而利用三维设计软件，将头脑中对六足机器人的初步构想进行拟实展现，设计出六足机器人整体及其零件的三维模型；待将机器人的三维模型生成可加工的二维工程图纸后，利用相关制作设备完成机器人各个零件的加工，最后将零件进行组装，制作出属于自己的小型仿生六足机器人。

该仿生六足机器人采用了模块化设计思想，每条腿都可以用相同的部件组装而成，但左右两边腿部需要对称装配。六条腿通过机身安装成一体，机身上面设有控制器安装孔，控制器可以牢固地安装在机身上。为了设计简单，机器人身上每个舵机尺寸、型号都是相同的，通过线孔与控制器可靠连接。

8.1 仿生六足机器人的结构设计

8.1.1 仿生六足机器人自由度的确定

对于不同的六足昆虫来说，其腿形的差异很大，即使是同一个六足昆虫，其前腿、中腿和后腿的结构都有所不同，这就给仿生结构设计带来了困难。但在实际的仿生设计中，人们追求的是形状仿生和功能仿生的协调统一，所以，在设计与制作小型仿生六足机器人的结构体系时，完全可以不用追求形状的全面相似。在设计过程中，应当采用模块化设计理念，使六足机器人每条腿都具有相同的结构，这样可以大大减少设计的工作量，并且实践表明这样设计与制作的六足机器人也同样具有丰富的行走步态。

要想运用模块化理念来设计仿生六足机器人的腿部，第一步就是确定自由度。六足机器人为了顺利实现抬腿、摆动、蹬腿等动作，每条腿的自由度就必须达到 2 ~4 个。腿部的自由度越多，构造就越复杂，机器人能实现的步态也就越丰富；自由度越少，结构就越简单，机器人能完成的动作也就越少。所以要辩证地加以认识与处置。下面分别介绍二自由度与三自由度的腿部结构。

1. 二自由度的腿部结构

在这种自由度配置的腿形中（见图 8 – 1），两个关节都可以采用舵机驱动，靠近机器人身体的关节在垂直于纸面的方向转动，实现摆动和蹬腿动作；另外一个关节在平行于纸面的方向转动，实现抬腿动作。六条腿在总共 12 个舵机以不同转角、不同转速、不同时间控制规律的驱动下，就可以带动机器人实现前进、后退和转弯。

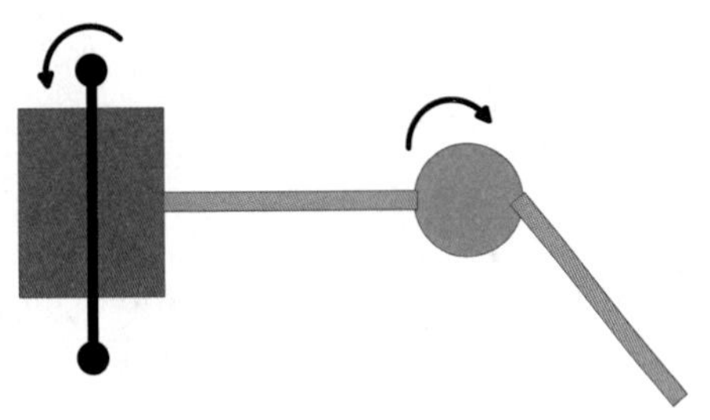

图 8 – 1　二自由度的腿部结构

2. 三自由度的腿部结构

三自由度的腿部结构可以比二自由度的腿部结构实现更为丰富的步态动作，而这三个关节同样可以采用简单的舵机进行驱动。为了提高仿生六足机器人的整体运动性能，本章采用三自由度的腿部结构形式来设计仿生六足机器人。图 8 – 2 所示是仿生六足机器人的腿部结构三维模型，与机身连接的两个舵机采用一体设计，转动轴方向垂直，另一个关节舵机安装在腿部末端。

图 8-2　三自由度的腿部结构

8.1.2　仿生六足机器人腿部结构的设计

仿生六足机器人腿部参数设计时主要应该考虑以下三个因素：

(1) 能够实现相关的运动要求

设计完美和制作精良的仿生六足机器人应当能走出直线轨迹或平面曲线轨迹，且能够灵活转向。

(2) 必须具备一定的承载能力

仿生六足机器人的腿部在静止时，由六条腿共同支撑机体重量，各腿的负担较小；但在运动时，需要由各腿交替支撑机体重量，各腿的负担较大，因此机器人的各腿必须具备一定的结构强度和支撑稳定性。

(3) 易于实现、便于控制

对于六足机器人来说，结构方面应力求简单紧凑，不能过于复杂；控制方面也要努力做到简单易行，这样才能有效降低整体调试的难度。

仿生六足机器人最重要的设计工作在于腿部设计，好的腿部零件设计可以使装配过程简单易行，也可以让机器人具备动物一样的行走、转弯能力。图 8-3 所示为本书设计的六足机器人的腿部结构，采用相同的零件拼装成对称的双腿结构，这样既能使机器人整体造型美观、简洁，又提高了零部件加工、装配的效率，还改善了零部件的

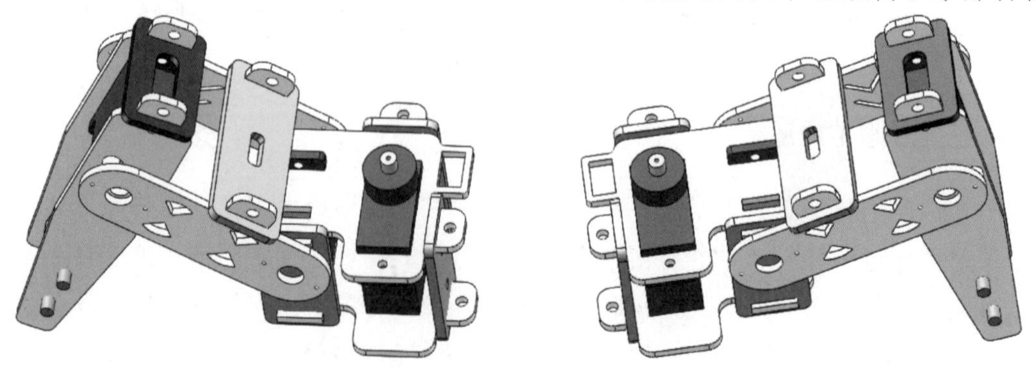

图 8-3　六足机器人腿部零件造型设计

冗余互换性。本书所阐述的小型仿生机器人其结构件采用厚度为 2 mm 亚克力板制作而成，除有特殊标注外，一般不做说明。下面将对腿部各零部件进行具体介绍。

1. 腿部末端执行机构设计

六足机器人的腿部末端执行机构（见图8－4）由一个舵机和四种零件构成，零件1为舵机安装板（见图8－5），主要用于安装并固定舵机；零件2为舵机安装侧板（见图8－6），主要用于组成末端执行机构，并构成舵机转动副；零件3为端部固定板（见图8－7），主要用于固定末端执行机构的端部；零件4为2个相同的连接铜柱（见图8－8），主要用于固定末端执行机构另一端部。

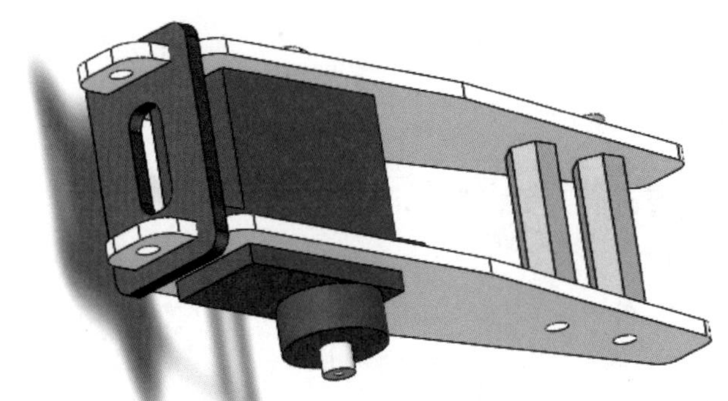

图8－4 腿部末端执行机构

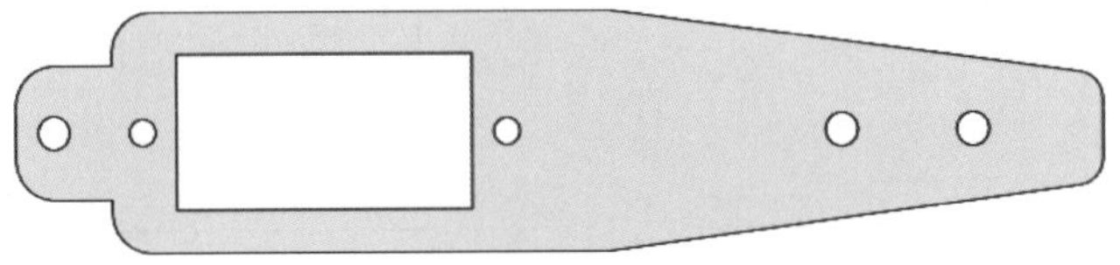

图8－5 腿部末端执行机构舵机安装板

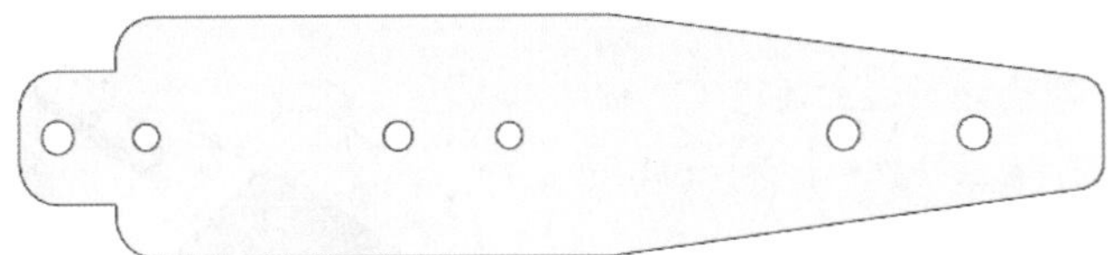

图8－6 腿部末端执行机构舵机安装侧板

图8－7 腿部末端执行机构端部固定板

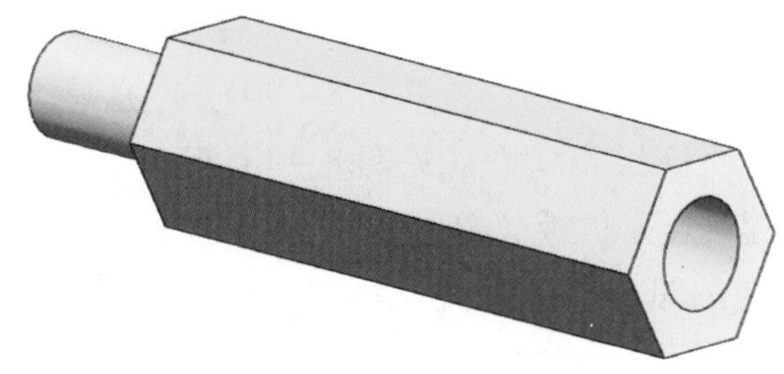

图8－8 连接铜柱

2. 连接板组件设计

连接板组件（见图8-9）的主要作用是连接末端执行机构和躯干连接块的转动副，实现动力传输和运动传动。其主要的安装尺寸包括轴承安装孔和舵盘安装孔的位置以及连接板的整体长度。连接板组件由三个零件组成，一是轴承安装侧板（见图8-10），二是舵盘安装侧板（见图8-11），三是连接定位板（见图8-12）。

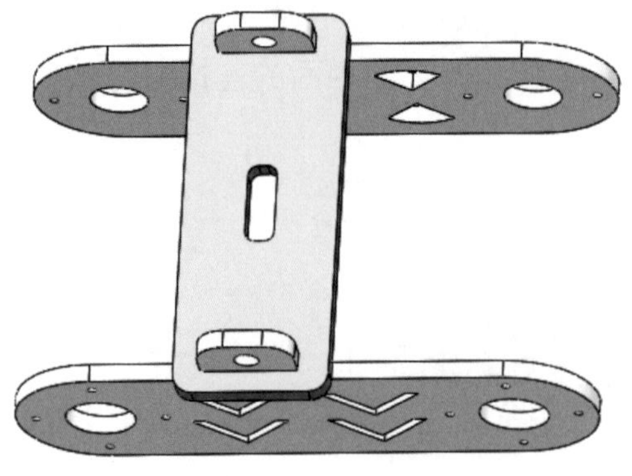

图8-9　连接板组件

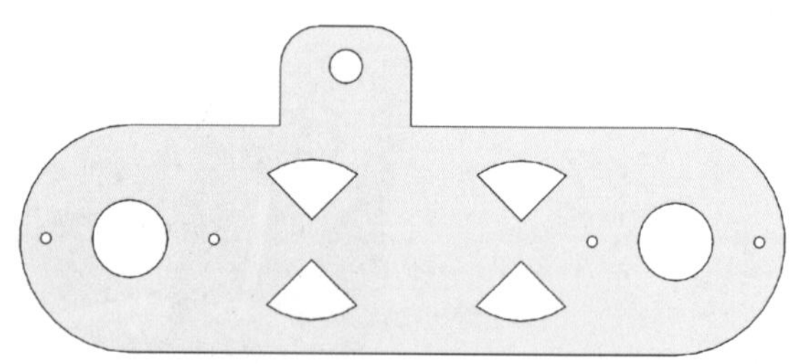

图8-10　轴承安装侧板

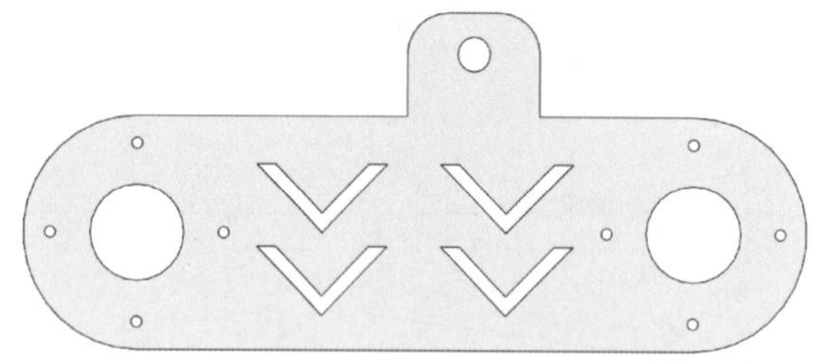

图8-11　舵盘安装侧板

图8-12　连接定位板

3. 躯干连接块设计

在躯干连接块上需要安装两个轴线相互垂直的舵机（见图8-13），主要尺寸包括舵机定位尺寸、定位板尺寸、线孔尺寸。躯干连接块由三个零件组成，一是上舵机安装板（见图8-14（a））、二是下舵机安装板（见图8-14（b）），三是连接定位板（见图8-15）。躯干连接块的设计应当做到结构紧凑、安装方便。

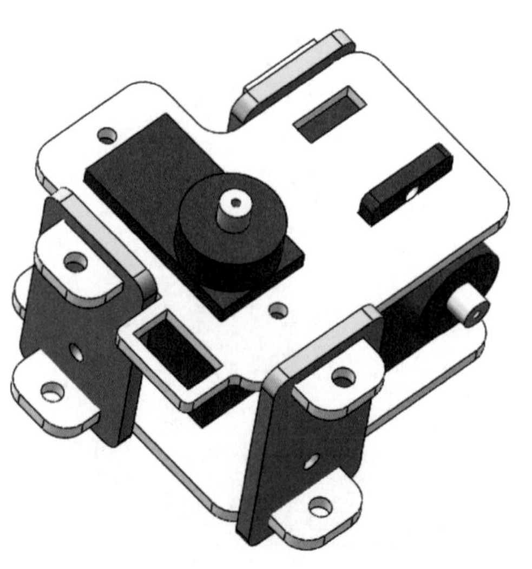

图8-13　躯干连接块

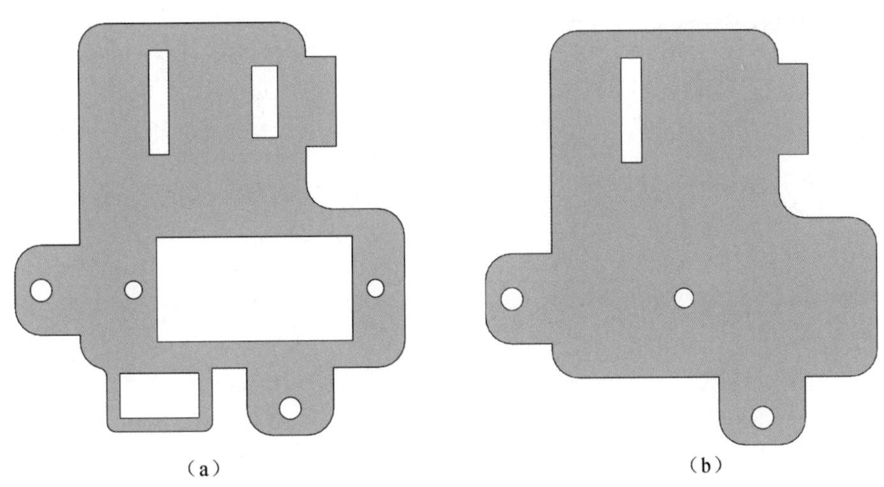

图8-14　上、下舵机安装板

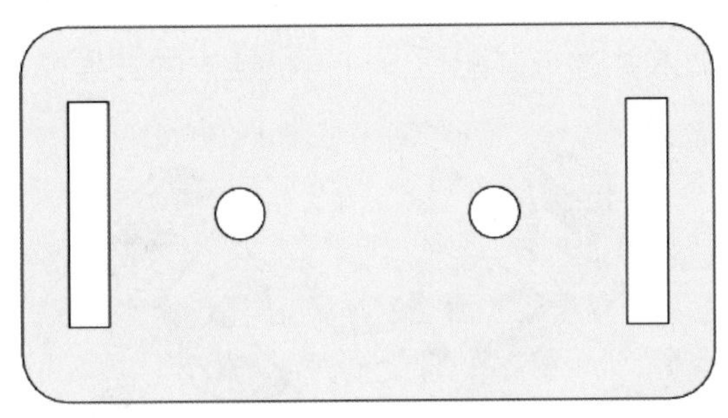

图8-15　连接定位板

8.1.3　仿生六足机器人躯干结构的设计

躯干部分是小型仿生六足机器人的主体部分，起到了连接腿部、搭载控制板和电池的作用，同时可以加装前部夹持装置或安装后部修饰尾巴。机身零件的设计是在腿部设计之后进行的，为了达到最佳设计效果，需认真考虑机身厚度与腿部零件活动空间有无相互干涉的限制。机身零件设计最主要的是舵盘安装孔的定位问题，在六足机器人中，若两个定位孔之间距离太近，会导致两条腿运动时出现干涉现象；若距离太远，又不容易获得美观的外形和流畅的步态，所以躯干部分的设计是非常重要的一个环节。

1. 躯干上安装板的设计

上安装板的主要尺寸包括舵盘安装尺寸、上下板连接孔尺寸、控制器安装孔尺寸和线孔尺寸。上安装板的设计效果如图8-16所示。

2. 下安装板设计

下安装板的主要尺寸包括轴承安装尺寸和上下板连接孔尺寸。下安装板与上安装板外形相同，其设计效果如图 8－17 所示。

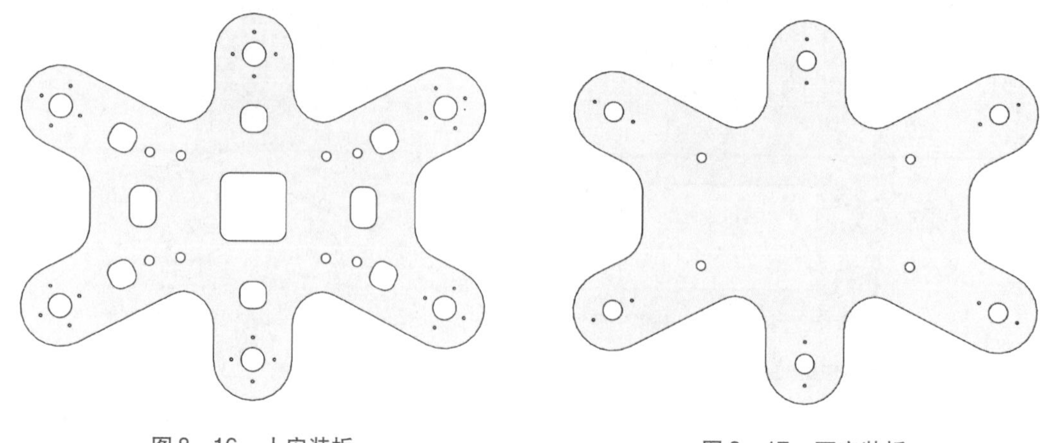

图 8－16　上安装板　　　　图 8－17　下安装板

仿生六足机器人的躯干部分设计完成后，机器人的三维模型设计已基本完成，在三维软件中将各个零部件调入并进行装配后，可得机器人的三维模型，如图 8－18 所示。

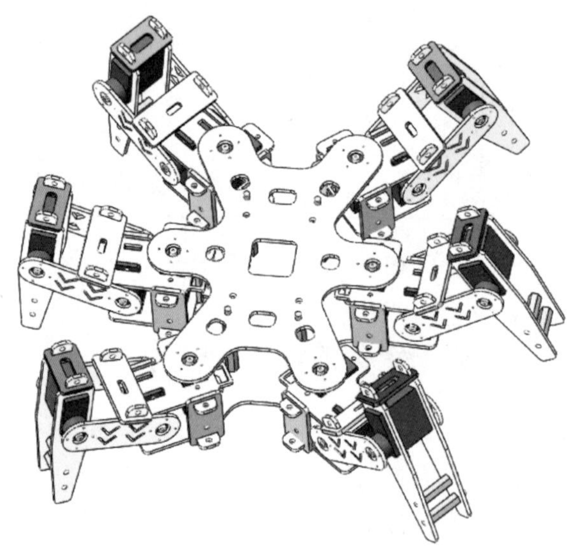

图 8－18　小型仿生六足机器人三维实体模型

8.1.4　舵机选型与安装尺寸的确定

在小型仿生机器人的设计与制作过程中，如何改善性能、降低成本是一个十分艰巨的问题。由于仿生六足机器人自由度较多，需要用到大量的伺服电动机，而伺服电动机的售价往往并不便宜，因而如何正确选择满足性能要求、但价格又不昂贵的伺服电动机极为重要。本节主要介绍如何通过简单的分析，来选用物美价廉的伺服电动机，从而降低制作成本。图 8－19 是仿生六足机器人单腿结构实物图，此时，腿部末端执行机构与连接板组件垂直，舵机受力最大。因此，以该时刻舵机受力来选用舵机，能保证各个时刻的受力需求。

静止时，机器人依靠舵机支撑，一个 600 g 左右的六足机器人，单腿需要 100 g 左右的力来支撑，由于力矩 $T = F \times L$，当 $L = 4$ cm 时，$T = 0.4$ kg·cm，但这只是静止时机器人受力均匀时的对应情况。考虑到机器人运动过程中不可能有六条腿同时着地的情况，各腿实际受力将有所增加。如：机器人采用三角步态行走时，任一时刻至多有三条支撑腿，这样对应的力矩 $T = 0.8$ kg·cm。选用舵机时，从保证安全使用的角度出发，可以选用安全系数为 2，则力矩 $T = 1.6$ kg·cm。

图 8－19　机器人单腿受力分析示意图

基于上述分析，并兼顾成本因素，我们采用能够满足机器人运动要求的辉盛 SG90 型号舵机（见图 8－20）。该舵机安装方便，使用简单，性价比较高，其安装可分为两种形式，当转轴竖直放置时，采用矩形槽和螺丝安装；当转轴水平放置时，可以采用卡槽安装。图 8－21 所示为机器人两个关节自由度采用舵机轴垂直安装时的情况。在实际使用中，需要根据切割材料的种类和切割设备的参数做出适当调整。图 8－22 所示为辉盛 SG90 型号舵机的安装尺寸示意图。

图 8－20　辉盛 SG90 型号舵机

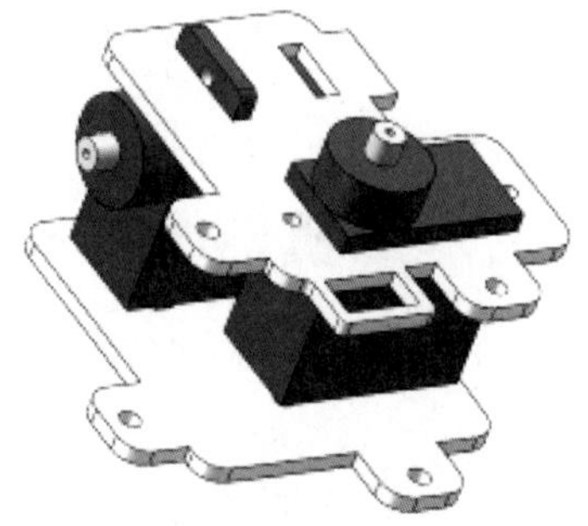

图 8－21　舵机安装的两种形式

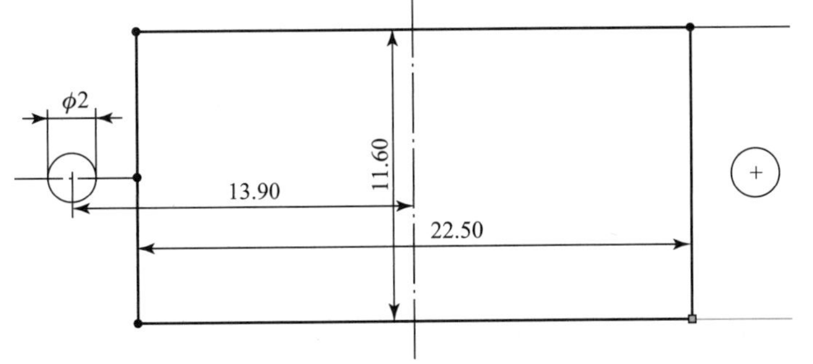

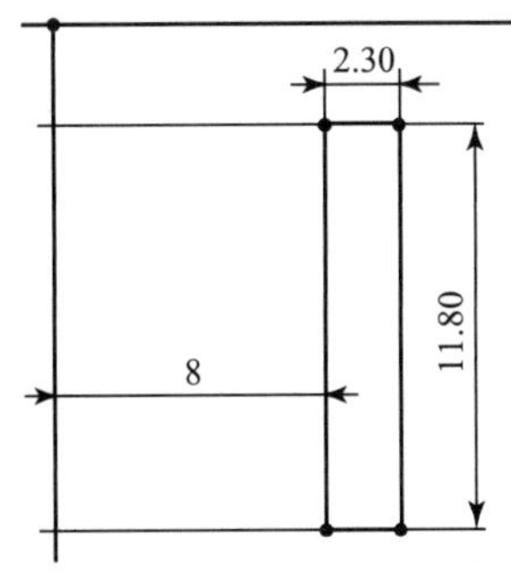

图 8－22　辉盛 SG90 舵机安装孔、槽尺寸

8.1.5 转动副配合与尺寸的确定

转动副配合情况的好坏对机器人关节转动的顺畅与否至关重要，设计时必须给予高度重视。通过轴承配合可以很好地实现同轴转动，还可以有效降低转动摩擦，实现更高效率的运动。在仿生六足机器人中，我们采用了这种简单的方案：通过2 mm宽的微小轴承实现滚动传动。具体安装时，可在轴承后面的本体上连接一个螺母来阻止轴承内侧的轴向移动，在其外侧通过拧紧螺丝可以限制轴承外侧的轴向移动。转动副连接情况如图8－23所示。通过转动副的结构设计，仿生六足机器人将实现更为顺畅的运动。

图8－23 转动副连接方式示意图

8.2 仿生六足机器人零件的加工

8.2.1 生成二维切割图纸

随着激光加工技术的不断成熟与推广，素日高端的激光加工设备目前已进入企业、学校，我们可采用激光切割机作为小型仿生机器人相关结构零件的加工设备。这些激光切割机可以极为高效地加工ABS工程塑料或亚克力板材，可为人们制作自己的机器人助力。但在加工自己的机器人相关零件之前，还需要先将三维设计模型转为可用于加工的二维图纸。为此，可依照下述步骤进行：

1. 新建工程图文件

在SolidWorks软件中选择新建文件，单击“工程图”按钮，创建工程图，如图8－24所示。

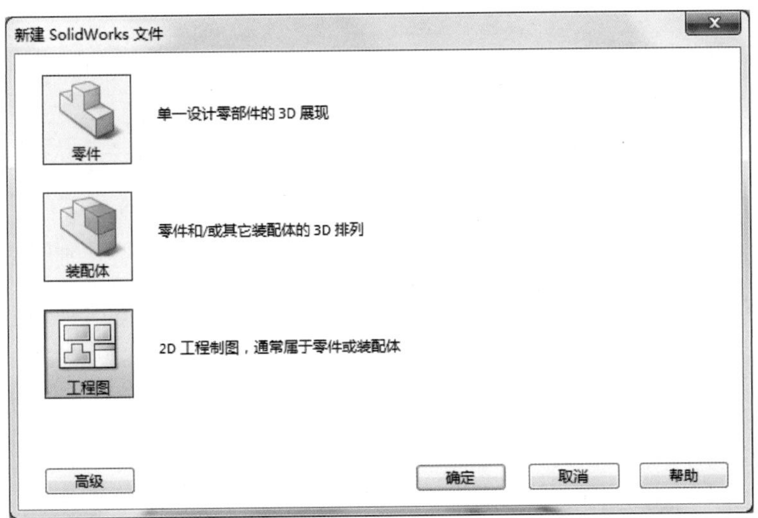

图 8－24　新建工程图

2. 插入模型

选择插入模型，如图 8－25 所示。

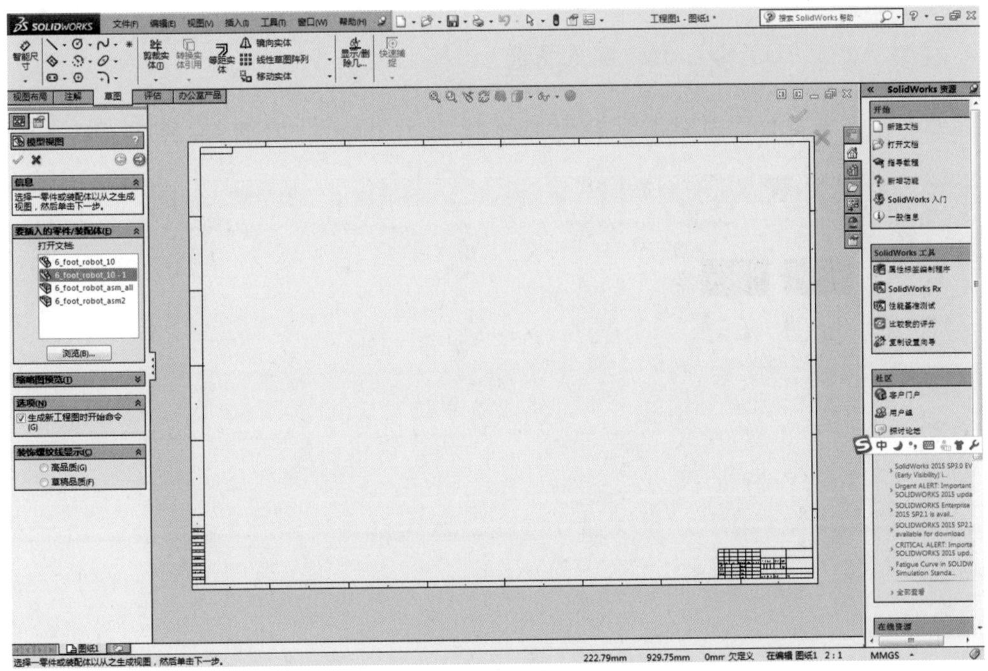

图 8－25　插入模型

3. 设置投影视图和视图比例

在软件界面中设置投影视图和视图比例，如图 8－26 所示。

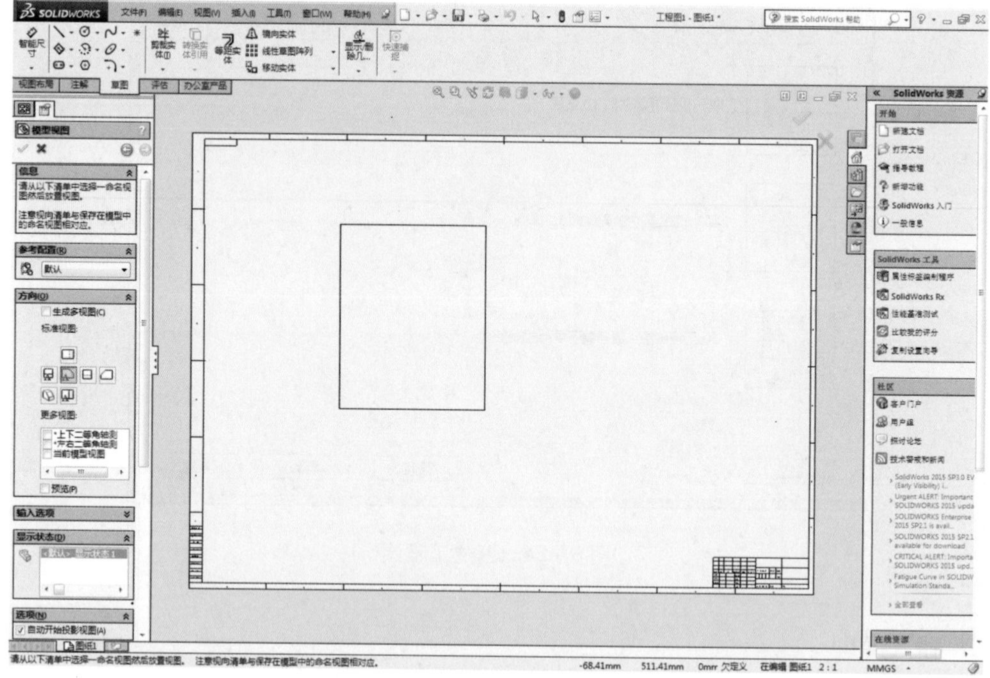

图 8－26　设置投影视图、视图比例

4. 生成 AutoCAD 默认 . dwg 格式图纸

在软件中选定文件，并将其另存为 Dwg 格式（. dwg），如图 8－27 所示。

图 8－27　生成 . dwg 格式

上述步骤完成之后，即可进行工程图纸的生成，具体可依照下述步骤实施：

(1) 排版与布局

用 AutoCAD 打开先前生成的 .dwg 格式图纸，在 AutoCAD 中，对各个零件进行排版和布局，主要根据购买的 ABS 板或亚克力板的尺寸进行布局，图 8－28 所示是以幅面为 700×200（mm×mm）的 ABS 板进行的零件排版情况。在排版时，如果空间足够，应该考虑多加工一些常用零件或易损坏的零件。

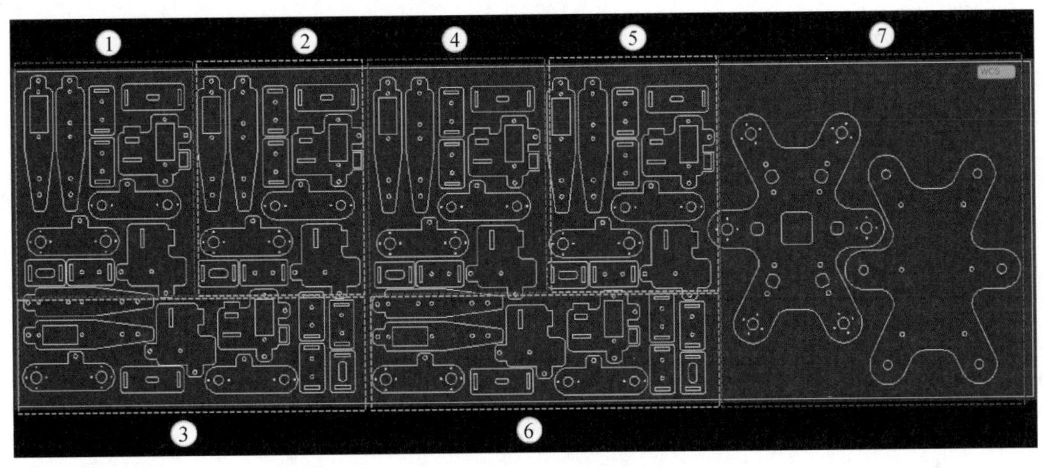

图 8－28 排版布局效果图

(2) 生成激光切割机默认的 .dxf 格式图纸

在 AutoCAD 中，将上述处理过的图形文件另存为 AutoCAD 2004/LT2004 DXF（*.dxf）备用，如图 8－29 所示。

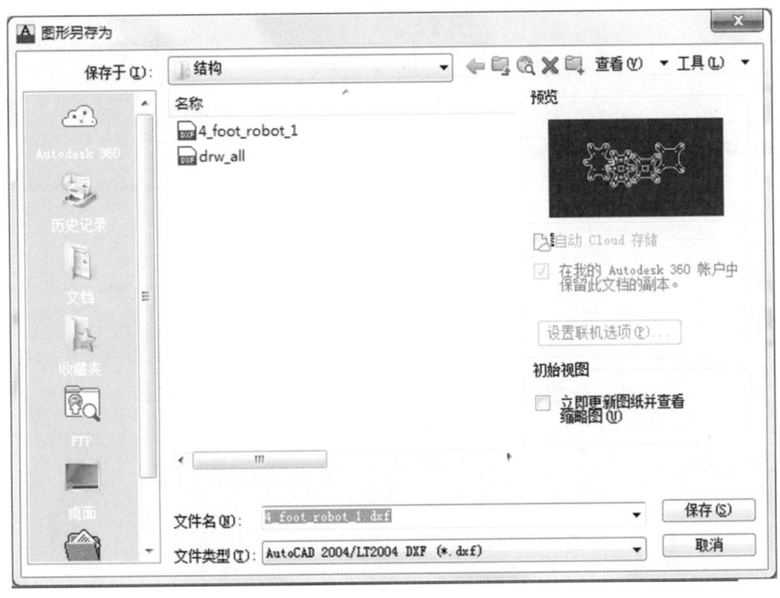

图 8－29 生成 .dxf 格式

8.2.2 零件的切割加工

完成了可供加工使用的零件工程图纸制备工作以后，便可进行机器人相关零件的切割加工，主要操作均在激光切割机控制电脑中完成。由于激光切割机工作时大功率的激光光束具有一定的危险性，须高度注意人身防护，确保安全。由于加工过程中可能产生较多烟尘，须注意通风换气。操作时按以下步骤展开工作：

1. 打开激光切割软件

打开激光切割软件，主界面如图 8－30 所示。

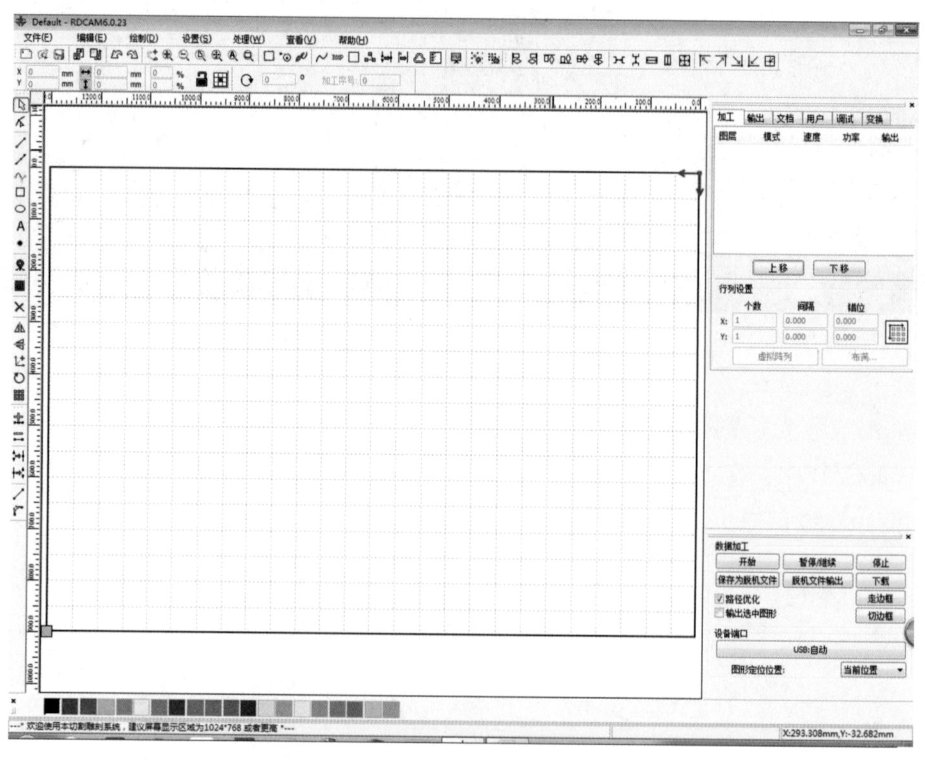

图 8－30 切割软件界面

2. 导入图纸

将切割文件导入软件，选择并导入先前备好的 .dxf 格式图纸，如图 8－31 所示。

3. 设置切割参数

双击图层参数，设置速度、加工方式、激光功率，如图 8－32 所示。

完成上述步骤后即可单击“开始加工”按钮，操作激光切割机进行机器人相关零件的切割加工。

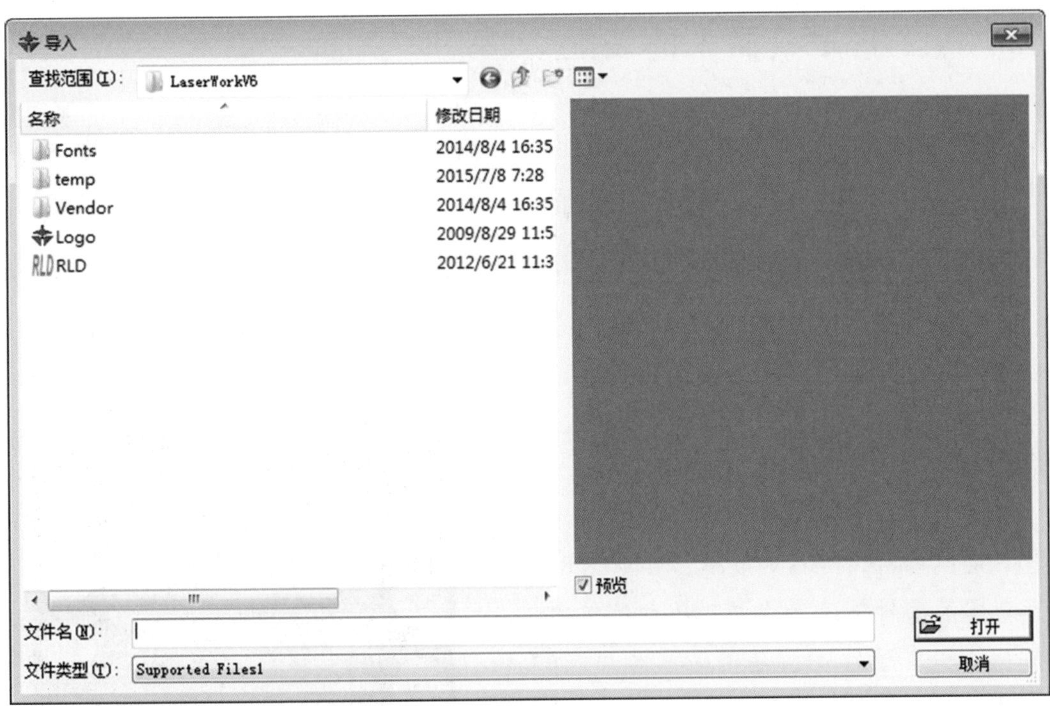

图8-31 导入.dxf图纸

图8-32 设置切割参数

8.3 仿生六足机器人的装配

8.3.1 仿生六足机器人的单腿装配

单腿装配是小型仿生六足机器人装配环节中最重要的一环，也是最复杂的一环，完成了单腿装配后，余下的装配工作变得简单易行。因而下面将重点介绍单腿装配的方法步骤和注意事项。

1. 腿部末端的装配

仿生六足机器人的腿部末端需要一个舵机和相应的零件，先备好舵机，并从图 8－33 所示单腿节零件板中选中并拆出对应的零件。然后将舵机准确地安装在相应零件对应的定位孔之中，用 2 mm 螺钉锁紧固定，再在远端用连接铜柱连接，保证刚度。安装过程中应确保舵机轴的位置正确。最终的安装效果如图 8－34所示。为了强化认识，现将具体过程说明如下：

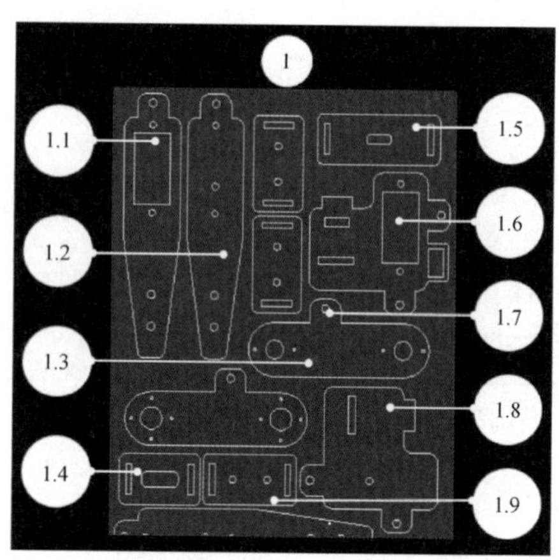

图 8－33 单腿节零件板

①首先取出末端装配时所需全部零、部件与一个舵机，如图 8－35 所示。

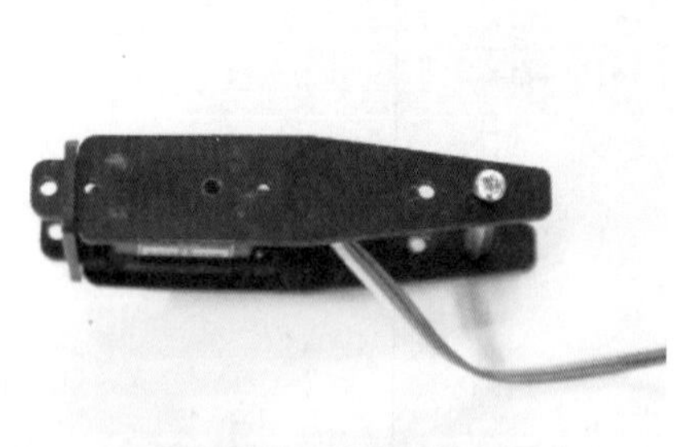

图 8－34 腿部末端安装示意图

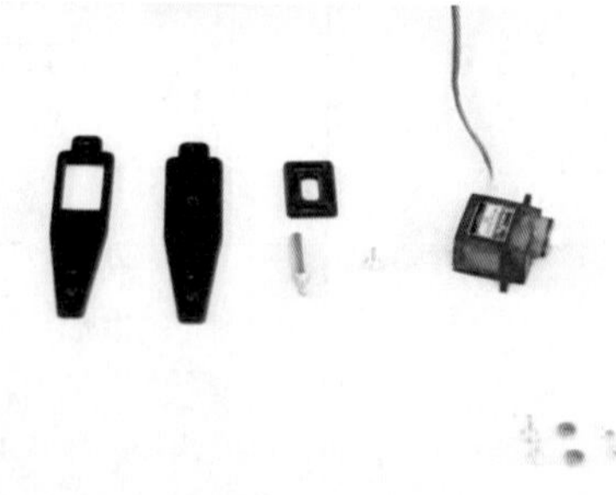

图 8－35 末端装配时所需全部零、部件与舵机

②将舵机装入安装板中，并安装固定连接铜柱，如图 8－36、图 8－37 和图 8－38 所示。

安装完成的腿部末端部件如图 8－39 所示。

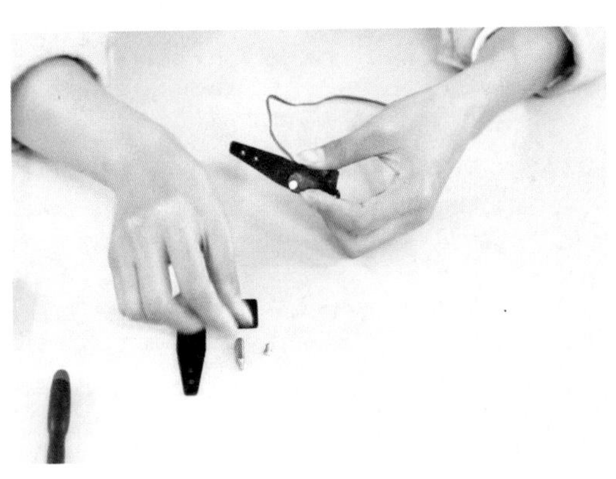

图8-36 安装舵机

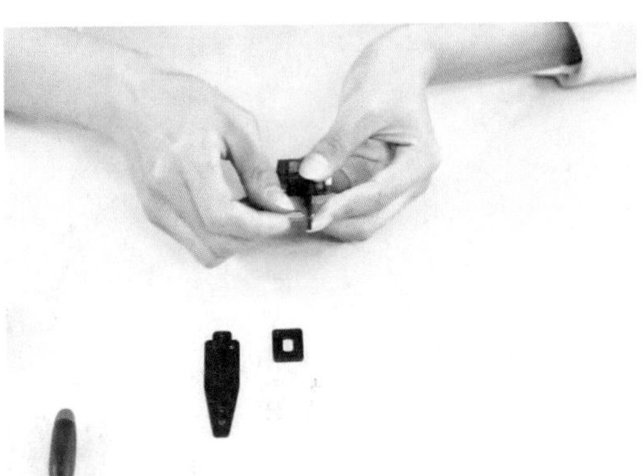

图8-37 安装连接铜柱

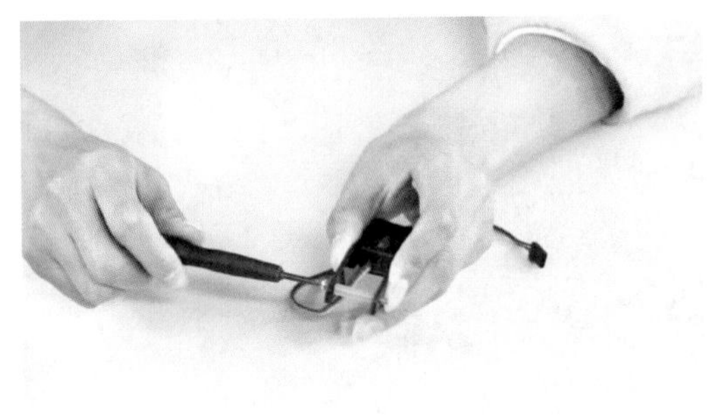

图8-38 锁紧连接铜柱

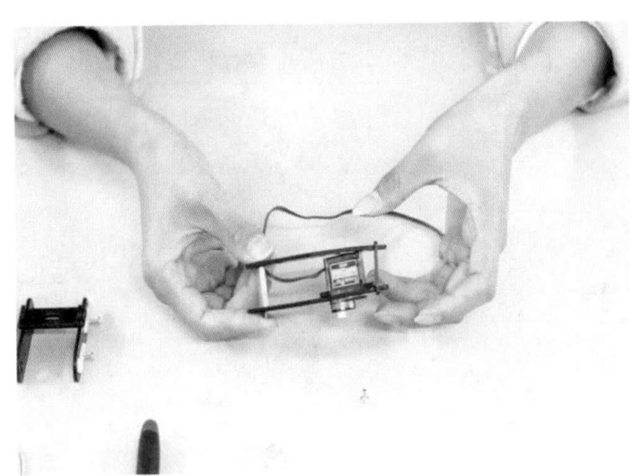

图8-39 装配好的腿部末端

2. 连接板组件的装配

连接板组件（见图8-40）在装配时需要用到两个轴承挡板、两个舵盘以及相应的切割件，用1.4 mm的螺钉将舵盘和轴承挡板安装在相应位置，安装过程中应注意舵盘安装和轴承挡板安装位置的正确性。连接板组件的具体装配过程如下：

图8-40 连接板组件

①首先从图 8－33 所示单腿节零件板中选中并拆出连接板组件对应的零件，如图 8－41 所示。

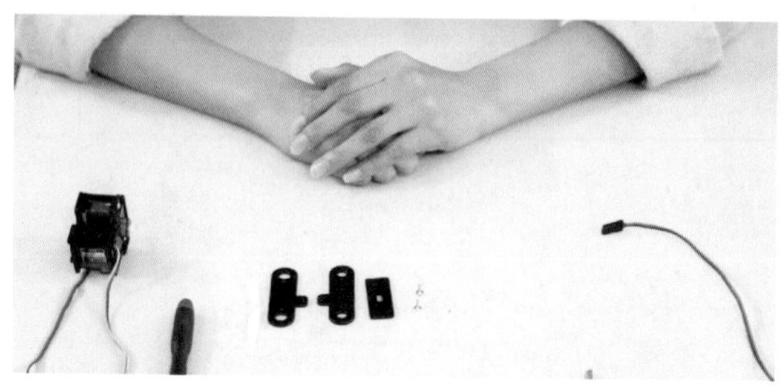

图 8－41　备好连接板组件装配待用零件

②将舵盘安装在舵盘安装侧板上，并用自攻螺钉固定，如图 8－42 所示。

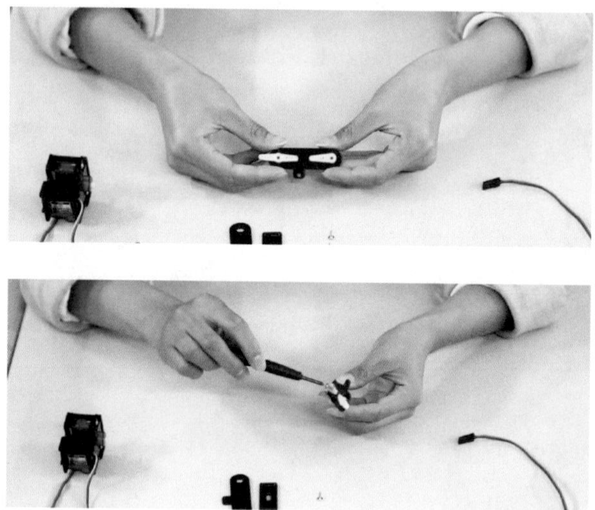

图 8－42　安装舵盘

③接着将轴承安装侧板、舵盘安装侧板和定位板依次连接固定，完成连接板组件的装配，如图 8－43 所示。

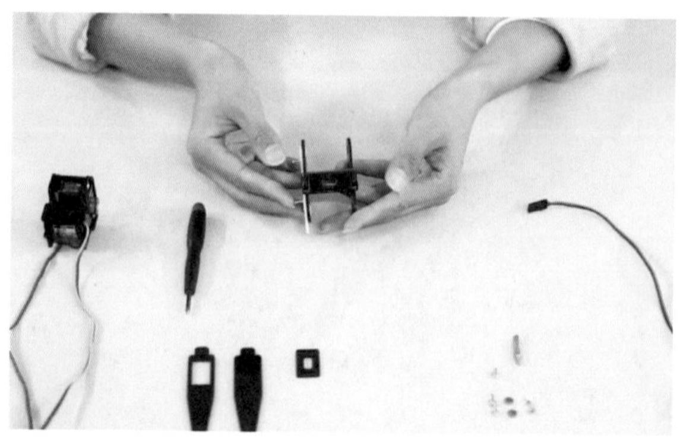

图 8－43　连接板组件的装配效果

3. 躯干连接块组件的装配

躯干连接块组件包括上下舵机安装板、定位板以及两个舵机。连接块组件装配时同样需要将舵机固定在安装孔位中，其中一个舵机用 2 mm 螺钉固定，安装过程中应确保舵机轴的位置正确。如图 8－44 所示，应将舵机轴置于上舵机安装板的中心线上。连接块组件的具体装配过程如下：

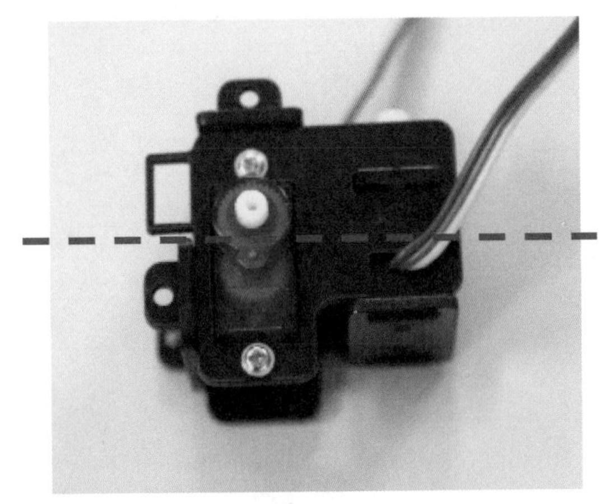

图 8－44　躯干连接块组件装配舵机位置示意图

①首先从图 8－33 所示单腿节零件板中选中并拆出躯干连接块组件对应的零件，如图 8－45 所示。

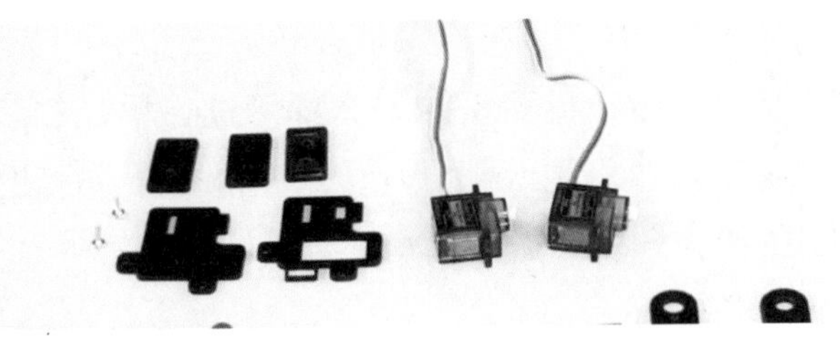

图 8－45　躯干连接块组件装配待用零件

②将一个舵机安装在上舵机安装板上，注意舵机轴的正确位置，并用螺钉将舵机稳妥固定，如图 8－46 所示。

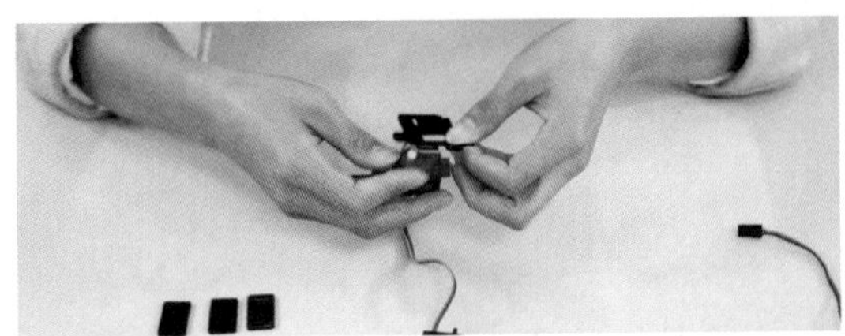
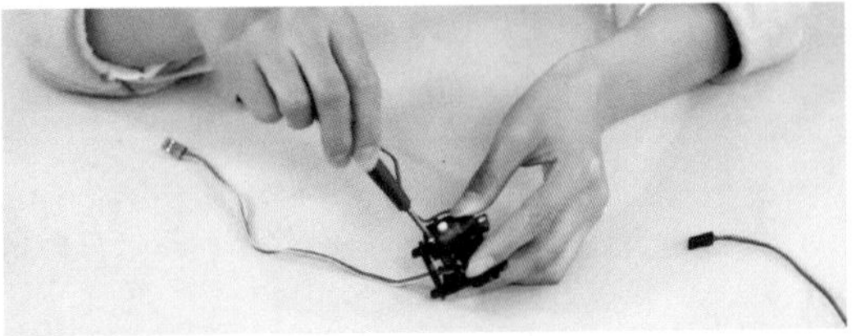

图 8－46　舵机装配过程示意图

③将另一个舵机嵌入上舵机安装板的安装孔中，并将该舵机的舵机线从穿线孔中穿出，然后再将下舵机安装板与该舵机相连接，其装配效果如图 8－47 所示。

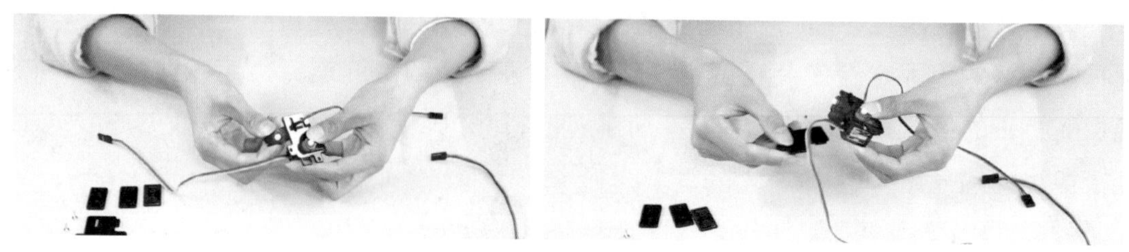

图 8－47　两个舵机装配示意图

④之后可将定位板分别固定，从而确保躯干连接块的结构稳定，其情形如图 8－48 所示。

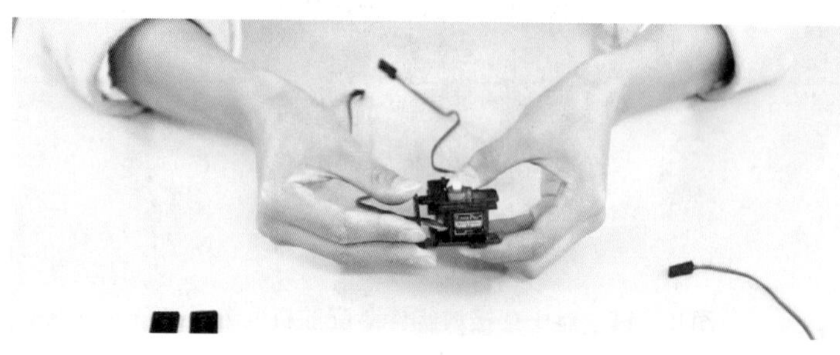

图 8－48　定位板装配示意图

4. 单腿组装

上述三个主要部分安装完成后（见图 8－49），即可进行单腿的装配。单腿的装配即是用连接板将躯干连接块与末端机构两部分连接起来。重要的装配操作是在连接板与躯干连接块和末端机构的铰接处安装微型轴承，构成转动副。

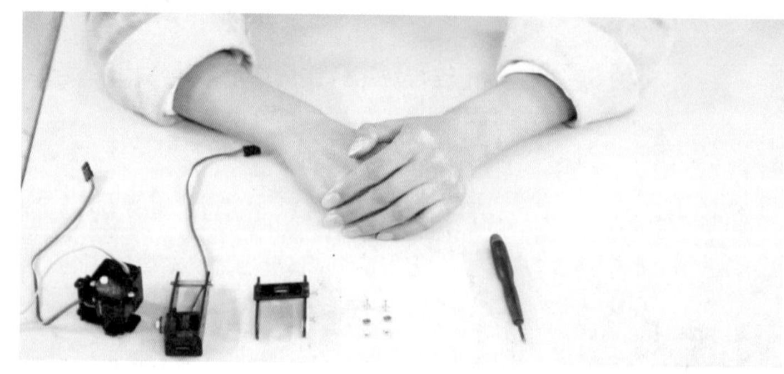

图 8－49　单腿装配待用部件与零件

①首先，进行转动副装配，将轴承嵌入连接板的轴承孔中，依次装上轴承固定用螺钉与轴承内侧固定螺母，其情况如图 8－50 所示。

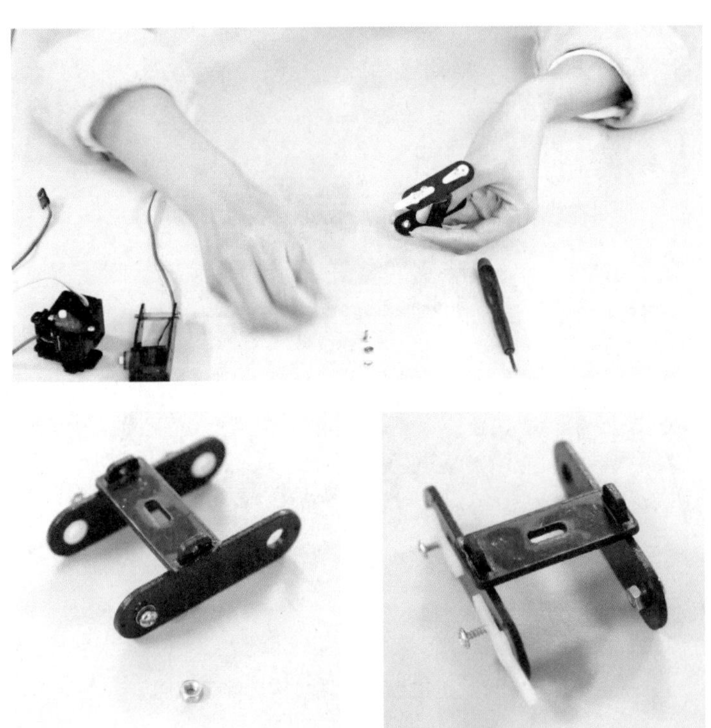

图 8－50　单腿转动副装配示意图

②在完成连接板的转动副机构安装后，依次将连接板与躯干连接块和末端机构连接，并用十字改锥将套进轴承的螺钉拧入躯干连接块与末端机构相应的轴承固定孔中，其情形分别如图 8－51 和图 8－52 所示。

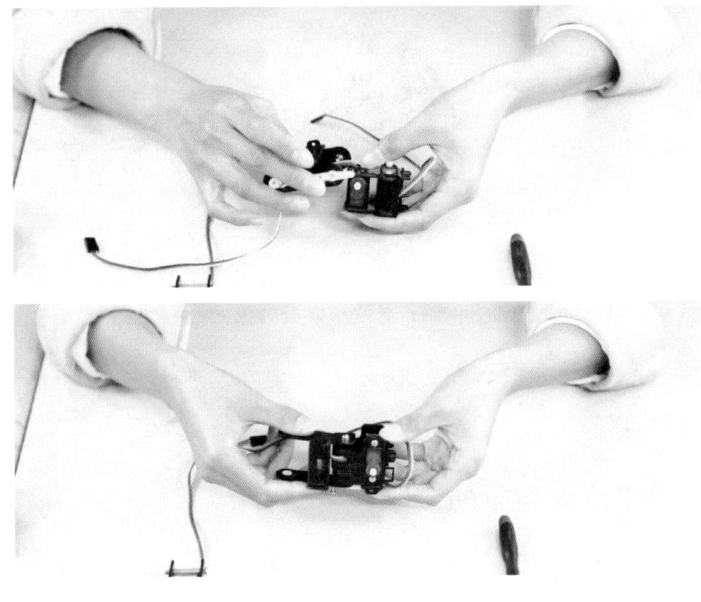

图 8－51　连接板与躯干连接块装配示意图

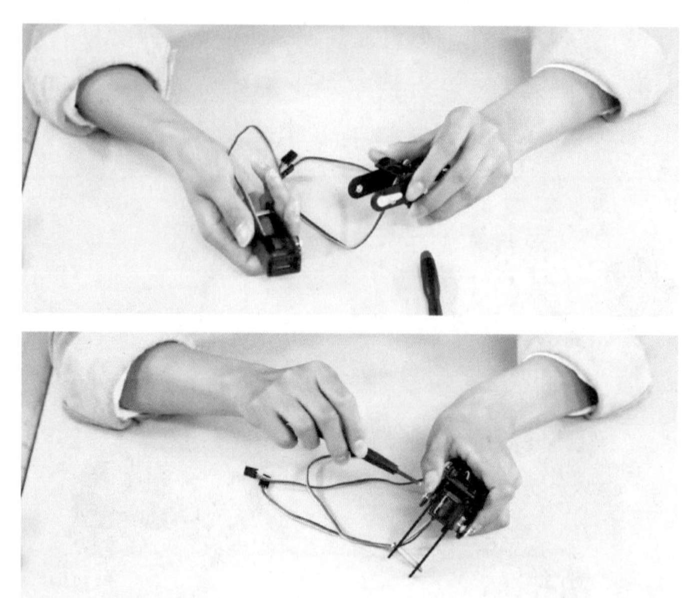

图 8－52　连接板与末端机构装配示意图

至此，就顺利完成了仿生六足机器人单腿的装配工作，单腿的装配效果如图 8－53 所示。

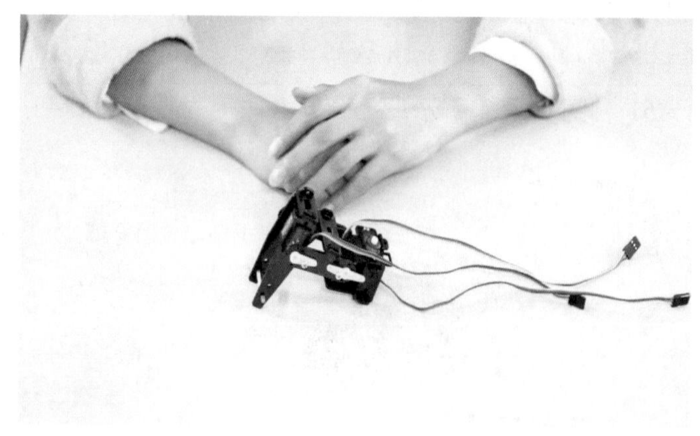

图 8－53　单腿节装配效果图

按照上述步骤，继续装配另 2 只形状相同和另 3 只形状对称的单腿，即完成了六足机器人全部的单腿装配工作。

8.3.2　仿生六足机器人躯干的装配

仿生六足机器人的躯干装配主要是舵盘安装和躯干上下安装板的连接。可用 1.4 mm 的螺钉将舵盘固定在上板上，再用塑料柱或铜柱将上下板连接起来，即可得到机器人躯干装配结果，如图 8－54 所示。

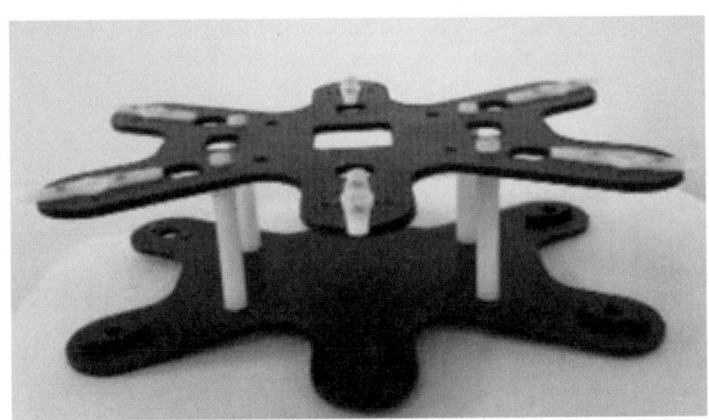
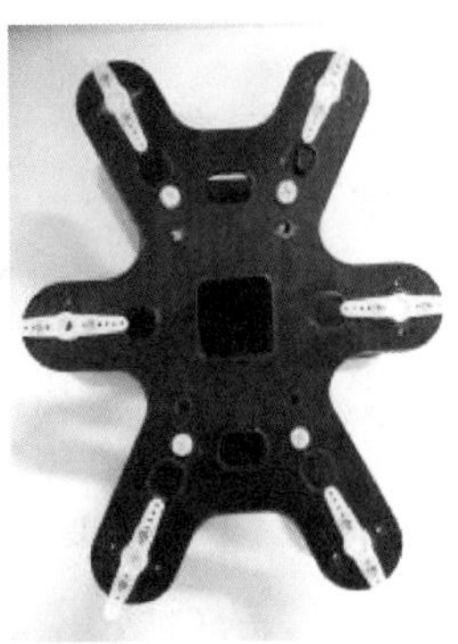

图 8－54　躯干装配效果图

8.3.3　仿生六足机器人整体的装配

组装好各部分零件后就可以开始仿生六足机器人整体的装配了。将先前已装配完成的六条单腿分别与躯干上安装板的相应舵盘配合，在下安装板通过套有轴承的螺钉将腿节固定在躯干上形成转动副连接，其装配情况如图 8－55 和图 8－56 所示。

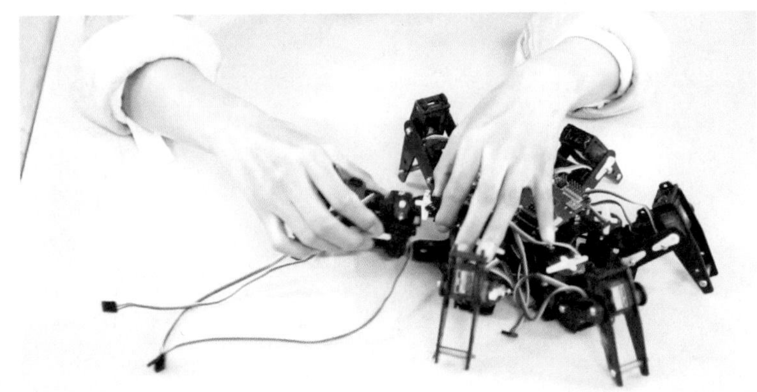

图 8－55　仿生六足机器人整体装配示意图

图 8－56　安装躯干－腿部转动副示意图

属于你自己的小型仿生六足机器人已经装配成型，让我们看看它的风采吧（见图 8－57）。

图 8－57　小型仿生六足机器人整体效果

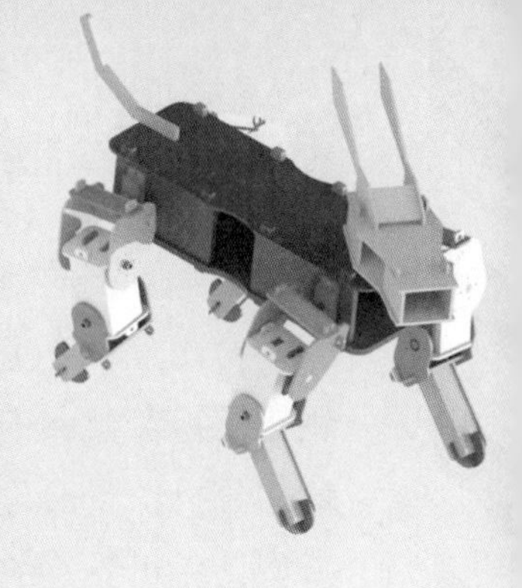

第 9 章 小型仿生四足机器人的设计与制作

众所周知，生物具有的功能比迄今任何人工制造的机械装备所具有的功能都优越、强大得多。经过千百万年的演化与完善，哺乳类动物的骨骼结构、行走模式、控制机理等已达到适应环境的最高水平。现代哺乳动物的骨骼结构、组成成分及密度分布都经受住了时间的长期考验，进化到尽善尽美的程度，具有很强的环境适应性，在合理受力的同时还能最大限度地优化了体积和重量。研究动物的骨骼，特别是四足哺乳动物的骨骼结构，在其基础上进行仿生构造，对四足机器人结构设计的研究具有重要的指导和借鉴意义。本章将重点介绍进行仿生机器人设计时，如何在仿生学研究的基础上进行机器人的结构设计，并完成小型仿生四足机器人的三维设计与实体制作。

9.1 仿生学研究与四足机器人运动参数的设计

自然界中的四足动物种类繁多，腿部构造也多种多样，为我们提供了数目众多的仿生样本。国内外四足机器人相关研究大多以狗、马等典型四足哺乳动物为仿生对象。

对比分析常见的四足哺乳动物，可以发现，骡和马不仅善于奔跑，而且耐力持久，适于承担负重和代步工作。人们对马已经做过大量解剖学及生物力学研究，因此，本章在分析仿生四足机器人时选择马为仿生研究对象，总结其骨骼和肌肉规律，为后续小型仿生机器人的设计工作提供指导方向。

马按照自然分类法，属于动物界，脊索动物门，脊椎动物亚门，哺乳纲，奇蹄目，马科，马属，马种。骨骼系统是动物维持生命所必需的基本系统，并为柔软的身体部位提供支撑框架。马的全身包含205块骨骼（见图9-1），可以按照形状及功能分为五个类别：一为长骨，长骨主要构成马的肢体，在运动中起支撑和杠杆作用；二为短骨，短骨主要构成连接部分，如膝盖、飞腓节等，它可以吸收震荡；三为扁骨，扁骨主要构成包含器官的体腔，如肋骨等；四为籽骨，籽骨埋置在肌腱之内；五为一些保护中央神经系统的不规则骨头，如脊柱等。在上述五类骨骼中，长骨和短骨是最常见的两种，也是我们进行四足机器人仿生研究的重点对象。

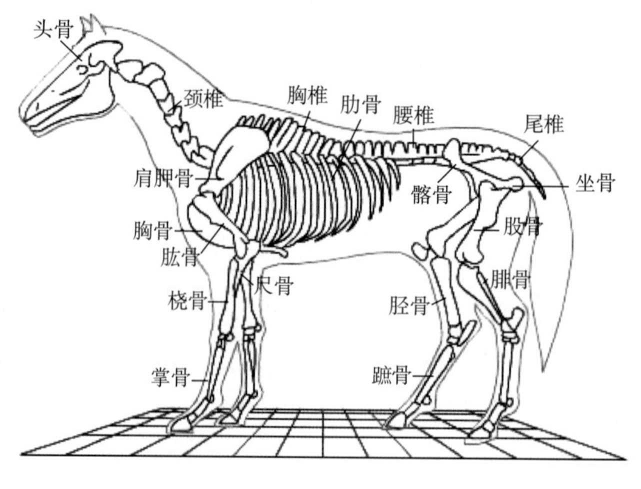

图9-1　马体骨骼结构图

马全身的肌肉较多，所起作用也各不相同。我们将主要研究与运动关系紧密联系的骨骼肌，即韧带和肌腱。韧带和肌腱，结合骨骼系统一起，构成使马飞奔的“动力系统”。韧带是使各骨块相互连接的结缔组织，由弹性纤维索状物组成，连接骨头和骨头，起重要的连接和支撑作用。肌腱是肌腹两端的索状或膜状致密结缔组织，便于肌肉附着和固定于骨骼上。一块肌肉的肌腱分附在两块或两块以上的不同骨上，由于肌腱的牵引作用才能使肌肉的收缩带动不同骨的运动。马是以骨为杠杆，以关节为枢纽，以肌肉收缩为动力来完成其运动的。

总结马的仿生学规律，可得如下结论：

①总体上来看，除去髋（肩）关节以上的附肢骨骼，马的四肢可分为三部分：髋

（肩）关节至膝（肘）关节的大腿（臂）节、膝（肘）关节至踝（腕）关节的小腿（臂）节、踝（腕）关节至足（掌）端的足（掌）节，即三关节三腿节。

②马的前肢掌骨（或后肢跖骨）笔直向下延伸，如图9－2所示，大大地增加了脚的长度；四肢的末端演化成单一脚趾，减轻了骨骼重量和奔跑负担；指骨（趾骨）最末端外围包裹着厚厚的角质化皮层，成为马蹄，行走或奔跑时，以马蹄接触地面，为蹄行动物；为了防止马蹄的过度磨损，人们常给马钉上马掌。

③动物腿部骨骼两端粗大，尤其在关节连接处更加膨大，中间细长，且过渡变化均匀，如图9－3所示，这种结构能够有效地承受弯矩，在关节受力情况下可以有效防止应力集中，符合结构设计中的等强度原则。

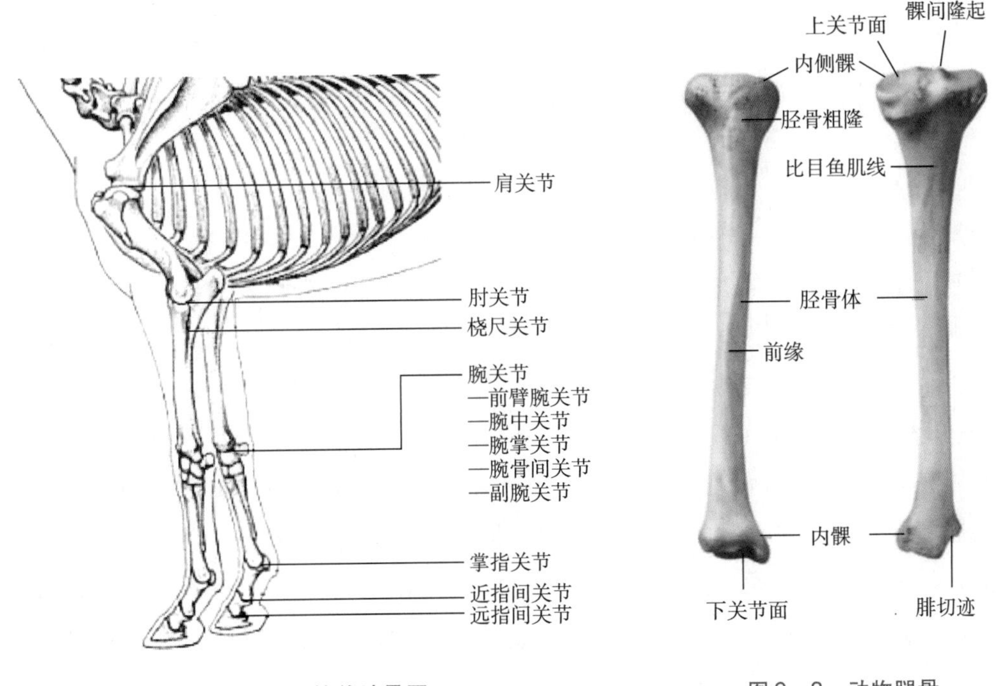

图9－2 马的前肢骨图

图9－3 动物腿骨

④在马的四肢骨骼末端，具备类似“弹簧腿”的特殊结构功能，如图9－4所示。马的肢骨末端具有发达强韧的肌腱，不仅将掌骨与指骨稳固地缠绕，还能使掌骨与指骨间灵活运动。马在站立时，腕关节处于竖直的锁紧位置，使其可以支撑巨大的体型和重量，保持站立休息；奔跑时，腕关节弯曲，并且指骨与掌骨最大能够呈现约90°的弯曲，如图9－5所示，在肌腱的牵拉与缩放下，能够快速地弯曲与伸直，配合着跨步奔跑，就好像弹簧一般，能够蹬出大步，也能够向上跳跃。马在奔跑中，这种压缩和伸展结构可以有效地吸收震动，增加弹性，提高运动效率。

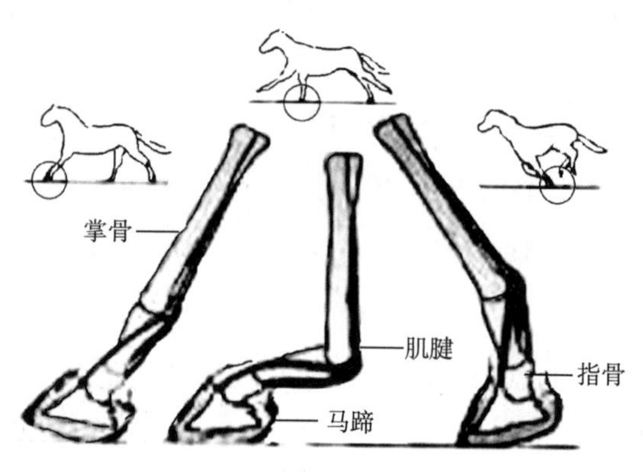

图9－4　马前肢的“弹簧腿”功能

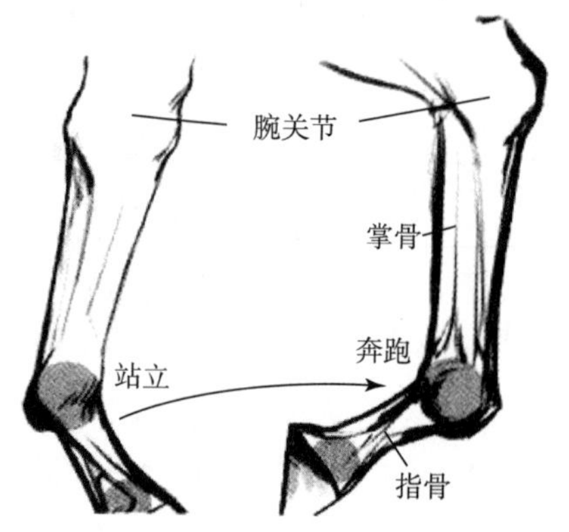

图9－5　站立和奔跑时马腿的不同形态

9.2　仿生四足机器人腿部尺寸与自由度的分析

动物的骨骼在进化过程中为适应复杂环境的作用，端部变得粗大，横截面变得不完全对称，载荷也变得不经过横截面矩心，这些变化都使得其受力状况得到改善。动物骨骼的主要受力形式为转矩、弯矩、压缩或拉伸，其受力形式对于仿生四足机器人的结构设计有着很大的启发作用。

通过对马、骡、狗（见图9－6）等的骨骼系统的大量研究发现，它们腿部的三节骨骼基本上是按0.75∶1∶1的比例分布，并且不同骨骼的形状和运动形式差别很大。例如马后腿的三块重要的骨骼为髋骨、股骨、胫骨，髋骨主要连接了腿部和躯体，横截面积大，尺寸变化大，有利于其承受重力；股骨常常处于竖直状态，便于承受重力和地面的冲击；为了更好地承受力的作用，股骨的形状进化为圆柱形，并且端部明显膨胀，可以适应关节和受力的需求。

动物的关节主要有髋关节和膝关节两种。髋关节起到连接腿部与身体，并确保大腿自由转动的作用；膝关节的转动则带动动物实现前进或后退运动。动物腿部运动灵活，关节处相当于球铰链结构，能够朝任意方向摆动；同时，脚部骨骼有缓冲结构，能够进行伸缩；具有脚趾结构，能够联动受力，以起到缓冲作用。对于机器人而言，球铰链控制复杂，在恶劣环境下失效可能性增大，将腿部自由度划分为多个单一方向的自由度，能够实现同样的功能，同时还可使结构设计合理可靠，简化控制。

自由度的设定对于机器人有着极为重要的意义。仿生四足机器人能够到达空间的任意位置，并且保持身体高度的不变，称其为Ⅳ级步行。通过研究发现，四足机器人单腿至少有三个自由度才能使得机器人到达任意位置。

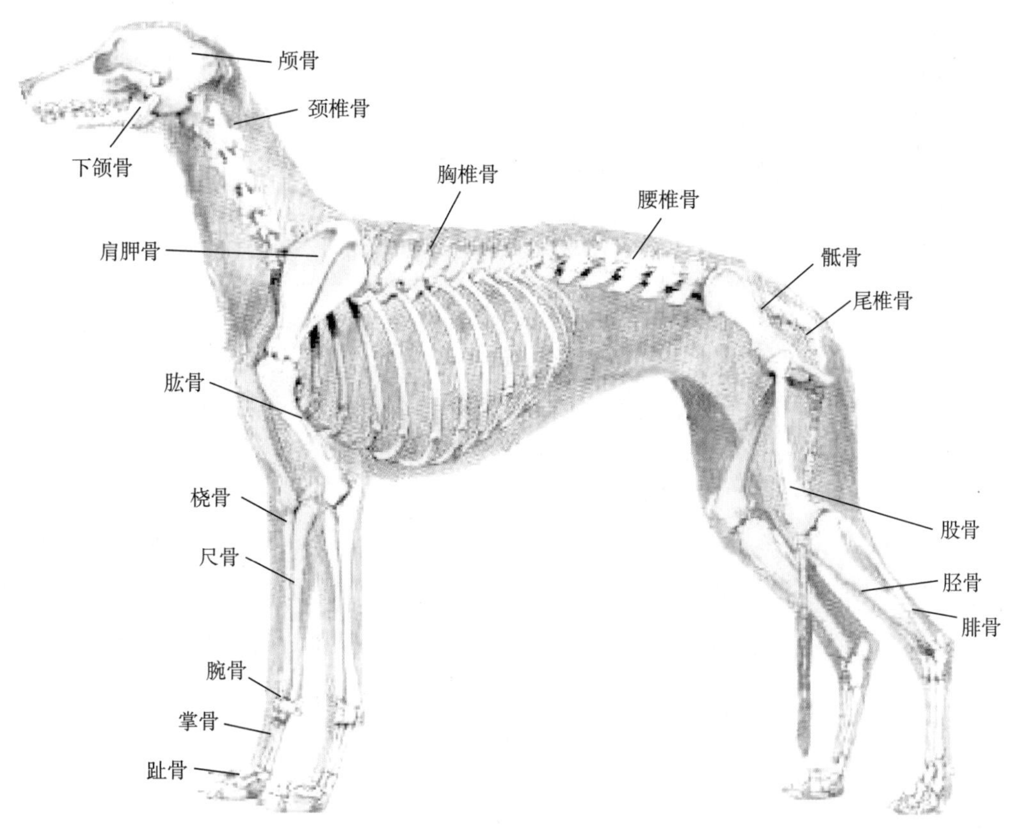

图 9-6 狗的腿部骨骼解剖图

9.3 仿生四足机器人的结构设计

9.3.1 仿生四足机器人腿部结构的设计

根据前述仿生学的研究分析可知，小型仿生四足机器人的腿部结构同样需要设计为三自由度。参考小型仿生六足机器人的设计思路，可以将腿部自由度设置为如图 9-7 与图 9-8 所示的两种类型。

考虑到零件加工工艺性、设计周期、加工时间、器件性能、制作成本等因素，我们为仿生四足机器人设计的三自由度腿部结构，在腿节比例与转动副布置上并未完全按四足动物真实情况进行仿生设计，而是根据机器人实际运动所需特性来设计腿部的相关结构，并采用模块化的设计思想来设计结构对称的机器人四肢。

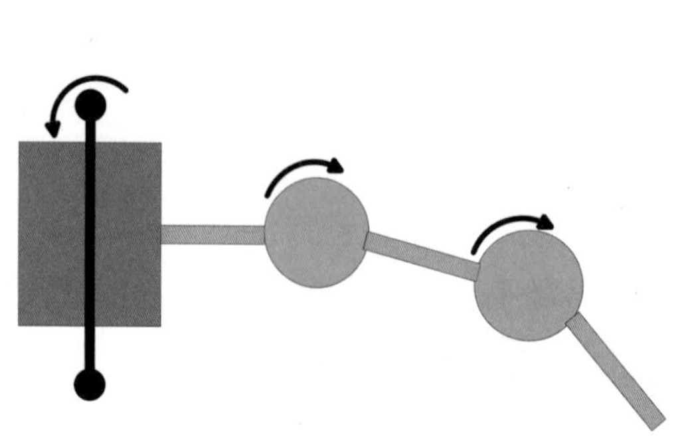

图 9-7　三自由度腿部结构类型一

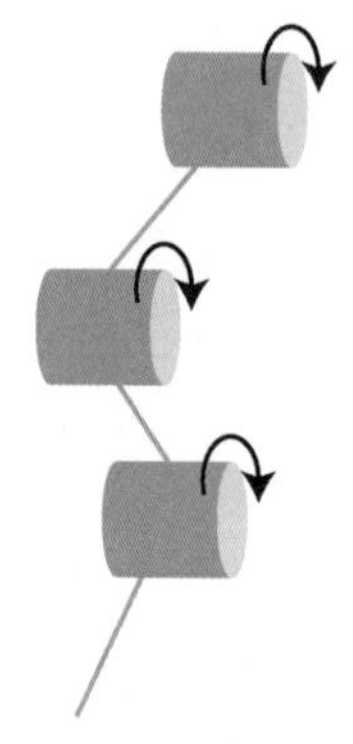

图 9-8　三自由度腿部结构类型二

1. 小腿组件的设计

小腿组件（见图 9-9）是机器人与地面接触的部件，由于四足机器人一条腿与地面为点接触，因此设计两个互相垂直交叉的半圆板作为最下端部件，四块长方形板件拼插作为小腿主体，顶端与大腿部分的舵机相连，转动副构成腿部的一个自由度。

2. 大腿组件的设计

大腿组件（见图 9-10）设计成一个长方体，内部装有输出轴相互垂直的两个舵机，构成两个转动自由度。将舵机集中布置的好处是可以使机器人腿部重量集中并靠近躯干，有利于提升机器人行走时的稳定性。

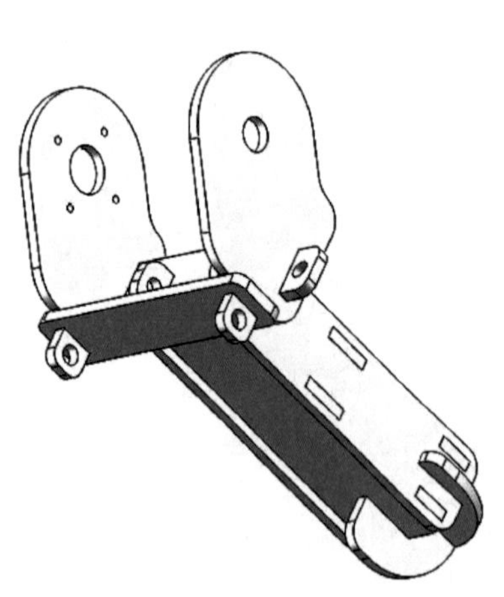

图 9-9　四足机器人小腿组件

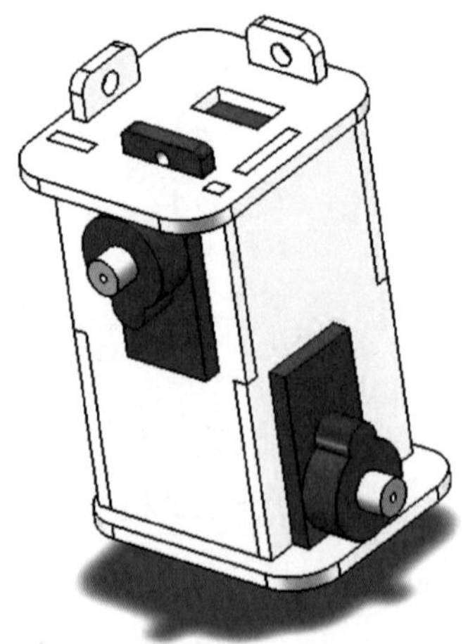

图 9-10　四足机器人大腿组件

3. 髋关节组件的设计

髋关节组件（见图 9-11）的上部与固定于机器人身体部分的舵机相连，完成腿部前后摆的动作；下端与大腿节相连，完成腿部内外摆的动作。

将上述三个组件通过转动副、舵机舵盘连接装配起来，最后得到单腿装配结果，如图 9 - 12 所示。

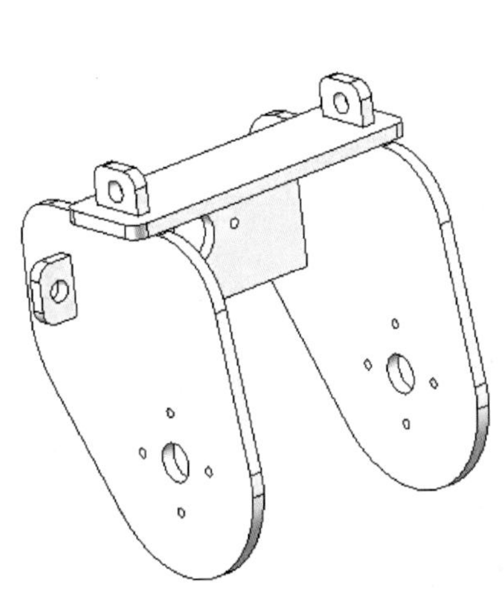

图 9 - 11　四足机器人髋关节组件

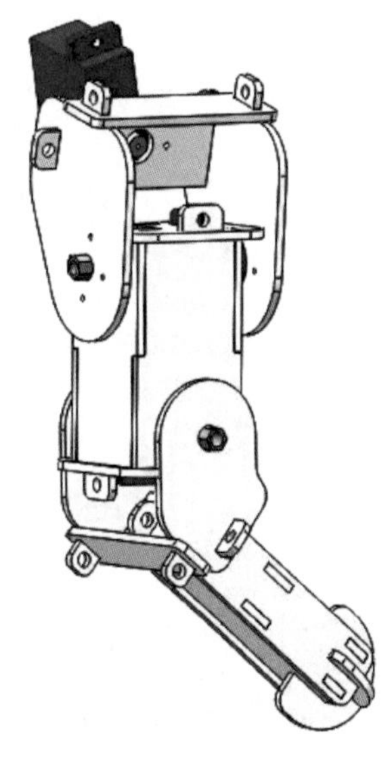

图 9 - 12　四足机器人单腿装配效果

9.3.2　仿生四足机器人躯干的设计

可采用对称布置的设计思路来设计机器人的机身结构，首先根据腿部尺寸设计出四足机器人的机身结构。设计机器人机身为 200（长）×70（宽）（mm × mm），为了防止机器人的四腿在运动时产生干涉现象，可在造型设计阶段认真设计尺寸参数，并做好仿真分析，机身造型结果如图 9 - 13 所示。

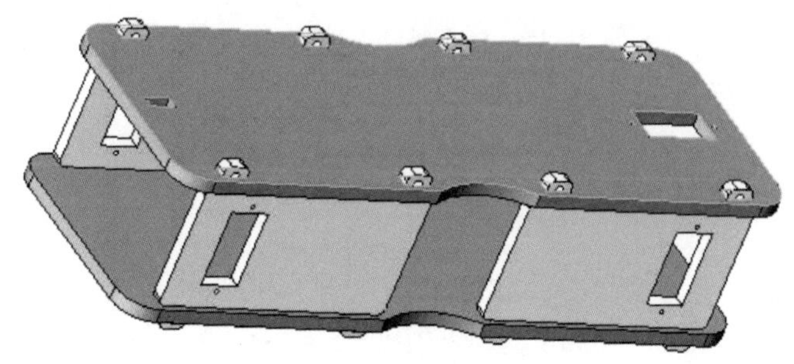

图 9 - 13　四足机器人的机身结构

仿生四足机器人的结构设计至此已基本完成，为了美化机器人，并增强其运动表现能力，特地设计了机器人的头部，并将其以一个舵机与机身相连，构成一个转动副，使得机器人头部可以左右摆动，像一只小狗一样“撒娇淘气”。机器人头部模型如图 9 - 14 所示。

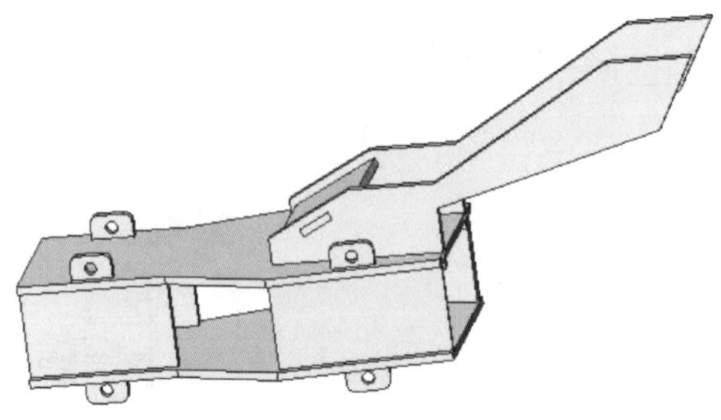

图 9-14　四足机器人头部实体模型

仿生四足机器人的整体装配效果如图 9-15 所示。

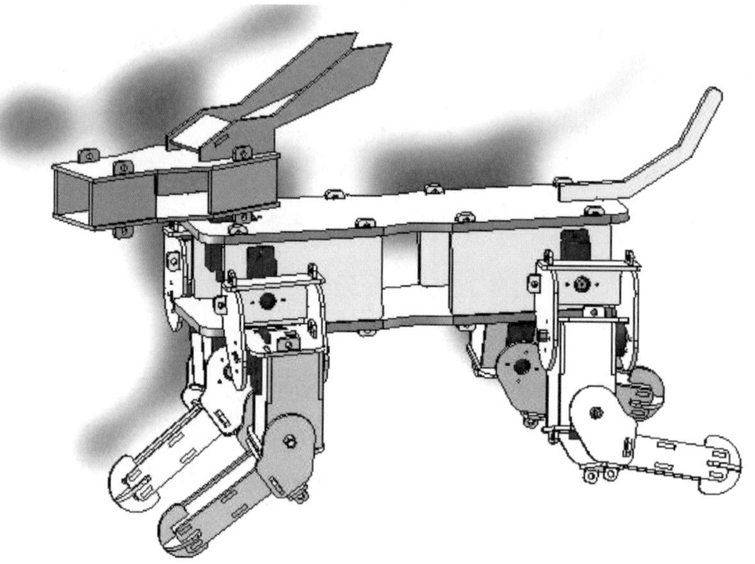

图 9-15　四足机器人整体装配效果

9.4　仿生四足机器人零件的加工

9.4.1　生成二维切割图纸

如同加工仿生六足机器人一样，也可采用激光切割机作为小型仿生四足机器人相关结构零件的加工设备，激光切割机可以高效、可靠地加工 ABS 工程塑料或亚克力板材。但在加工自己的四足机器人相关零件之前，还需要先将三维设计模型转为可用于加工的二维图纸。为此，可依照下述步骤进行。

1. 新建工程图文件

在 SolidWorks 软件中选择新建文件，单击“工程图”按钮，创建工程图，如图 9－16 所示。

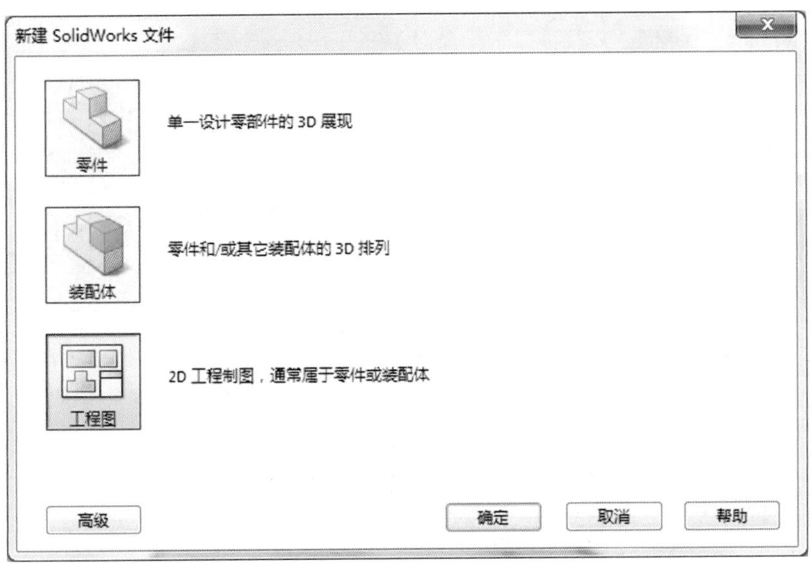

图 9－16　新建工程图

2. 插入模型

选择插入模型，如图 9－17 所示。

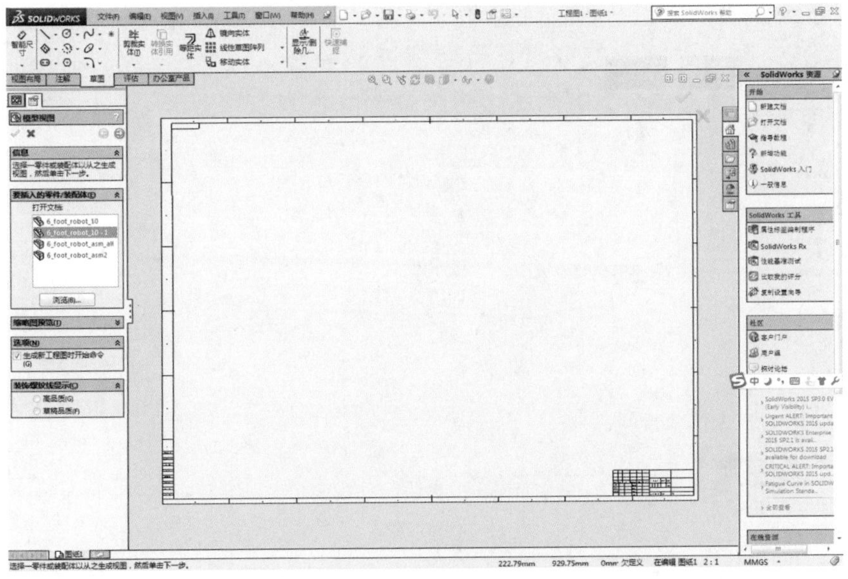

图 9－17　插入模型

3. 设置投影视图和视图比例

在软件界面中设置投影视图和视图比例，如图 9－18 所示。

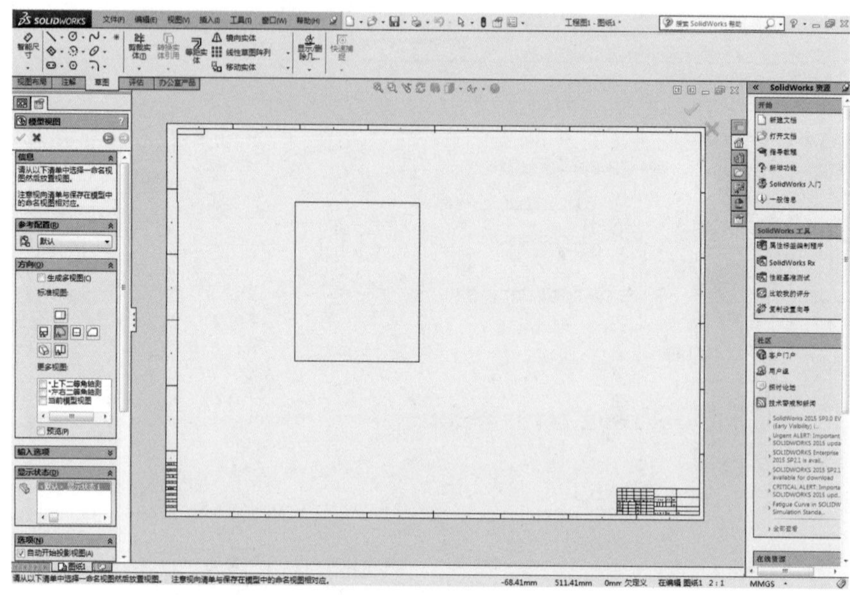

图 9－18　设置投影视图、视图比例

4. 生成 AutoCAD 默认 . dwg 格式图纸

在软件中选定文件，并将其另存为 Dwg 格式（. dwg），如图 9－19 所示。

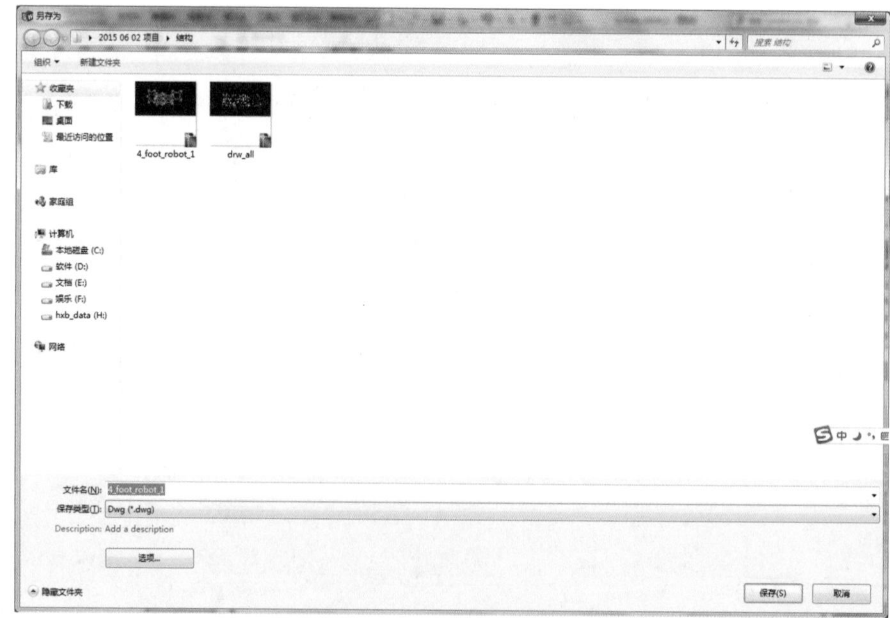

图 9－19　生成 . dwg 格式

上述步骤完成之后，即可进行仿生四足机器人切割加工图纸的生成，具体可依照下述步骤实施：

（1）排版与布局

用 AutoCAD 打开先前生成的 . dwg 格式图纸，在 AutoCAD 中，对各个零件进行排版和布局，主要根据购买的 ABS 板或亚克力板的尺寸进行布局，图 9－20 所示是以幅面为 600×200（mm×mm）的 ABS 板进行的零件排版情况。在排版时，如果空间足够，应该考虑多加工一些常用零件或易损坏的零件。

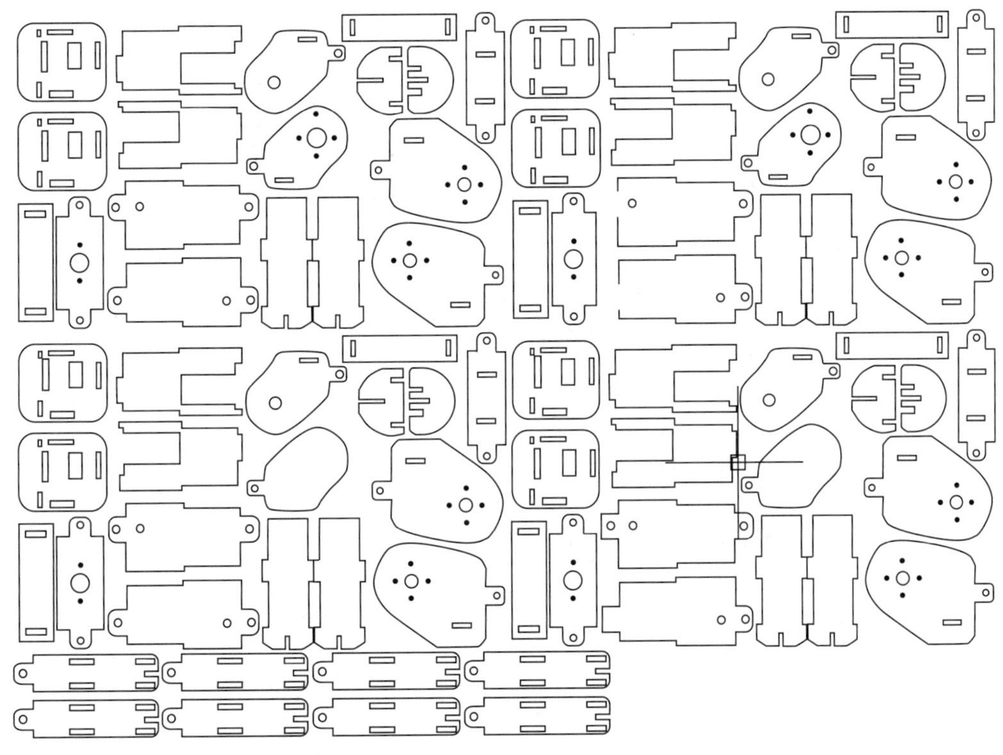

图 9－20 排版布局效果图

（2）生成激光切割机默认的 . dxf 格式图纸

在 AutoCAD 中，将上述处理过的图形文件另存为 AutoCAD 2004/LT2004 DXF（＊. dxf）备用，如图 9－21 所示。

9. 4. 2 零件的切割加工

完成了可供加工使用的仿生四足机器人零件工程图纸的制备工作以后，便可进行机器人相关零件的切割加工，主要操作均在激光切割机控制电脑中完成。由于激光切割机工作时大功率的激光光束具有一定的危险性，须高度注意防护问题，确保人身安全。由于加工过程中可能产生较多的烟尘，须注意通风换气，保持室内空气清新。操作时按以下步骤展开：

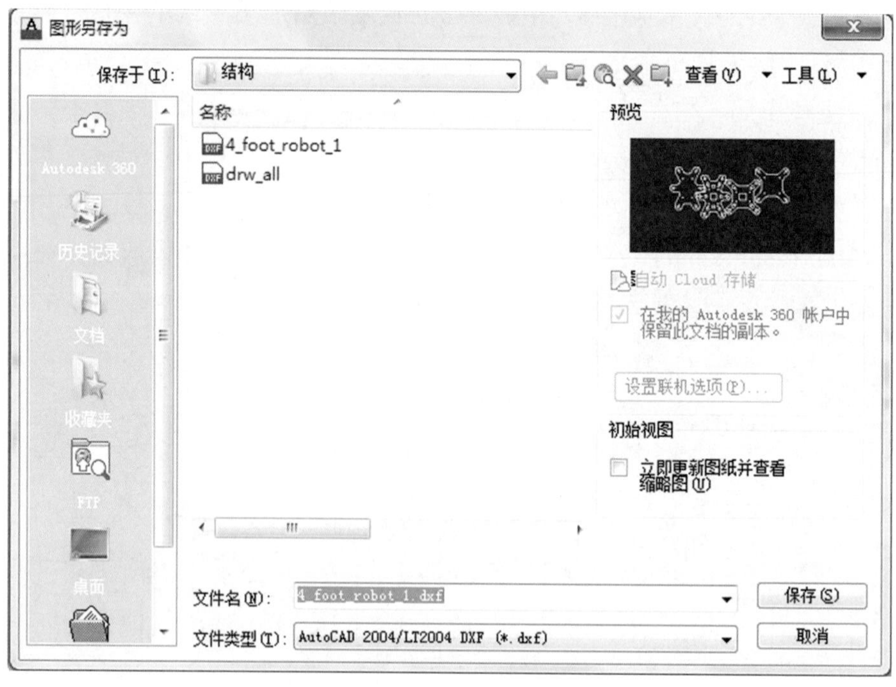

图 9－21　生成 . dxf 格式

1. 打开激光切割软件

打开激光切割软件，主界面如图 9－22 所示。

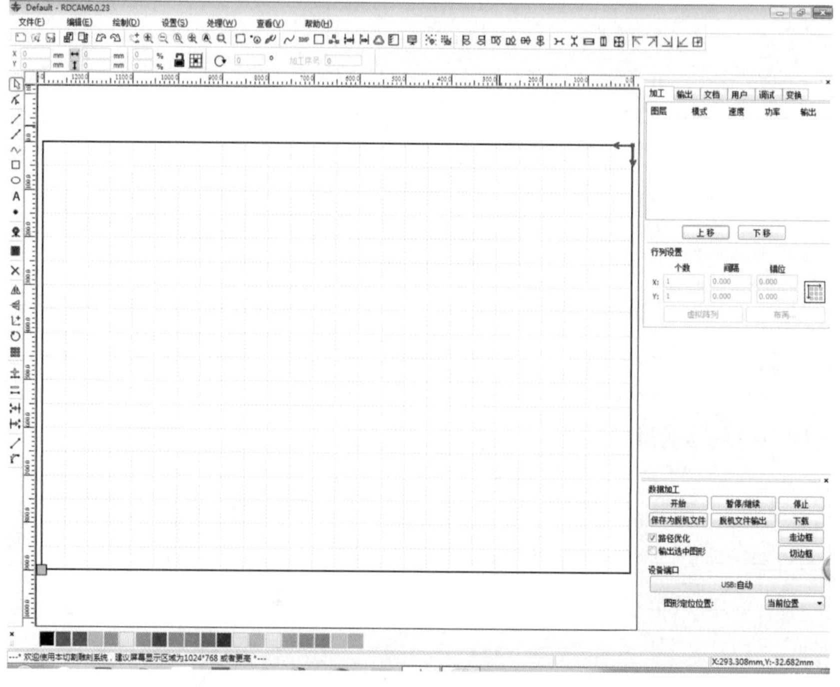

图 9－22　切割软件界面

2. 导入图纸

将切割文件导入软件，选择并导入先前备好的 .dxf 格式图纸，如图 9 – 23 所示。

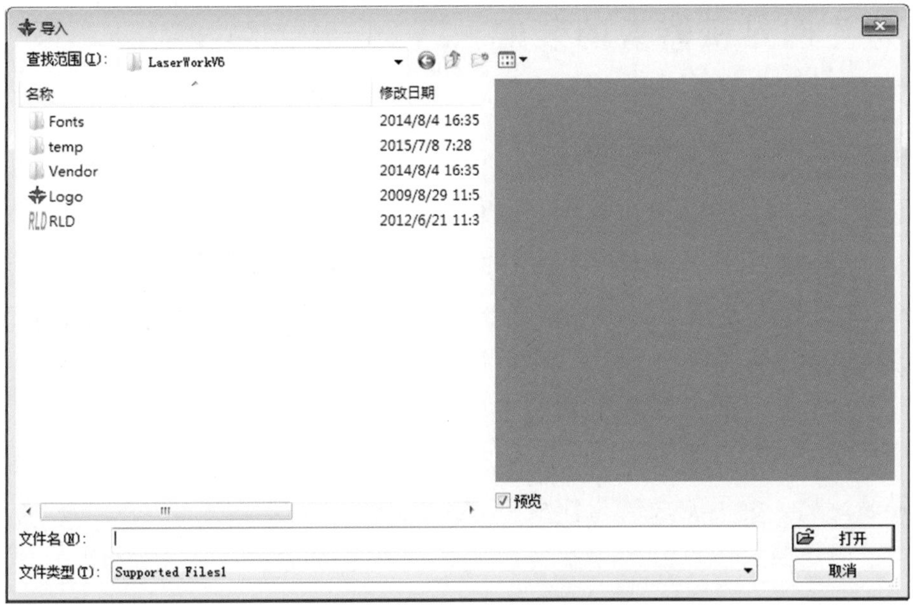

图 9 – 23　导入 . dxf 图纸

3. 设置切割参数

双击“图层”参数，设置速度、加工方式、激光功率，如图 9 – 24 所示。

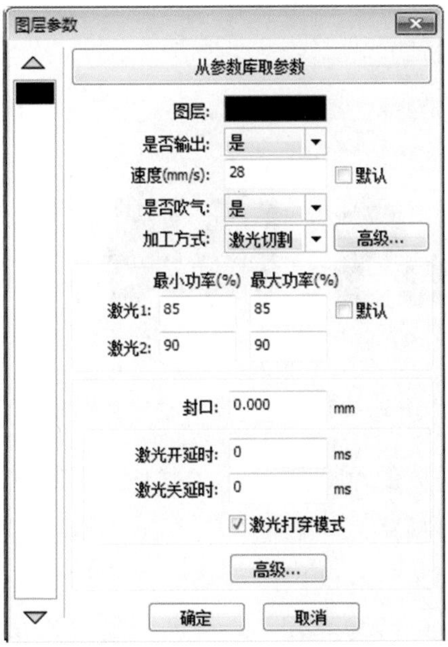

图 9 – 24　设置切割参数

完成上述步骤后，即可单击“开始加工”按钮，操作激光切割机进行仿生四足机器人相关零件的切割加工。

9.5 仿生四足机器人的装配

完成了仿生四足机器人相关零件的切割加工之后，即可进行四足机器人的结构装配工作。可按照机器人单腿、四腿、躯体、头部、尾巴的顺序完成全部装配工作。其中机器人单腿所需零件如图9－25所示。单腿装配是仿生四足机器人装配环节中十分重要的一环，也是比较复杂的一环，完成了单腿装配后，余下的装配工作变得较为简单。因而下面将重点介绍单腿各部分装配的方法和步骤。

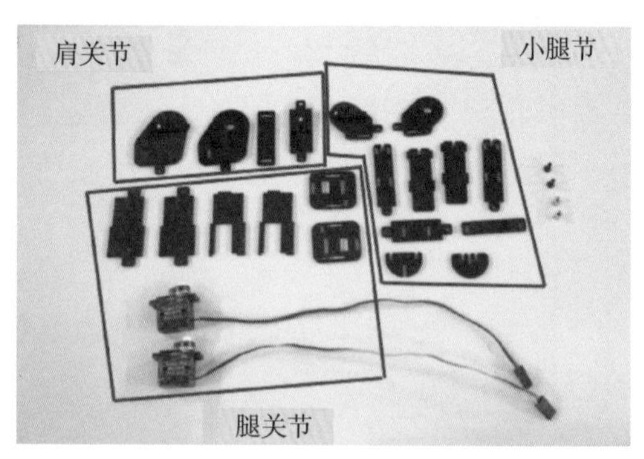

图9－25 四足机器人单腿装配所需零件

9.5.1 仿生四足机器人大腿节的装配

仿生四足机器人大腿节的安装较为复杂，须理清头绪，安排好步骤，再行实施。具体步骤如下：

①从图9－20所示已切割好的零件布局板上选中并拆出大腿节对应的零件，再拿来两个舵机，并将它们摆放整齐，如图9－26所示。

图9－26 大腿节对应的零件与舵机

②取出右边紧靠舵机摆放的两个零件，再将图9－27左边所示的小螺钉从此零件底面向上穿过通孔，并使用图9－27右边所示的长螺母从上面与穿孔而过的小螺钉拧紧。形状相同的零件相同安装，完成后的效果如图9－28所示。

③此时取出桌面上最左侧的零件和一个舵机，按照图9－29（b）所示方向将舵机导线从零件中间的孔中穿出，然后将舵机输出轴朝向零件，将固定翼板固定在固定孔

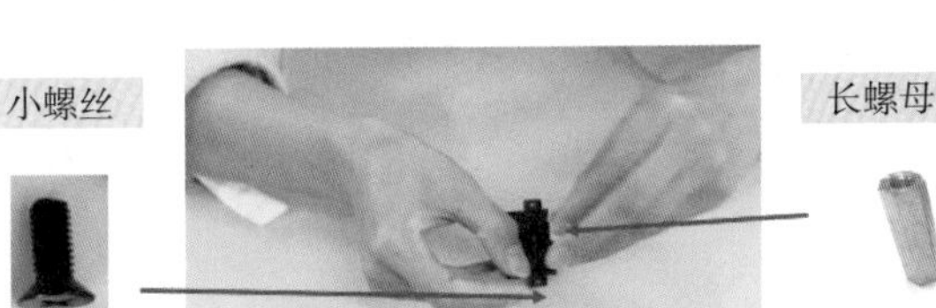

图9-27 大腿节安装步骤一

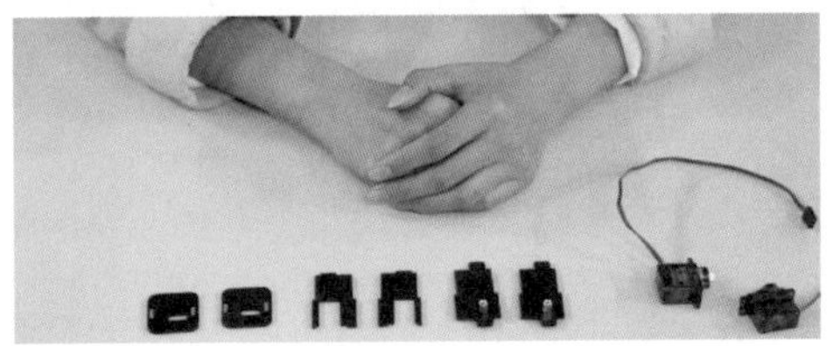

图9-28 长螺母安装效果图

中，即可将舵机固定在舵机固定板上，如图9-29（b）所示。另一个同类零件与另一个舵机依照相同方法进行安装。

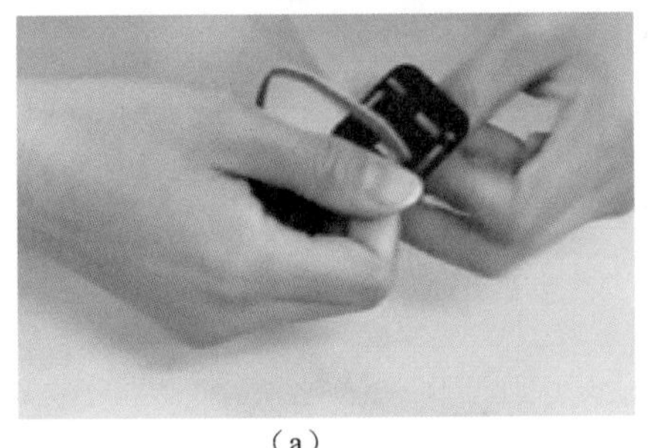

（a）

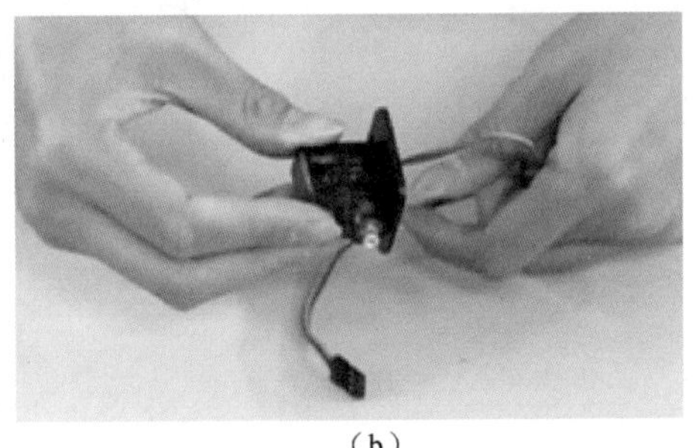

（b）

图9-29 大腿节安装步骤二

④取出图9-28中间的两个零件，将其安装在上一步骤中装配成型的舵机固定板上（见图9-30），注意安装方向，这两个零件最终应架在舵机固定板两侧，如图9-31所示。

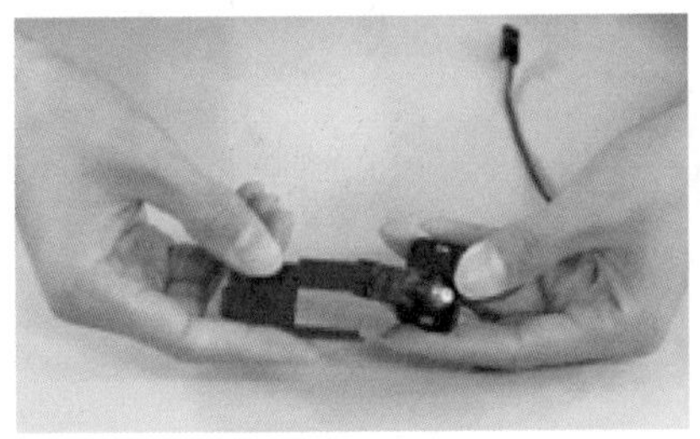

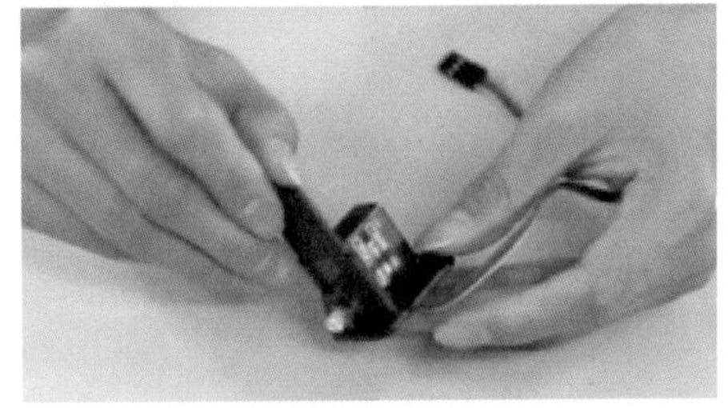

图9-30 大腿节安装步骤三

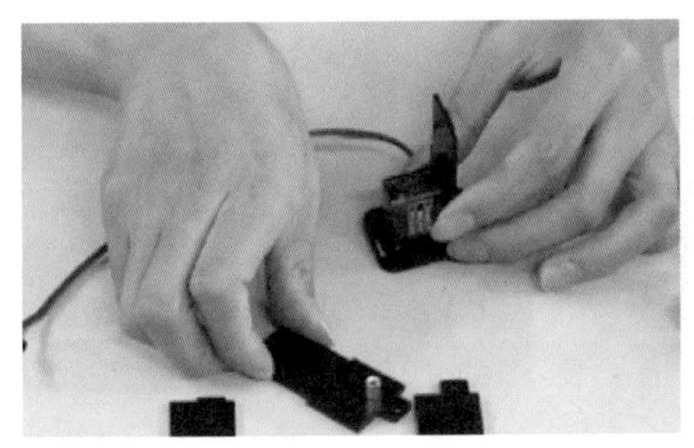

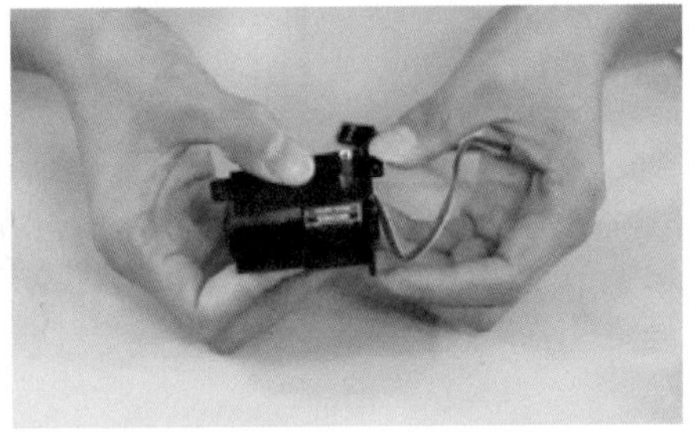

图9-31 大腿节安装步骤四

⑤取在安装步骤一中完成的组件，然后将其安装在安装步骤四中完成的组件上，此时应当注意安装方向，须保证与安装在舵机上的零件投影面基本重合，其安装情形如图 9 – 32 所示。

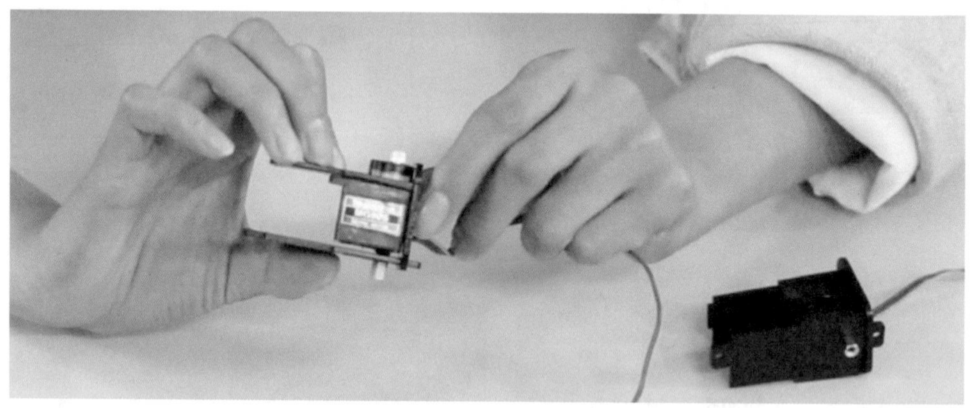

图 9 – 32　大腿节安装步骤五

⑥另一个零件采用相同的方法安装，其情形亦如图 9 – 32 所示。

⑦将经上述步骤组装好的两个相同组件对向拼插安装，方法如图 9 – 34 所示。注意安装方向，两舵机紧贴安装，至此，大腿节的安装工作即告完成。最终的安装效果如图 9 – 34 所示。

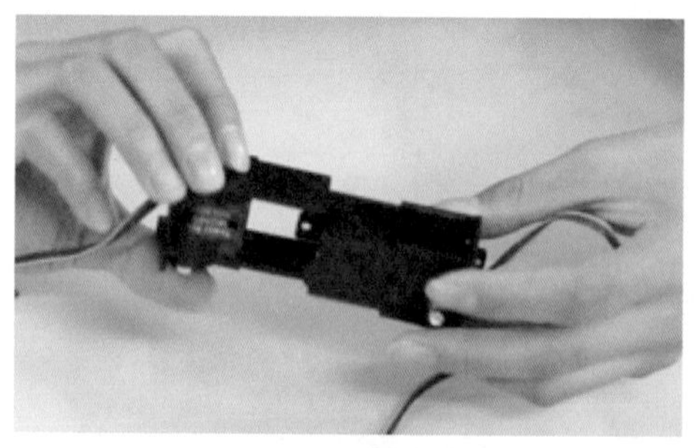

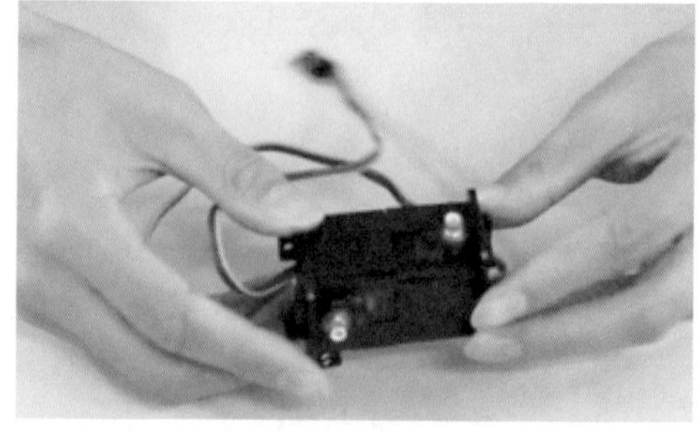

图 9 – 33　大腿节安装步骤六

图 9 – 34　大腿节最终安装效果

9.5.2 仿生四足机器人髋关节的装配

髋关节在仿生四足机器人的整体系统中占据重要位置，其安装正确与否和稳当与否极为关键，如果安装部妥，将直接影响机器人的行动效果。所以要严格遵照以下安装步骤进行相关工作。

①首先从图 9－20 所示已切割好的零件布局板上选中并拆出髋关节对应的零件，再从舵机附件袋中取出两个十字舵盘，然后按图 9－35 所示方向采用自攻螺钉将舵盘安装在相应零件上，其情形如图 9－36 所示。

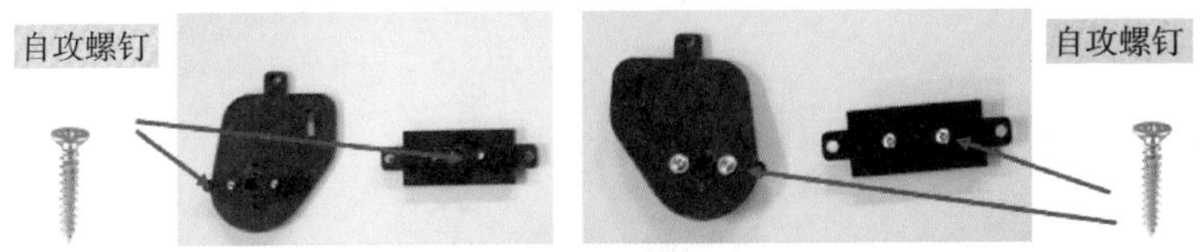

图 9－35　髋关节安装步骤一

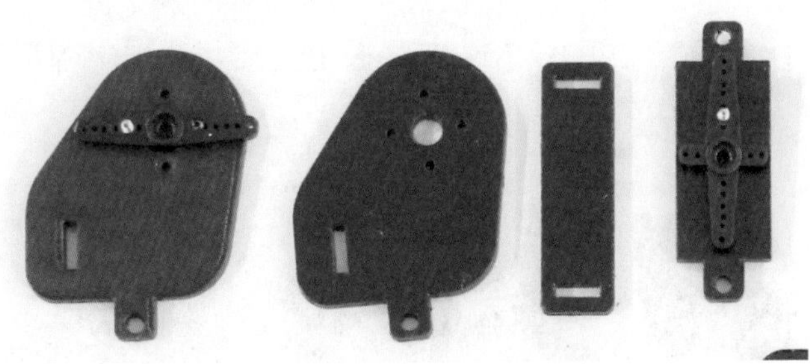

图 9－36　十字码盘安装效果图

②在图 9－36 所示四个零件中，首先选取左侧第一、二个零件，将其安装到右侧第一个零件上，其情形如图 9－37 所示。安装时须注意舵盘连接舵机轴的一端的朝向，髋关节与机器人躯体连接件的舵盘朝向组合件的外侧，髋关节与大腿节连接件的舵盘朝向组合件的内侧。然后将剩余的一个零件安装固定在组合件的上方，如此即完成髋关节的装配，安装结果如图 9－38 所示。

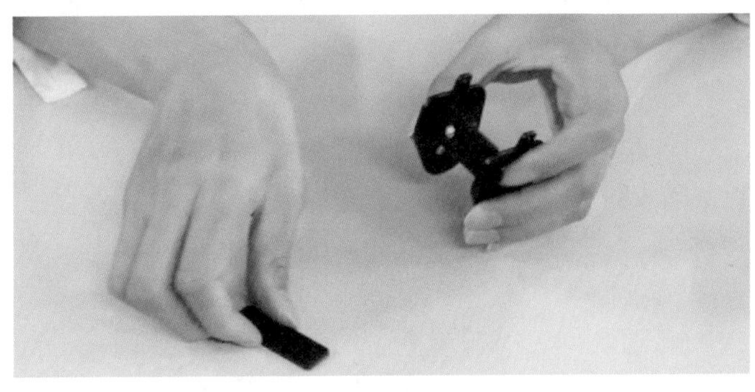

图 9－37　髋关节安装步骤二

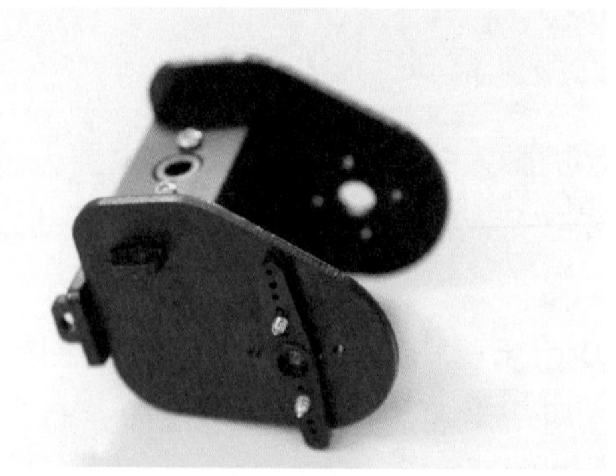

图 9－38　髋关节组件安装效果

9.5.3　仿生四足机器人小腿节的装配

仿生四足机器人的小腿节是与地面接触的组件，其安装要求比较严苛，因为其安装效果直接影响机器人的行走性能，应当严格按照安装要求和步骤开展工作。具体装配方法与步骤如下：

①从图 9－20 所示已切割好的零件布局板上选中并拆出小腿节对应的零件，并将它们摆放整齐，如图 9－39 所示。

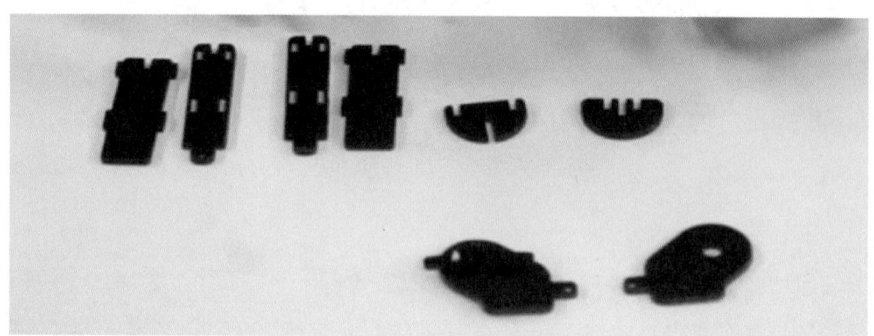

图 9－39　小腿节对应的零件

②从图 9－39 所示零件中选取两片半圆形零件，经过拼插组成如图 9－40 右边所示的单腿足端零件；再选取四块长方形零件拼插成如图 9－40 左边所示的小腿主干零件。

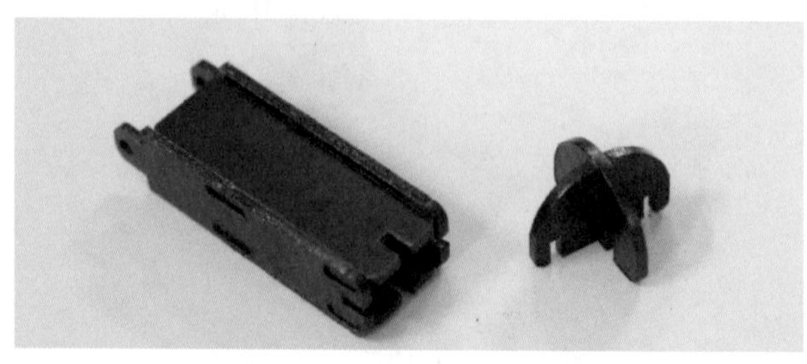

图 9－40　小腿节安装步骤一

③将图9－40左、右两部分组装成一个小腿部件，其情形如图9－41所示。

④这时可用余下的四个零件（见图9－42）来组装小腿节与大腿节的连接件。按照图9－43（a）所示方法进行安装，组装结果如图9－43（b）所示。

图9－41 小腿节安装步骤二

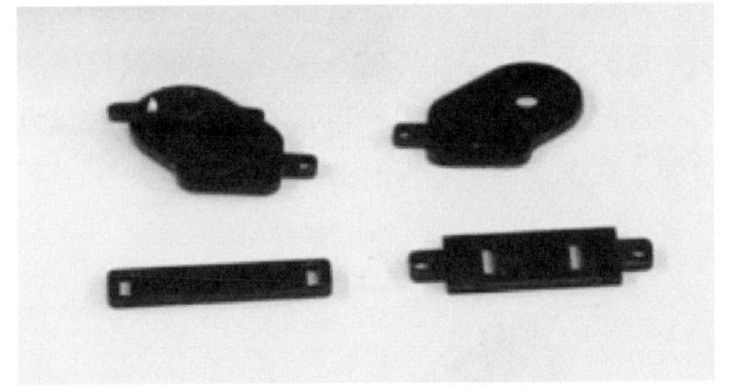

图9－42 小腿节与大腿节连接零件

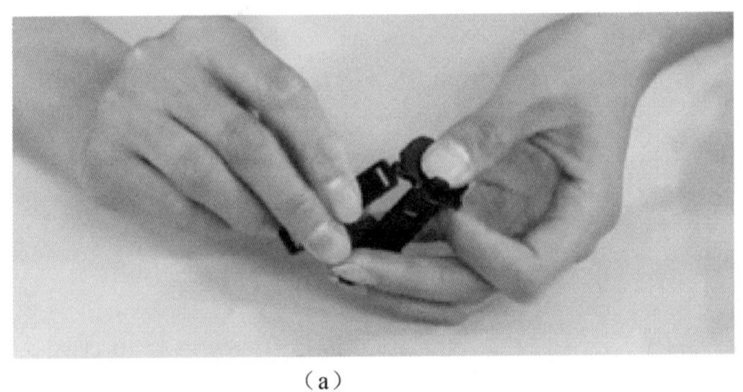

（a）

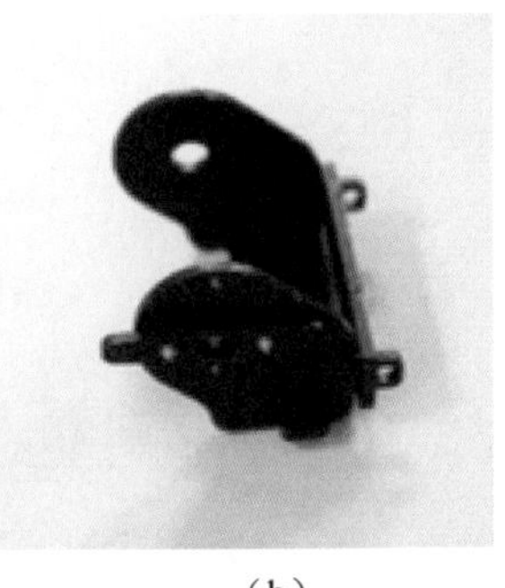

（b）

图9－43 小腿节安装步骤三

⑤将安装步骤二完成结果与安装步骤三完成结果合并，最终完成小腿节的装配工作，其结果如图9－44所示。

图9－44 小腿节最终安装效果

9.5.4 仿生四足机器人单腿的装配

将之前装配好的髋关节组建、大腿节组建与小腿节组建整理完毕，按图 9－45 所示方法连接成一条整腿，连接时尤其需要注意舵盘与舵机输出轴上的齿轮箱啮合情况，另一端的铜柱则穿入连接孔中。这里需要提醒的是，四足机器人的四条腿是两两成组的，左前腿与右后腿为一组，右前腿与左后腿为一组，同组腿完全相同，异组腿互为镜像，在安装各个零件时务必注意镜像关系，不要弄错。

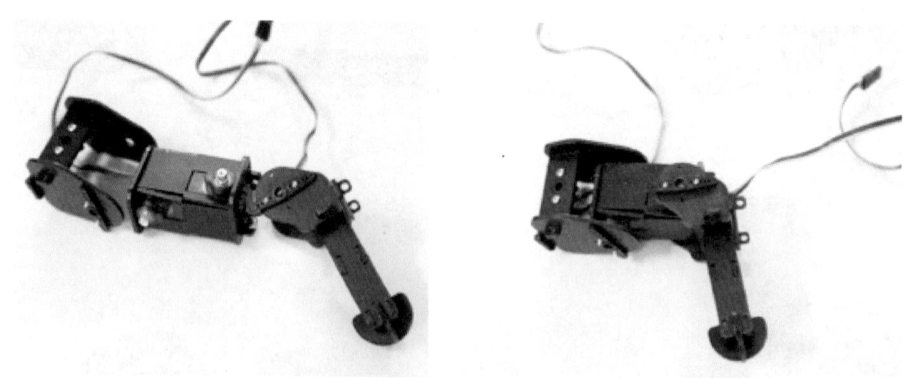

图 9－45 仿生四足机器人单腿的安装

9.5.5 仿生四足机器人躯干的装配

仿生四足机器人的头部与身体均为简单拼插件，组装起来比较容易。从已经切割好的零件板上取下对应的零件，将舵机安装在相应的孔位上，尾巴安装在机身后部的孔位上，组装完成的头部及身体如图 9－46 所示。

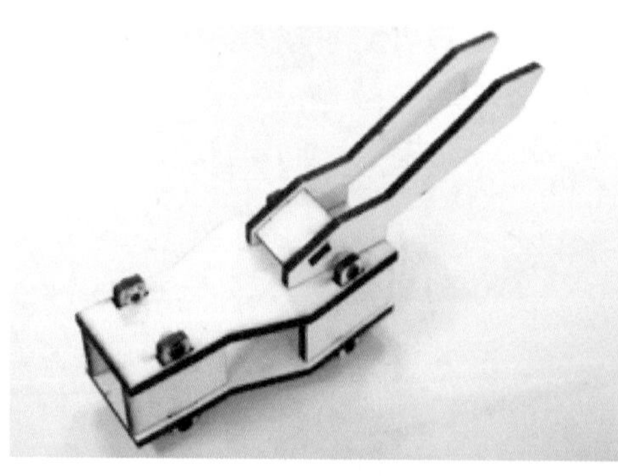

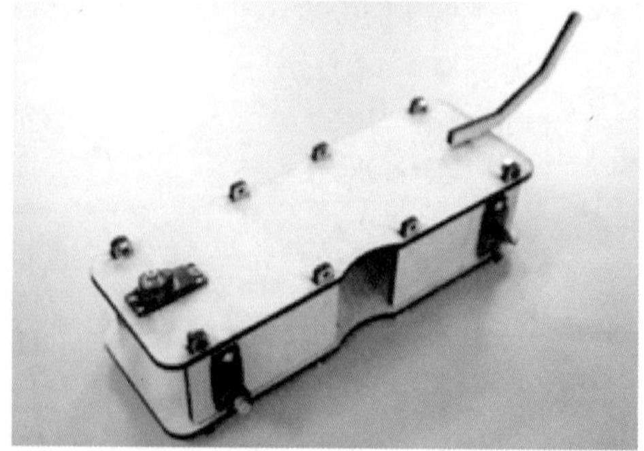

图 9－46 仿生四足机器人头部和身体安装效果

9.5.6 仿生四足机器人整体的装配

组装好四足机器人各部分组件后，就可以开始机器人整体的装配了。图 9－47 展示的是仿生四足机器人整体装配所需的全部零部件。

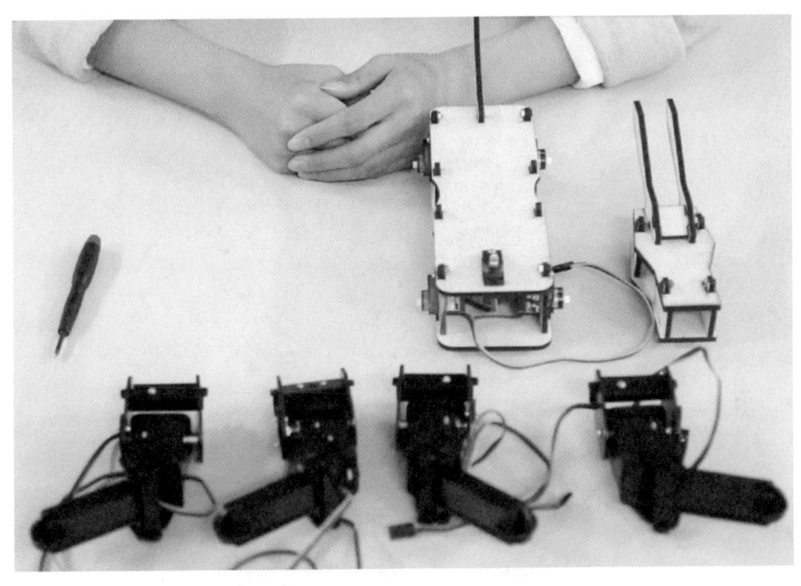

图 9－47　仿生四足机器人整体装配所需全部组件

①将四肢与躯干部分连接，为此可将髋关节组件的舵盘与躯干部分的舵机输出轴连接起来，使之实现齿轮的顺畅啮合，这表明安装到位，如图 9－48 所示。四条腿的安装方法相同，但应当注意方向，以免弄错。

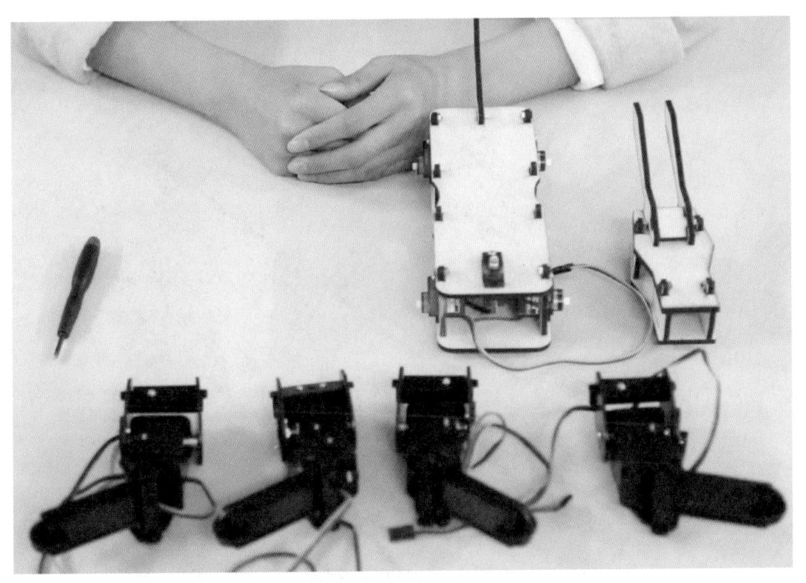

图 9－48　仿生四足机器人整体安装步骤一

②头部的安装方法与腿与躯干的安装方法基本相同（见图 9－49），主要是注意连接以后应保证舵机齿轮的顺畅啮合。安装完成并调好初始零状态后可以将舵机与舵盘使用螺钉进行固定，其安装效果如图 9－50 所示。

至此，小型仿生四足机器人的结构装配工作全部完成。将舵机与机器人主控制对应接口连接后，即可进入机器人的调试与编程环节，如图 9 – 51 所示。

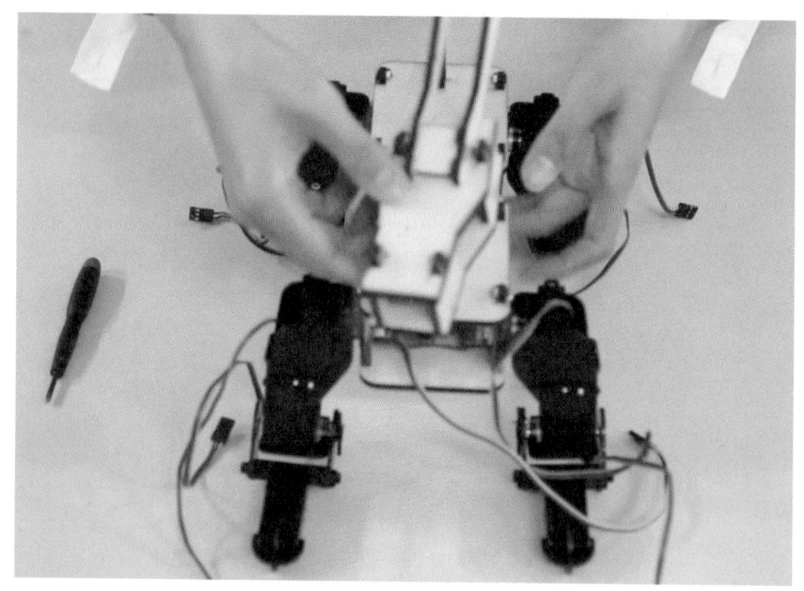

图 9 – 49　仿生四足机器人整体安装步骤二

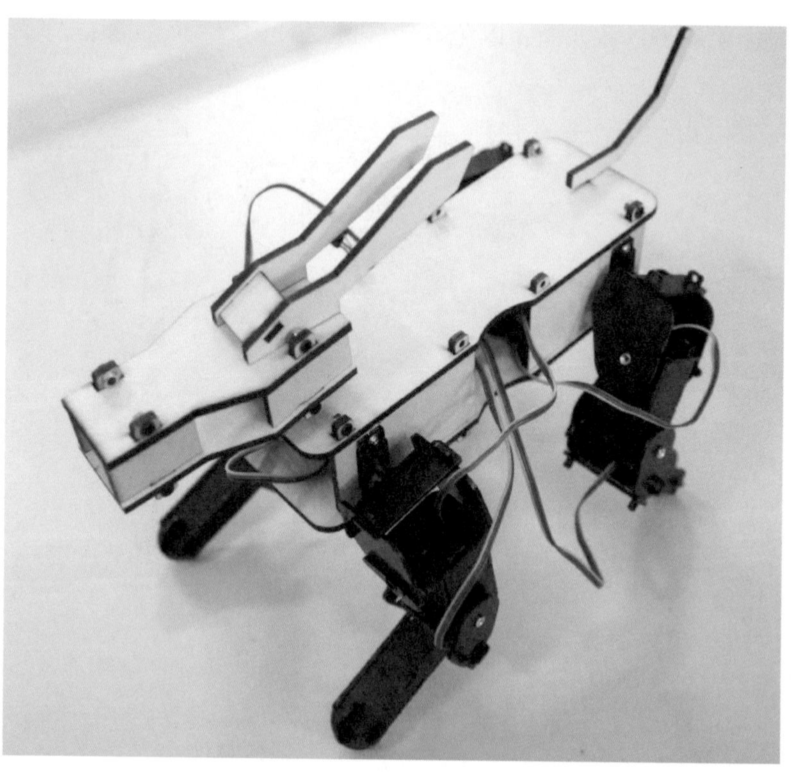

图 9 – 50　小型仿生四足机器人整体安装效果

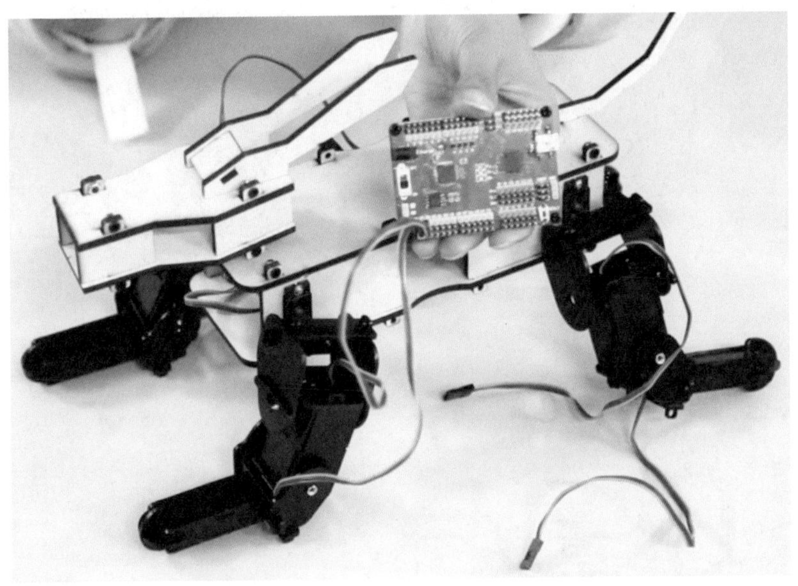

图9－51　已经装好调试电路的仿生四足机器人

第 10 章 小型仿人双足机器人的制作与装配

仿人双足机器人的研究目前仍是国内外仿生机器人研究领域中的热点与难点，其研究内容从类人冗余自由度机械臂的设计、双臂机械臂的研究，直到液压驱动式全尺寸仿人机器人的研发、可穿戴式外骨骼器械的开发。内涵十分丰富，影响特别巨大。本章所设计的小型仿人双足机器人，包括前述的仿生六足机器人和仿生四足机器人，都将设计的重心放在重教育、重启发、重引导、重参与，易制作、易组装、易控制、易推广等方面，强调的是低成本、低投入，争取的是启智性、互动性、趣味性，力图为广大学生营造一种动脑与动手结合，理论与实践结合，知识与技能结合，继承与创新结合的舞台，让学生在这个舞台上展示自己的学习能力和创新能力。由于在前述几章中已经对机器人结构设计思路、零件加工方法等进行了详细介绍，因此本章将重点讲述小型双足机器人的加工与装配过程。

10.1 仿人双足机器人的结构设计与制作

本章所设计的小型双足机器人自由度配置为 10 个，其中双臂各有 2 个自由度、双腿各有 3 个自由度。这样的自由度配置在保证双足机器人具有足够的行走能力和完成各类动作能力的基础上，也兼顾了机器人的经济性与性能水平。我们知道，自由度的增多将使机器人的体积和重量增大，从而需要性能更好、价格更高的驱动舵机，导致机器人制作成本骤升。此外，自由度的增加还将提高控制程序的编写难度，不利于对小型双足机器人开展循序渐进的设计研制。

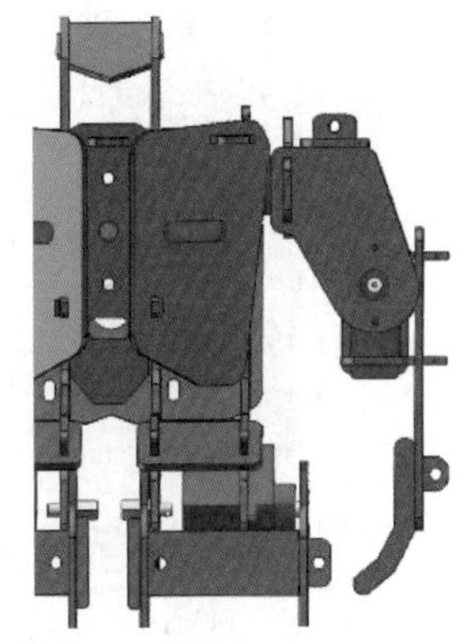

图 10－1　小型双足机器人躯干与上肢的三维模型

基于上述考虑与安排，本章所设计的 10 自由度双足机器人其躯干、四肢与整机的三维模型分布如图 10－1、图 10－2 和图 10－3 所示。

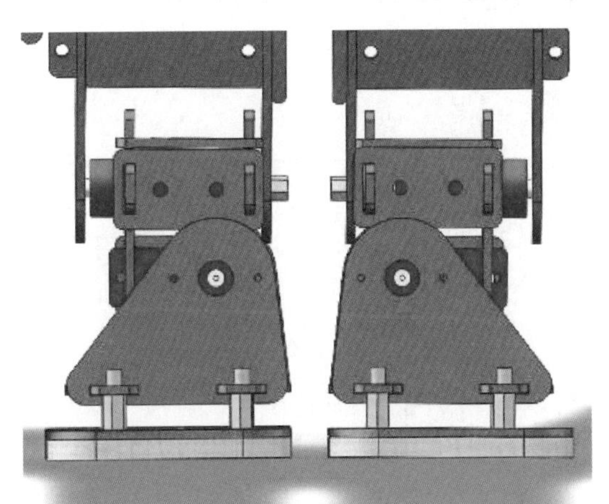

图 10－2　小型双足机器人足部的三维模型

图 10－3　小型双足机器人的三维模型

完成小型双足机器人的结构设计后，可以参照前述章节中讲述的加工方法，完成仿人双足机器人的零件加工。经过激光切割，得到如图 10－4 所示的全部零件，零件编号以及数量对应情况见表 10－1。

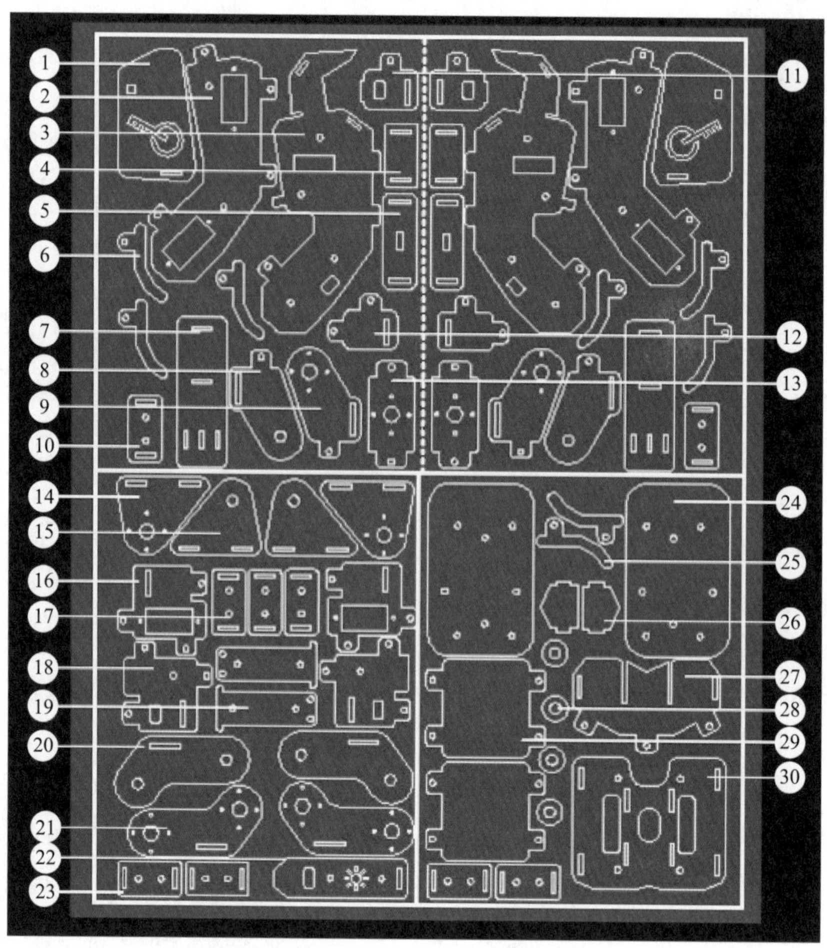

图 10－4　双足机器人已加工完毕的零件

表 10－1　小型双足机器人零件编号以及数量对应表

编号	数量	编号	数量	编号	数量
1	2	11	2	21	2
2	2	12	2	22	1
3	2	13	2	23	4
4	2	14	2	24	2
5	2	15	2	25	2
6	6	16	2	26	2
7	2	17	3	27	1
8	2	18	2	28	4
9	2	19	2	29	2
10	2	20	2	30	1

10.2 仿人双足机器人躯干的装配

为了方便机器人的装配工作，在切割零件时，就对合理布局进行过深入考虑，分别按上半身部件和下半身部件进行了分片切割，其切割结果如图 10－5 所示。这样在后续装配时方便按片取件组装。

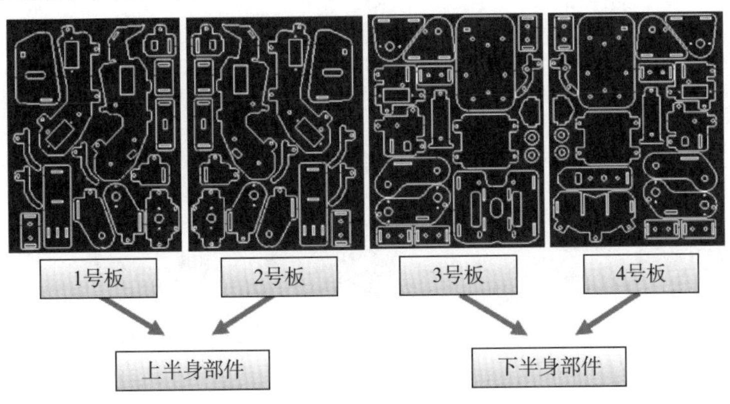

图 10－5 零件切割布局对应图

1. 躯干主体结构的装配

①从图 10－5 所示零件板中取出所需的 5 个零件，如图 10－6 所示。

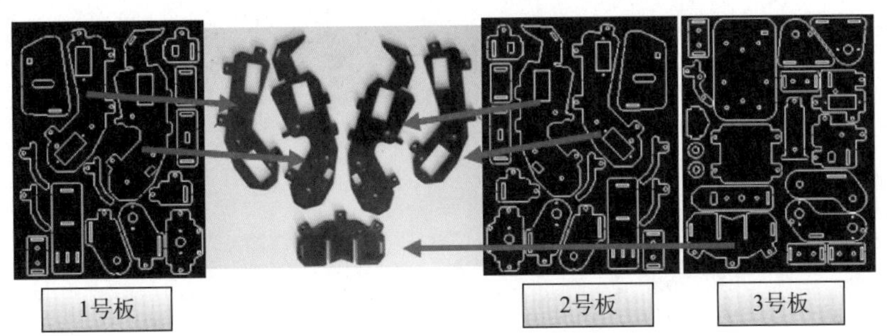

图 10－6 躯干主体结构装配步骤一

②将取出的上述 5 个零件临时编号，其编号情况如图 10－7 所示。

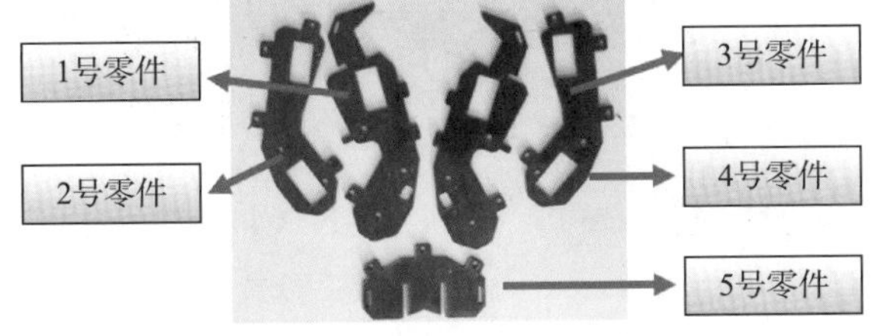

图 10－7 躯干主体结构装配步骤二

③将 1 号零件、长铜柱、小螺母取出，按照图 10－8 所示方式安装。

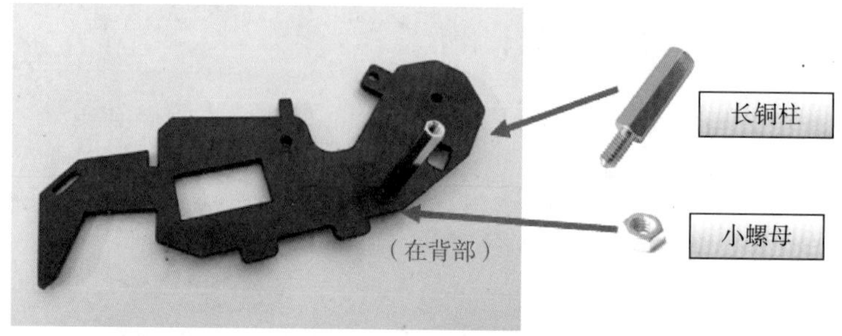

图 10－8　躯干主体结构装配步骤三

④将短铜柱和小螺丝取出，按照图 10－9 所示方式安装。

图 10－9　躯干主体结构装配步骤四

⑤按图 10－10 所示方式继续安装，其安装结果如图 10－11 所示。这时可仔细检查一下长、短螺柱的朝向是否正确。

图 10－10　躯干主体结构装配步骤五

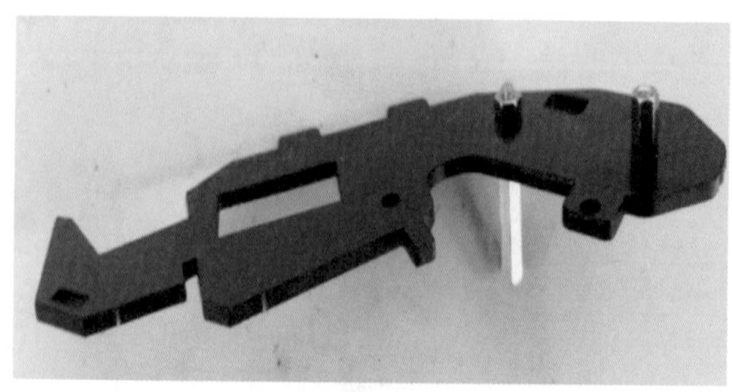

图 10－11　躯干主体结构装配步骤六

⑥采用同样的方法安装3号零件，注意这是与1号零件的对称安装，安装完成后的结果如图10－12所示。

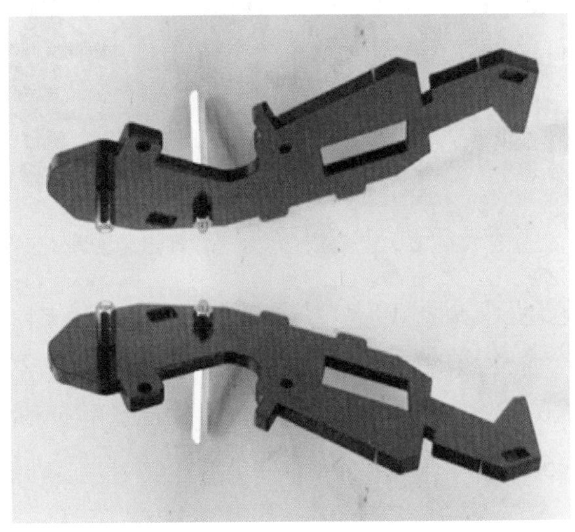

图10－12 躯干主体结构装配步骤七

⑦取出图10－12中的一个零件，为其安装上长铜柱，其情形如图10－13所示。

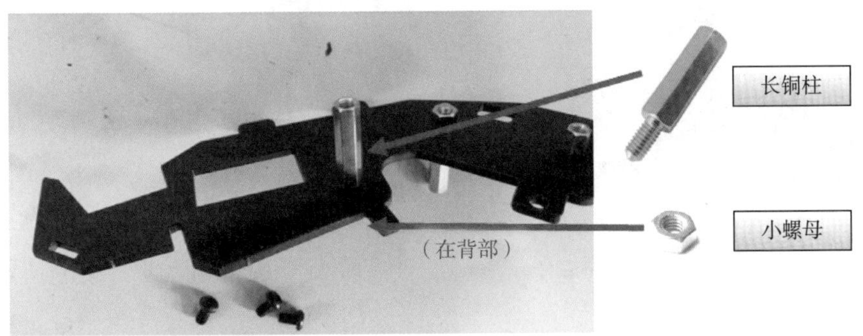

图10－13 躯干主体结构装配步骤八

⑧将3号零件和1号零件安装在一起，其情形如图10－14所示。

⑨取出5号零件，与1、3号零件连接，其情形如图10－15所示，安装结果则如图10－16所示。

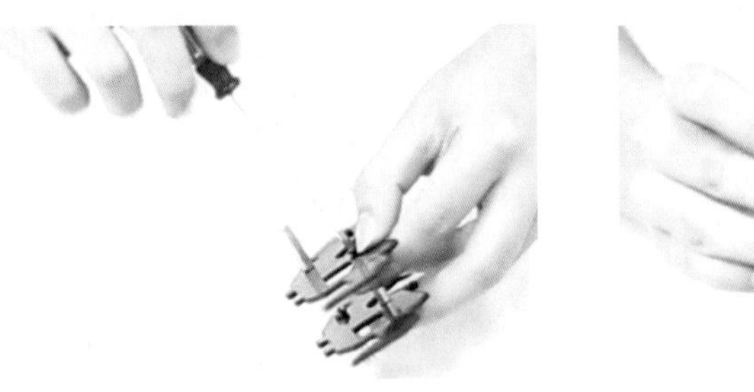

图10－14 躯干主体结构装配步骤九

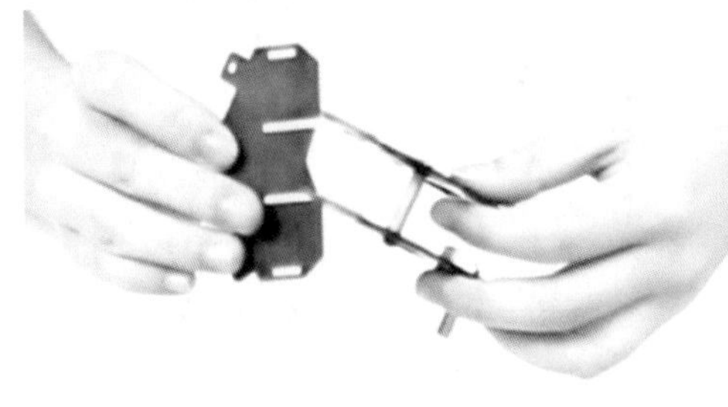

图10－15 躯干主体结构装配步骤十

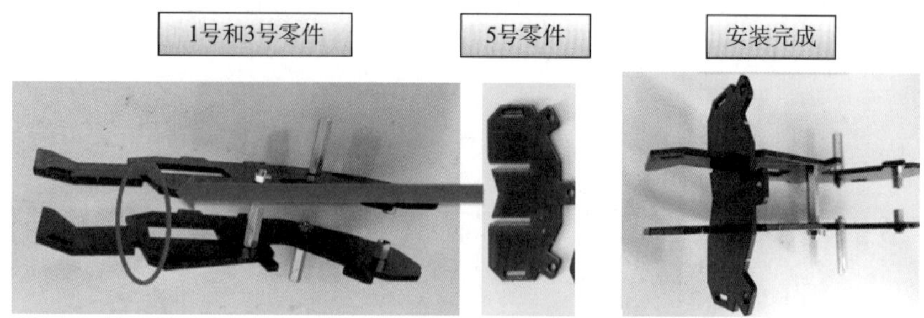

图 10－16　躯干 1、3、5 号零件组装结果

⑩取出 2 号、4 号零件（见图 10－17）与四个舵机，然后以 2 号零件和两个舵机先行装配。这时可将一个舵机的导线按图 10－18 所示方向由 2 号零件的舵机口位穿出，此时需要注意舵机的安装方向，务必使舵机的输出轴朝向零件顶端，如图 10－19 所示，然后将舵机固定，其情形可如图 10－20 所示。

图 10－17　躯干 2 号、4 号零件

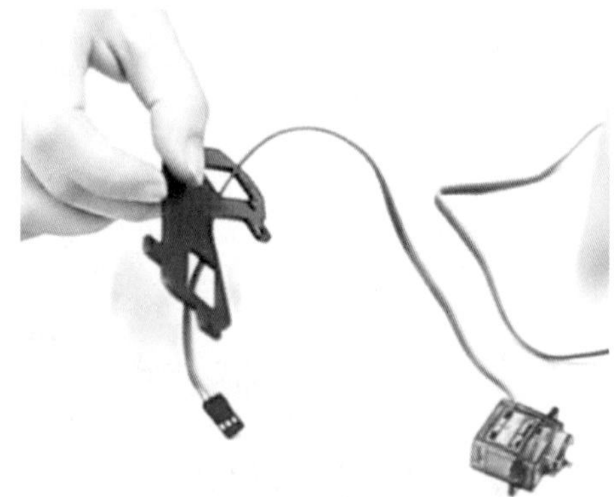

图 10－18　舵机穿线方式示意图

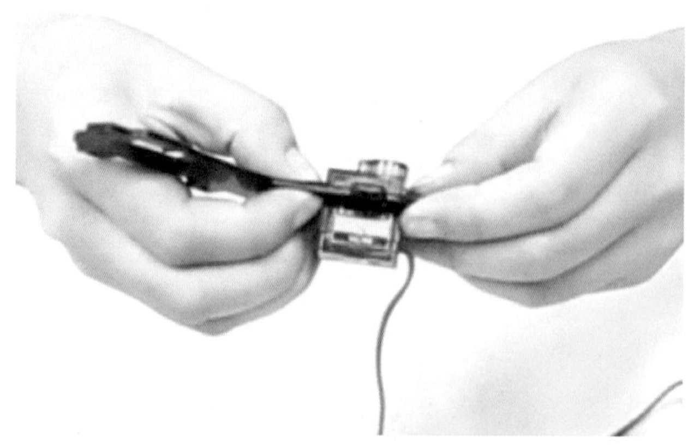

图 10－19　舵机输出轴朝向示意图

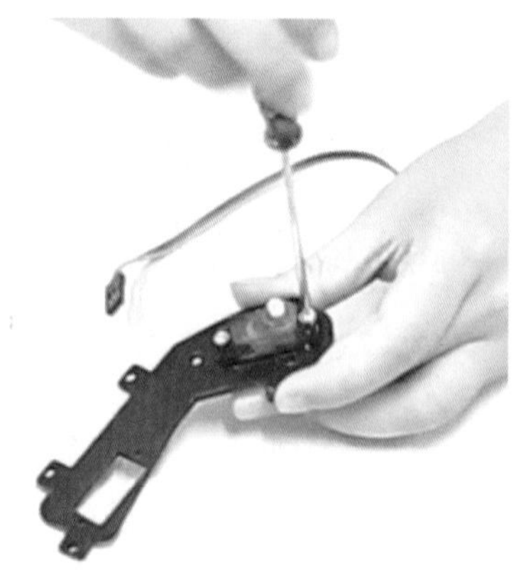

图 10－20　舵机固定示意图

⑪第二个舵机安装在 2 号零件板的另一面上，输出轴靠近零件顶端一侧，此时需注

意输出轴的朝向，防止弄错，然后用自攻螺钉将舵机固定在卡口上，其情形如图10－21所示。

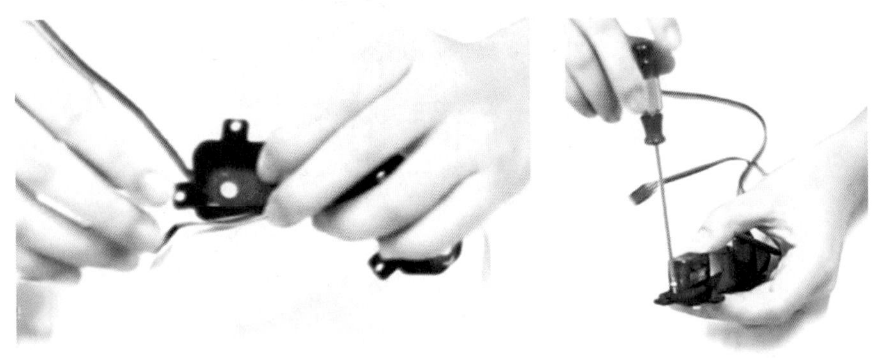

图10－21　躯干主体结构装配步骤十一

⑫4号零件与2号零件的安装方向对称，方法相同，安装完成的效果如图10－22所示。

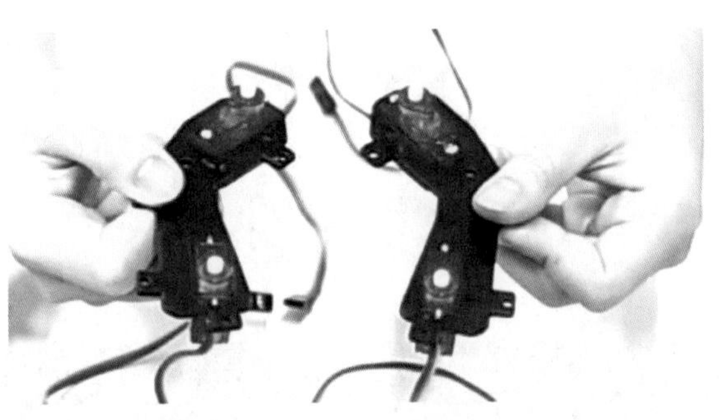

图10－22　躯干主体结构装配步骤十二

⑬将安装好舵机的2号和4号零件连接到1号和3号零件上，使用小螺母、小螺丝和长铜柱进行连接，舵机输出轴全部朝向躯体外侧，安装连接时注意2号、4号零件的方向。其情形如图10－23所示。

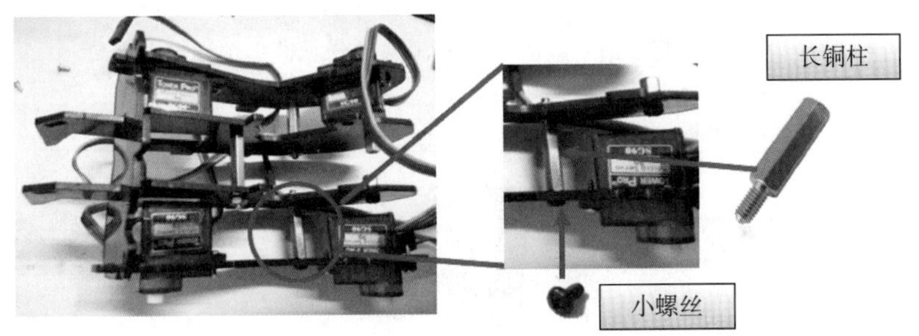

图10－23　躯干主体结构装配步骤十三

⑭至此，双足机器人躯干主体的组装工作顺利完成，如图10－24所示。

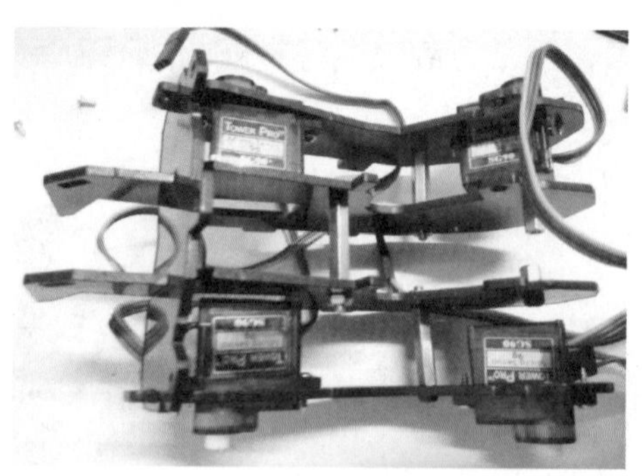

图 10－24　躯干主体结构装配步骤十四

2. 躯干其余结构的装配

①从图 10－25 所示切割零件布局板中取出 7 个零件，并将这 7 个零件进行临时编号，其情形如图 10－26 所示。

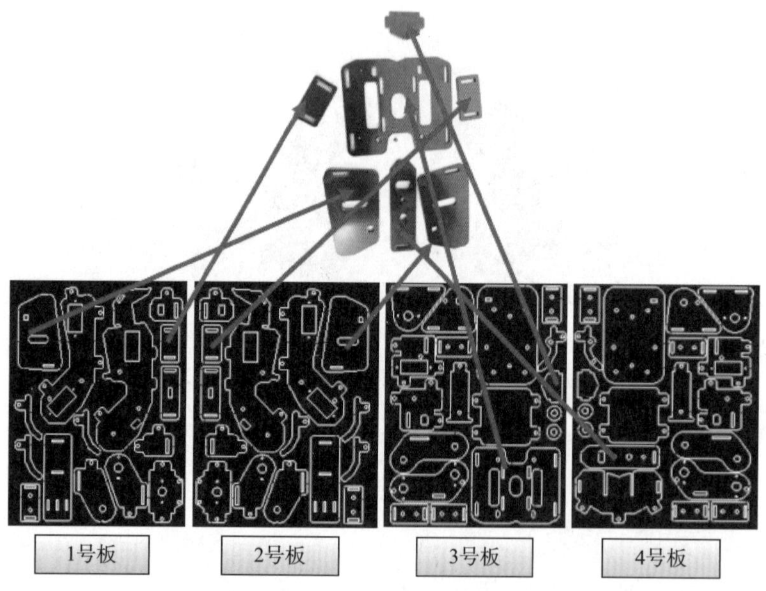

图 10－25　躯干其余结构装配步骤一（从切割零件板中取出 7 个零件）

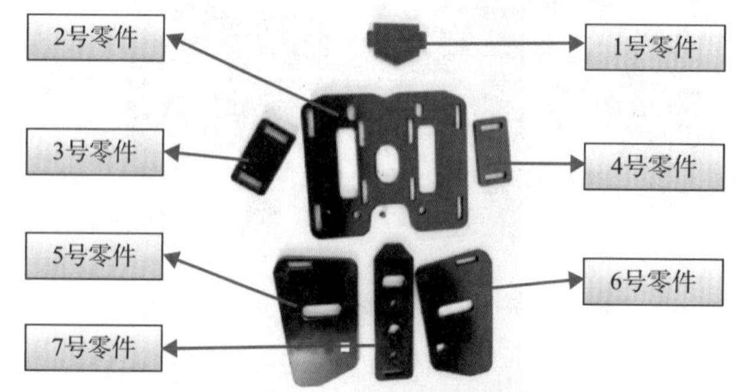

图 10－26　躯干其余结构装配步骤二（对 7 个零件进行编号）

②从图 10－25 上部所示 7 个零件中先取出 1 号和 7 号零件，然后将 1 号零件安装在上一步已经组装好的机器人头部位置，再将 7 号零件安装在机器人胸前位置，卡入卡口，所得装配结果如图 10－27 所示。

③接着从图 10－25 上部所示 7 个零件中取出 5 号和 6 号零件，按图 10－28 所示方法将其安装在双足机器人的前胸部位。先将中间卡口卡住，然后向后推入上部卡位，如图 10－29所示。6 号零件与 5 号安装方法相同，方向对称。最后安装效果如图 10－30 所示。

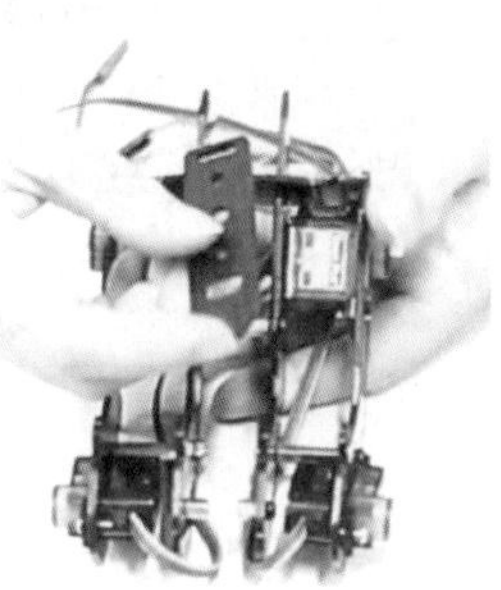

图 10－27 躯干其余结构装配步骤三

图 10－28 躯干其余结构装配步骤四

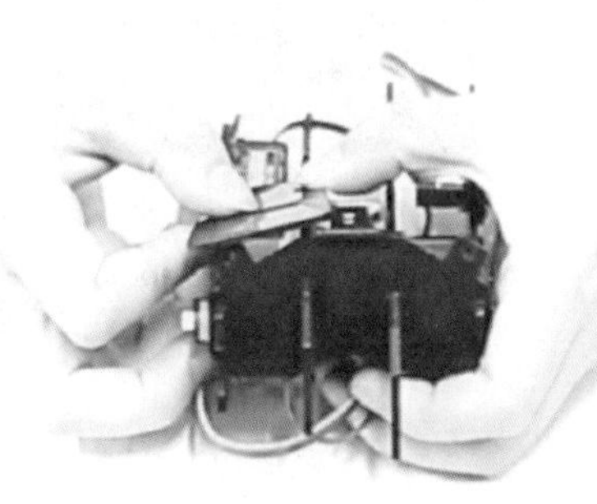

图 10－29 躯干其余结构装配步骤五

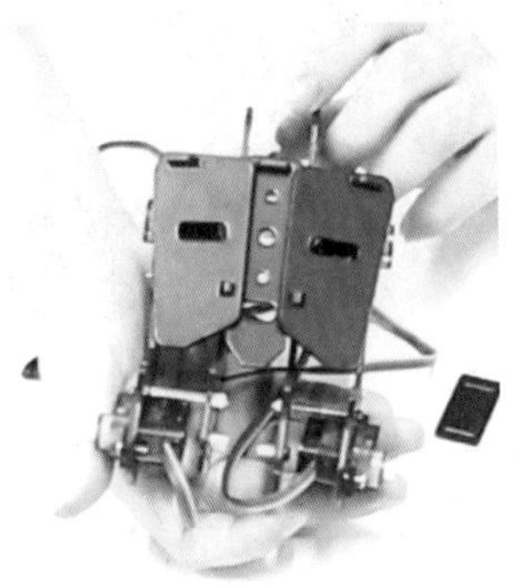

图 10－30 躯干其余结构装配步骤六

④随后安装 3 号和 4 号零件，这两个零件完全相同，安装在大腿部位，如图 10－31 和图 10－32 所示。

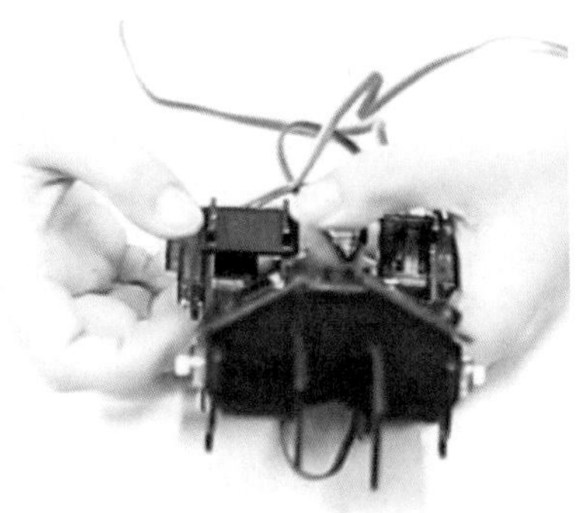

图 10－31 躯干其余结构装配步骤七

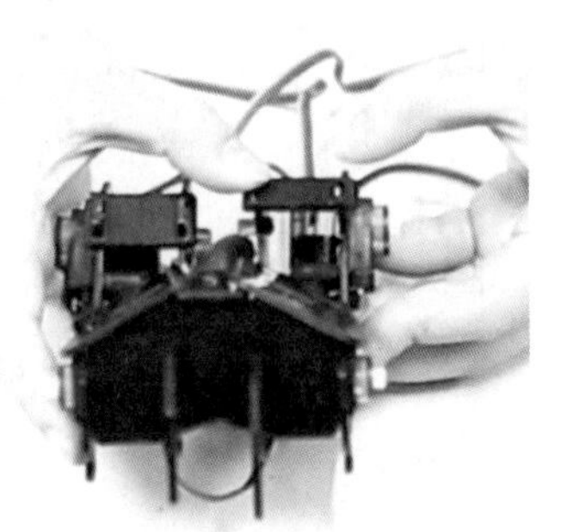

图 10－32 躯干其余结构装配步骤八

⑤最后安装背板。首先取出4个短铜柱和4个小螺丝，将它们如图10－33所示安装在2号零件的背板上，并用小螺丝在另一面上将短铜柱固定住。

图10－33　躯干其余结构装配步骤九

⑥将2号零件扣在双足机器人背部预留的四个卡位上（见图10－34），并用小螺丝将其固定，安装结果如图10－35所示。

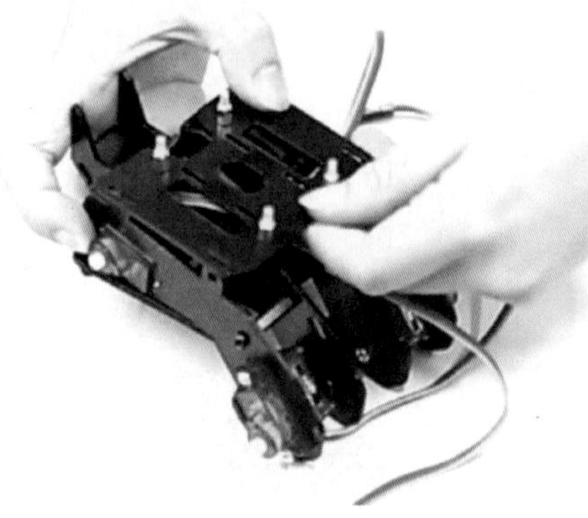

图10－34　躯干其余结构装配步骤十

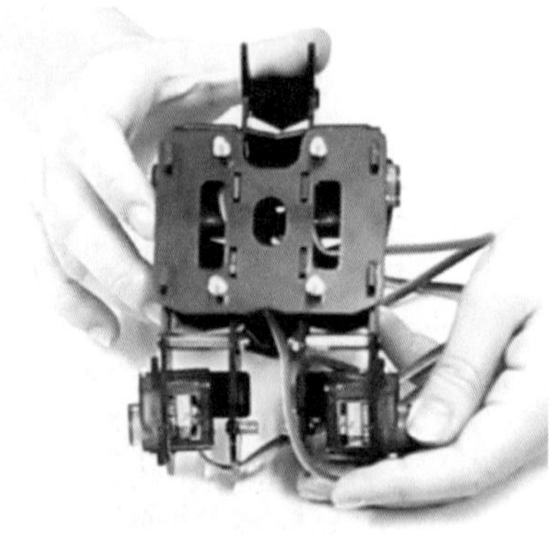

图10－35　躯干其余结构装配步骤十一

至此，完成了仿生双足机器人躯干部件的组装。为了让双足机器人能够参加一些剧烈的运动而不会散架，还可以在锁定的地方添加螺钉螺母，保证双足机器人在踢球、跑步、格斗等运动中有更加优异的表现。

10.3　仿人双足机器人上肢的装配

当双足机器人躯体部分的装配工作完成之后，即可以开始组装机器人的四肢了，本节将主要介绍机器人上肢结构的装配情况。

1. 大臂的装配

①从切割零件板中找出如图10－36所示的8个零件，并按图10－37进行临时编号。

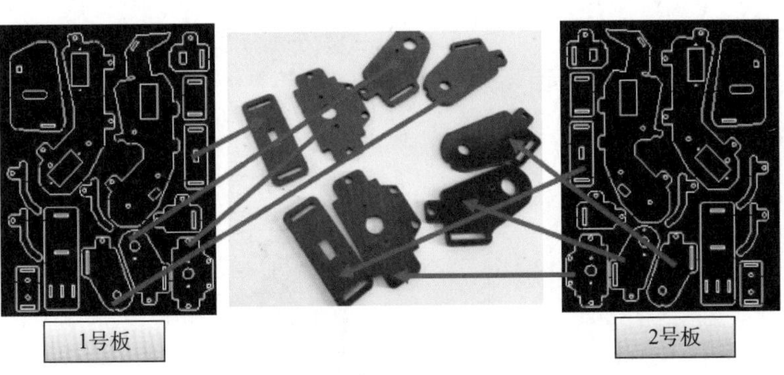

图 10 – 36　大臂安装步骤一

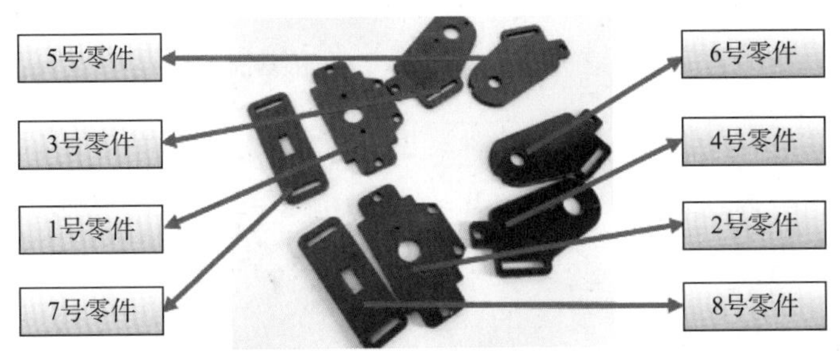

图 10 – 37　大臂安装步骤二

②然后取出一字型舵盘，将其装入 1 号零件安装孔中，其情形如图 10 – 38 所示。

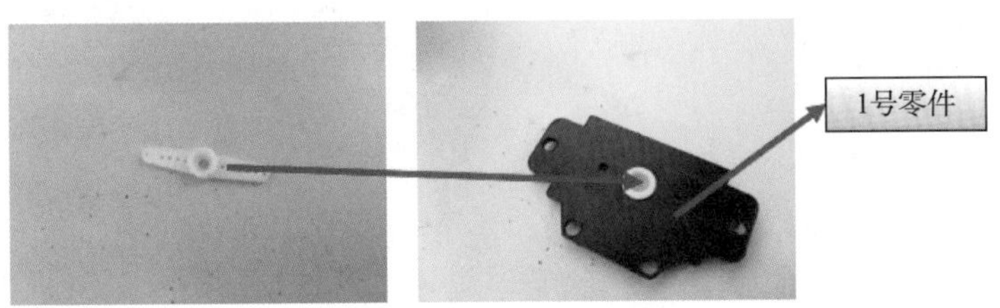

图 10 – 38　大臂安装步骤三

③用两枚自攻螺钉将一字形舵盘固定在 1 号零件上，其情形如图 10 – 39 所示，2 号零件也进行同样处置。

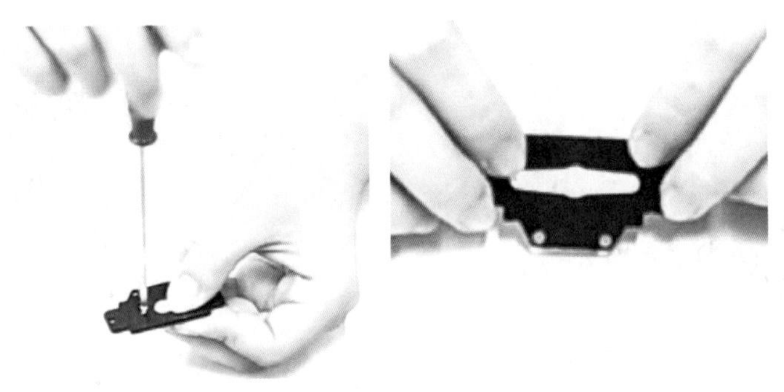

图 10 – 39　大臂安装步骤四

④取出半一字形舵盘和 3 号零件，将半一字形舵盘装入 3 号零件，其情形如图 10－40 所示。然后同样使用自攻螺钉将其固定，4 号零件与 3 号零件采用相同方法对称安装。

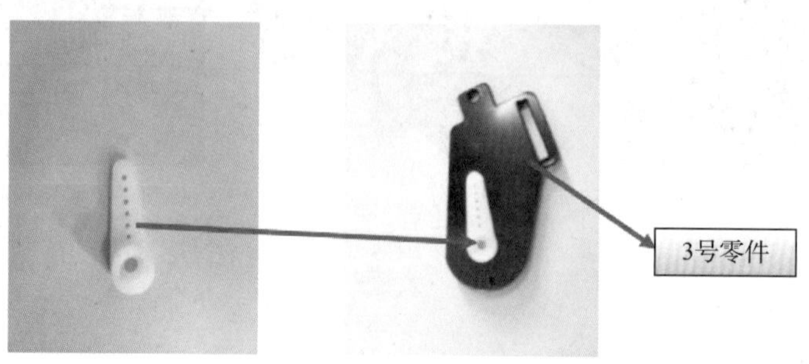

图 10－40　大臂安装步骤五

⑤接下来需要将 1 号零件与 3 号零件、2 号零件与 4 号零件组合安装，需要注意，安装时应使 3 号零件和 4 号零件有舵盘的一侧朝外，效果如图 10－41 和图 10－42 所示。

图 10－41　大臂安装步骤六

图 10－42　大臂安装步骤七

⑥安装 5 号零件和 6 号零件时，应注意其安装方位，务必使其与 3 号和 4 号零件形成对称关系，如图 10－43 和图 10－44 所示。

图 10－43　大臂安装步骤八

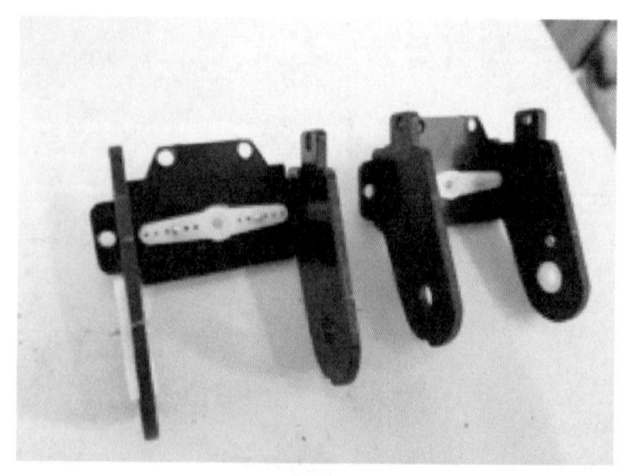

图 10－44　大臂安装步骤九

2. 小臂与手部的装配

①从切割零件板中找出如图 10－45 所示的 14 个零件。

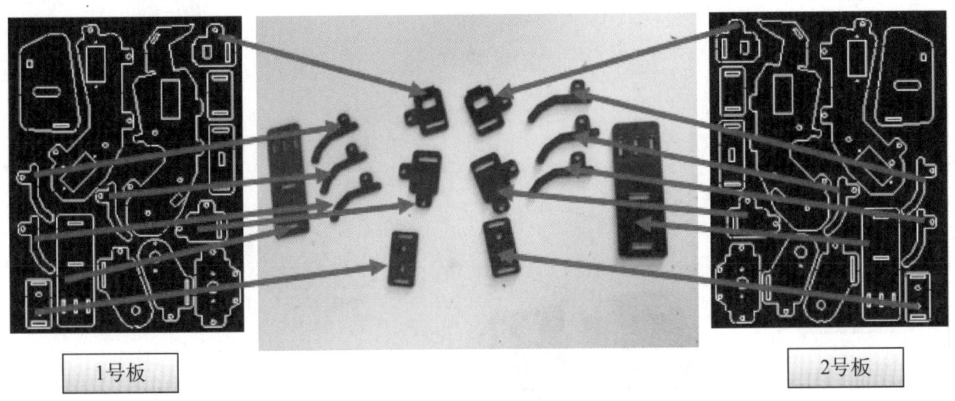

图 10－45 小臂与手部安装步骤一

②将上述 14 个零件按图 10－46 进行临时编号，其中 9 号和 10 号零件各有 3 个。

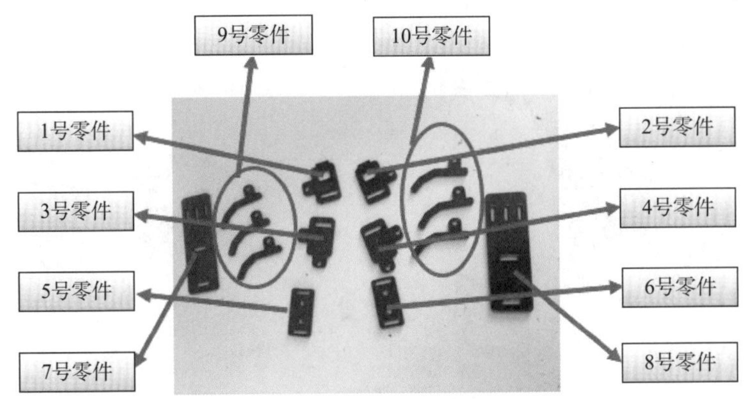

图 10－46 小臂与手部安装步骤二

③从上述 14 个零件中取出 1 号和 2 号零件以及 2 个舵机，将舵机的导线按图 10－47 所示方法由零件孔中穿出，再将舵机侧面定位翼板插入定位口，按图 10－48 所示方式进行固定。

图 10－47 小臂与手部安装步骤三

图 10－48 小臂与手部安装步骤四

④此时取出 3 号和 4 号零件，按图 10－49 所示方式安装在舵机的另一侧。

图 10－49　小臂与手部安装步骤五

⑤随后取出 5 号和 6 号零件，分别在其安装孔上安装小螺丝和短铜柱，其安装结果如图 10－50 所示。

⑥这时可将加装好螺母的 5 号和 6 号零件分别装到舵机上，如图 10－51 所示。应当强调的是，螺母的轴线与舵机输出轴轴线共线，螺母朝向外侧，其安装结果如图 10－52 所示。

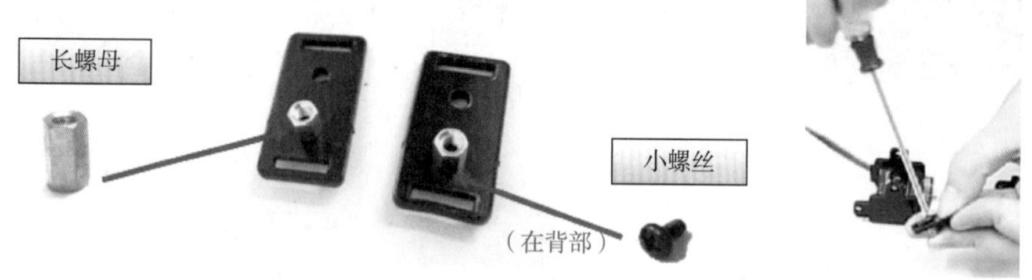

图 10－50　小臂与手部安装步骤六

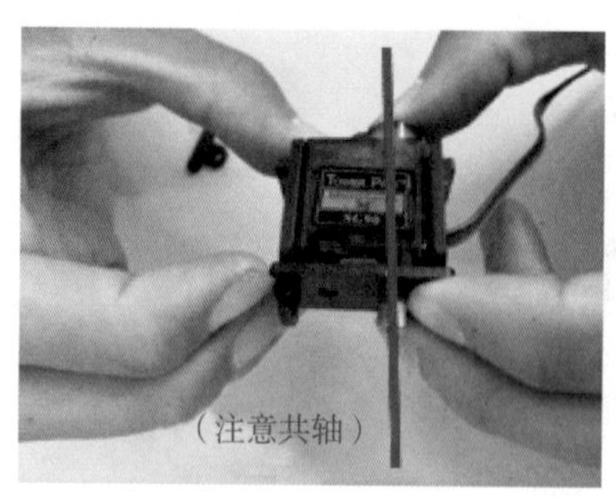

图 10－51　小臂与手部安装步骤七

图 10－52　舵机安装效果

⑦将 7 号和 8 号零件（小臂板）按图 10－53 所示方式安装在舵机块上，并将螺丝拧入预留孔位予以固定，其安装效果如图 10－54 所示。

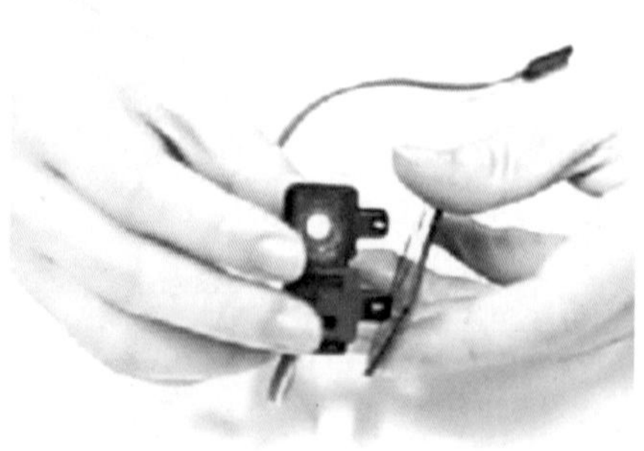

图 10－53　小臂与手部安装步骤八

图 10－54　小臂板与舵机配合安装效果

⑧将各有3个的9号和10号零件（手掌部件）按图10-55所示方式分别插入7号和8号零件（小臂板）的3个并排孔位中。

⑨至此，可将小臂部分与大臂部分组合（见图10-56），注意安装方向，须使小臂舵机输出轴对准大臂的半一字形舵盘，另一端螺母卡入孔洞，同时小臂舵机朝向大臂一字形舵盘方向。安装效果如图10-57所示。

⑩大臂与小臂的组合连接完成后，还需要将舵机线从大臂上的穿线孔中穿过，其情形如图10-58所示。

图10-55 小臂与手部安装步骤九

图10-56 小臂与手部安装步骤十

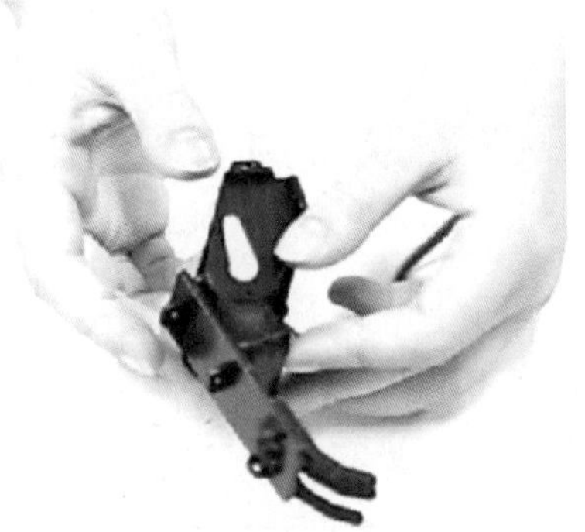

图10-57 小臂与大臂组合效果

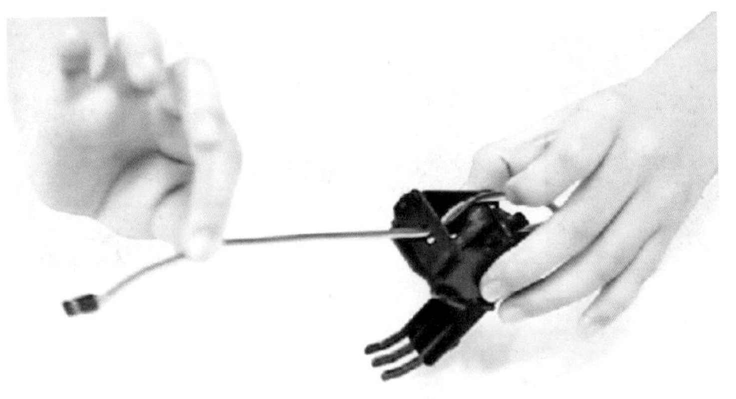

图10-58 小臂与手部安装步骤十一

完成了上肢的装配后，即可将装配好的上肢安装到双足机器人的躯干上，如图10-59所示。需要注意的是，两只手臂须对称安装，躯干部分的舵机输出轴装入大臂的一字形舵盘。小型双足机器人上半身的装配效果如图10-59所示。

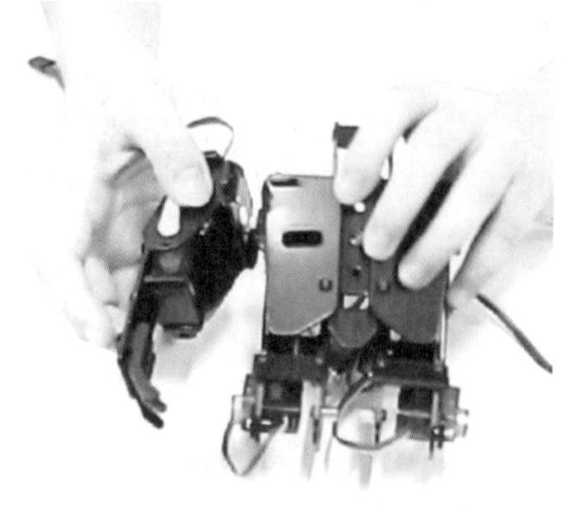

图 10－59　臂与手部安装步骤十二

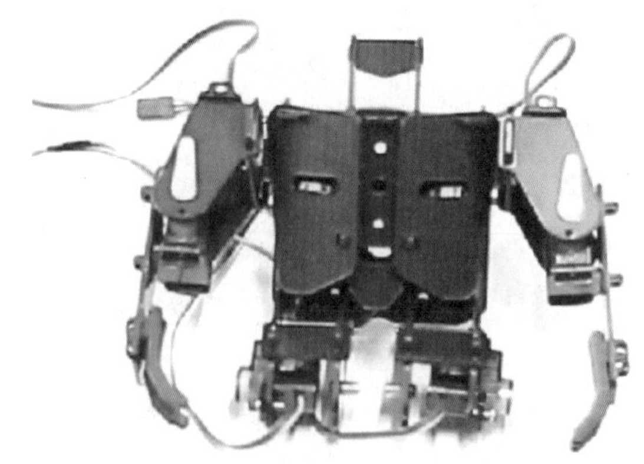

图 10－60　机器人上半身装配效果

10.4　仿人双足机器人腿部的装配

小型仿人双足机器人像人类一样，能够使用双腿完成站立、行走、奔跑、转弯等动作，本节中，将完成机器人重要的结构——双腿的装配。

1. 大腿和膝关节的装配

①从切割好的零件板中找出如图 10－61 所示的大腿和膝关节的 6 个组成零件。

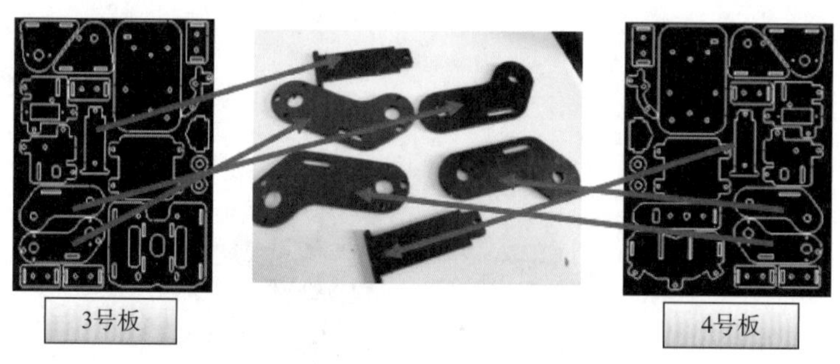

图 10－61　大腿和膝关节安装步骤一

②将上述 6 个零件按图 10－62 所示进行临时编号。需要注意 1、2 号零件开槽长度与 5、6 号零件的不同，5、6 号零件的槽口更长。

③这时取 4 个十字形舵盘，将其分别用自攻螺钉固定在 1 号和 2 号零件上，其情形如图 10－63 所示。

④随后取 3 号和 5 号零件，将 3 号零件由 5 号零件的槽中贯穿过，4 号和 6 号零件的安装方法相同，而方向对称，其情形如图 10－64 所示。

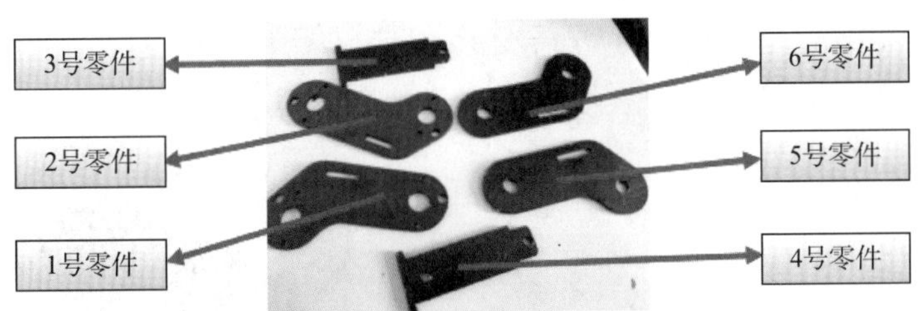

图 10－62　大腿和膝关节安装步骤二

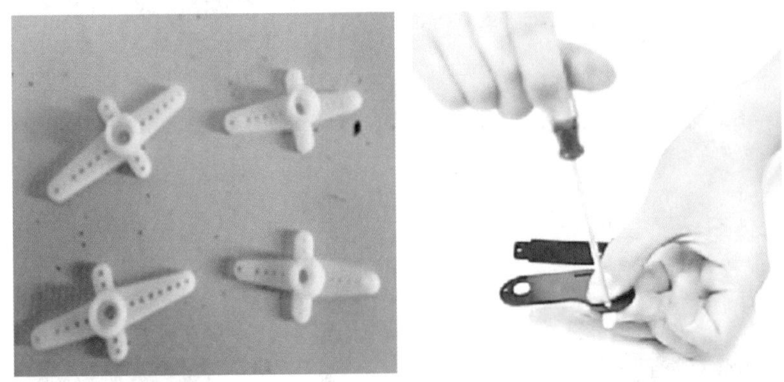

图 10－63　大腿和膝关节安装步骤三

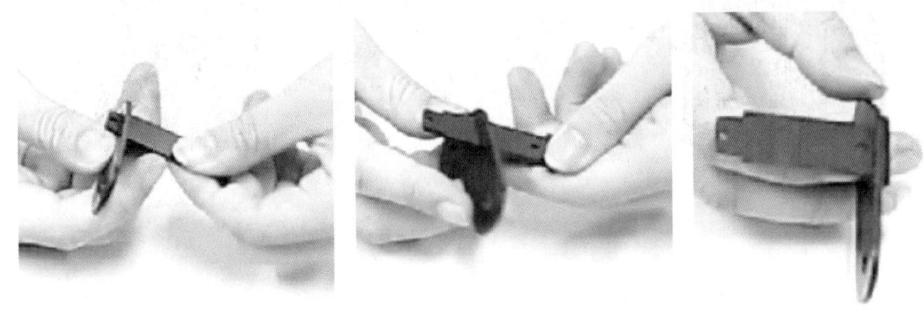

图 10－64　大腿和膝关节安装步骤四

⑤分别使用螺丝和螺母将 3 号、4 号零件固定，避免脱落。其过程如图 10－65 所示。

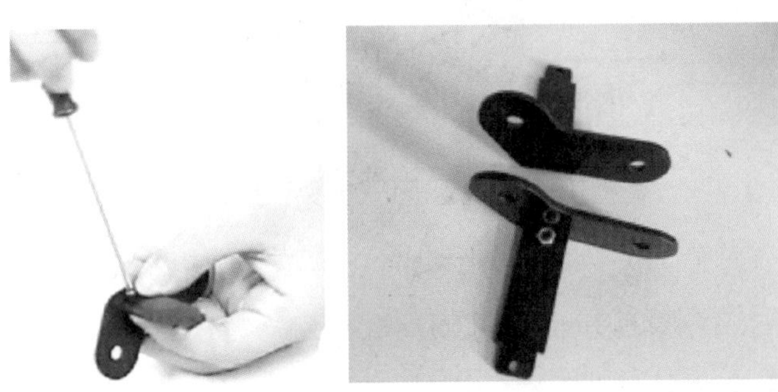

图 10－65　大腿和膝关节安装步骤五

⑥至此，可将 1 号和 2 号零件进行组装（参见图 10 - 66），此时需要注意舵盘的安装方向朝外。最后大腿和膝关节的装配效果如图 10 - 67 所示。

图 10 - 66　大腿和膝关节安装步骤六

图 10 - 67　大腿和膝关节装配效果

2. 小腿的装配

①首先从切割好的零件板中找出如图 10 - 68 所示的 12 个小腿组成零件。

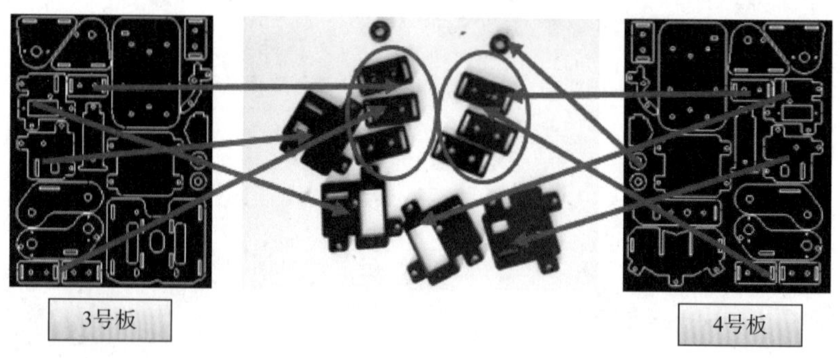

图 10 - 68　小腿安装步骤一

②将上述 12 个零件按图 10 - 69 所示进行临时编号，相同的零件取同号。

图 10 - 69　小腿安装步骤二

③取 1 号和 2 号零件以及两个舵机，并将 2 个舵机按图 10 - 70 所示方式插入 1 号和 2 号零件中，此时须注意舵机输出轴的安装方向。

④使用自攻螺钉分别固定两个舵机，其情形如图 10 - 71 所示。

图 10-70 小腿安装步骤三

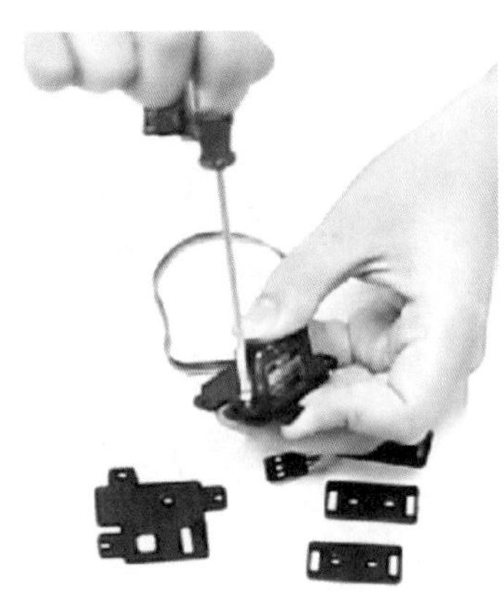

图 10-71 小腿安装步骤四

⑤取出 3 号和 4 号零件，在两零件上安装长螺母，并用小螺丝在背部拧紧。其情形如图 10-72 所示。

图 10-72 小腿安装步骤五

⑥取 3 号和 4 号零件以及两个黑色红标金属齿舵机，将舵机导线由 3 号和 4 号零件对应孔中穿出（参见图 10-73），并将舵机固定翼板插入固定槽，如图 10-74 所示。

图 10-73 小腿安装步骤六

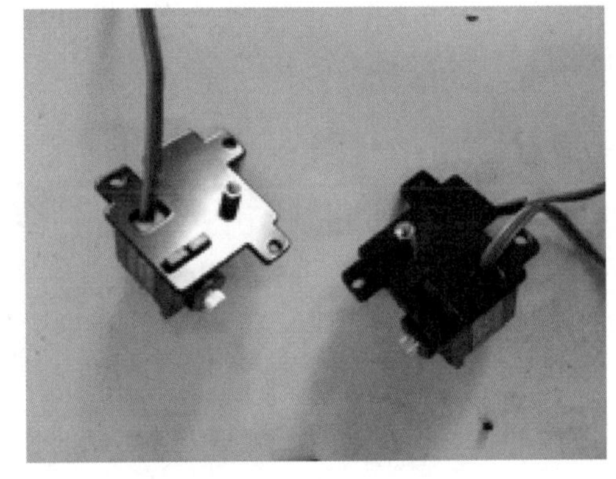

图 10-74 小腿安装步骤七

⑦取 5 号零件、短铜螺柱、垫片和长螺母各两个（参见图 10-75），然后将垫片套在螺柱上，用长螺母拧紧，其情形如图 10-76 所示。

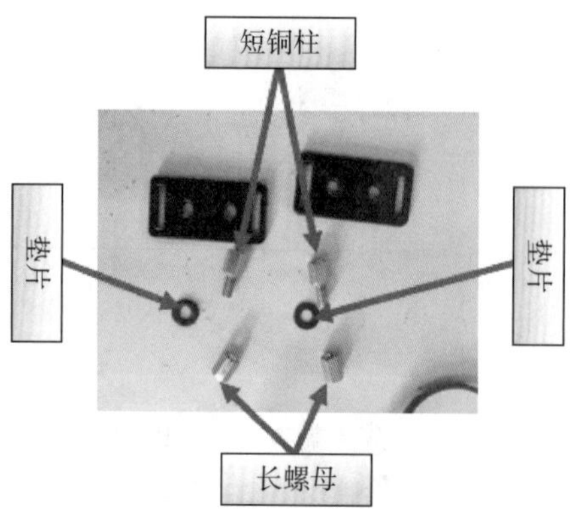

图 10－75　小腿安装步骤八

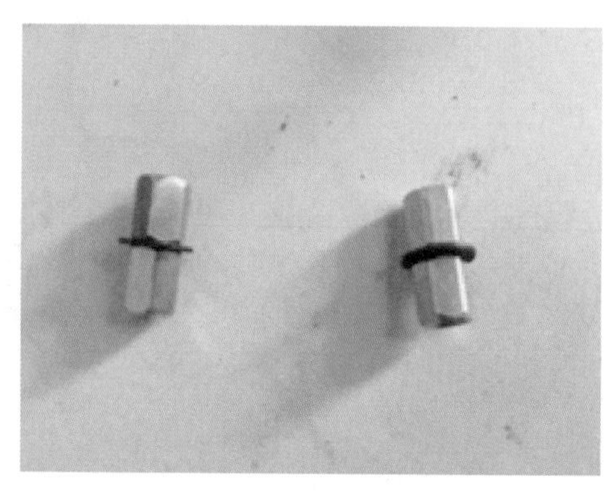

图 10－76　小腿安装步骤九

⑧将组装好的螺母铜柱组合体按图 10－77 所示方式用小螺丝固定在 5 号零件上（制作 2 份），然后将其安装在黑色舵机的侧面。接着在 5 号零件两端的开槽中插入与蓝色舵机、黑色舵机相连的螺钉固定板。需要注意的是，方向朝外的螺柱与舵机输出轴共轴，蓝色舵机的输出轴与黑色舵机的输出轴相互垂直。其情形如图 10－78 所示。

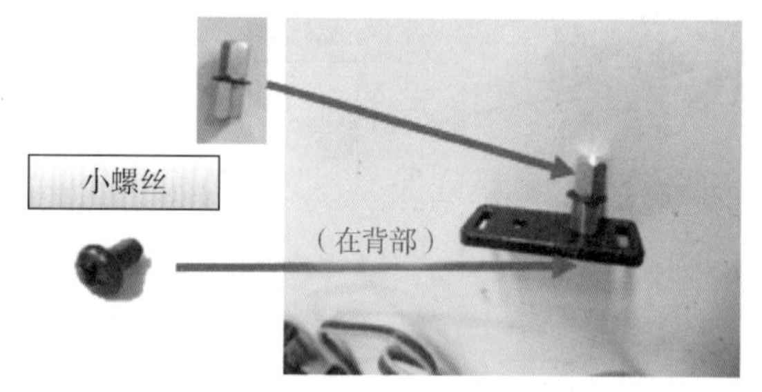

图 10－77　小腿安装步骤十

图 10－78　小腿安装步骤十一

⑨随即另取 4 个 5 号零件分别装在上述两舵机组合体的其余空位上，然后用螺钉固定组合体，即可得到如图 10－79 所示的小腿部件。

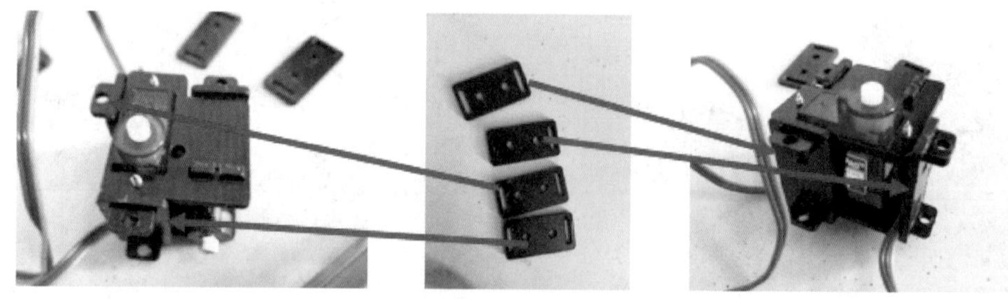

图 10－79　小腿安装步骤十二

⑩至此，可将小腿部件与大腿部件连接起来。首先将蓝色舵机的输出轴连接到大腿部件的舵盘上，另一端则将 6 号零件分别套在长螺母上，然后穿入大腿膝关节组件预留的安装孔中，其情形如图 10－80 所示。

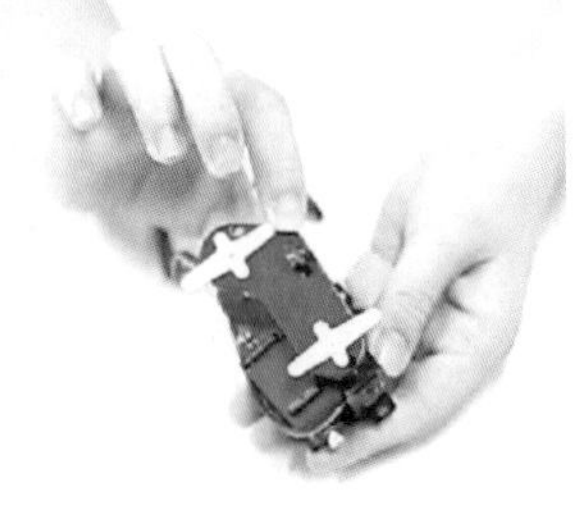
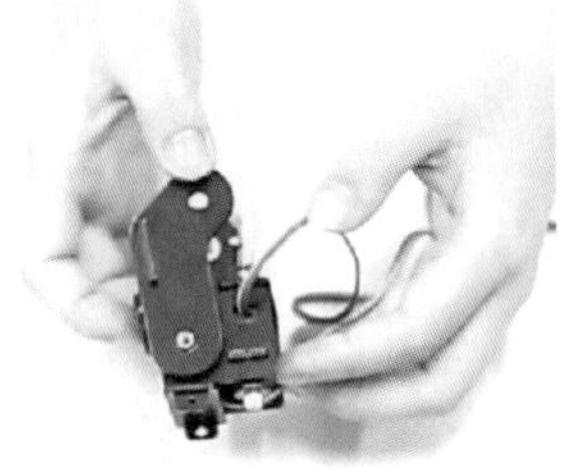

图 10－80 小腿安装步骤十三

⑪调整配合孔位，理顺接线，即可完成小腿组件的整体装配，其效果如图 10－81 所示。

3. 足部的装配

①从切割好的零件板中找出如图 10－82 所示的 8 个足部组成零件。

②将上述 8 个零件按图 10－83 所示进行临时编号。

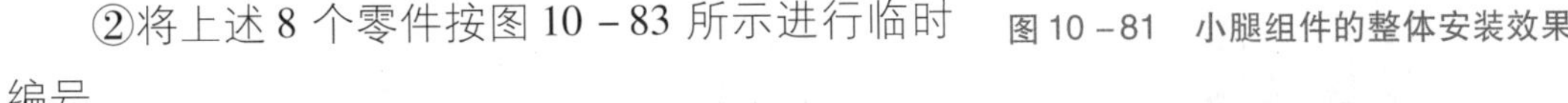

图 10－81 小腿组件的整体安装效果

图 10－82 足部安装步骤一

图 10－83 足部安装步骤二

③随即取 1 号和 2 号零件以及长螺母和小螺丝各 8 个，并将螺钉螺母按图 10－84 所示方式配对拧紧在 1 号和 2 号零件边角的 4 个孔中。

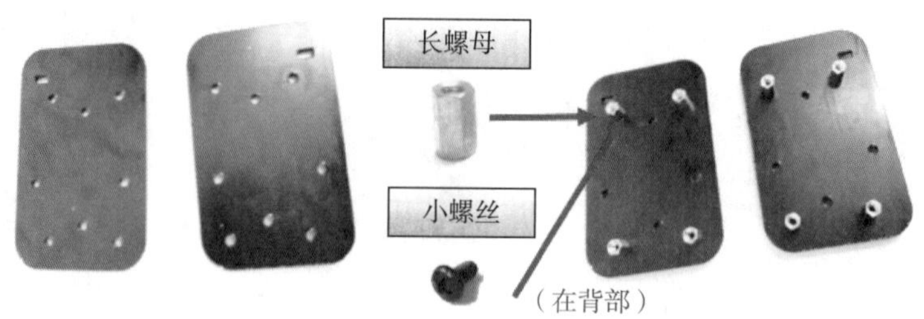

图 10－84　足部安装步骤三

④取 1 号、2 号零件和 8 个小螺丝以及两个足部底板（木板，另行制备），底板在下与 1 号、2 号零件重叠在一起，再用小螺丝在足部板上的 4 个对应孔中拧紧，使两者固定在一起，如图 10－85 所示。

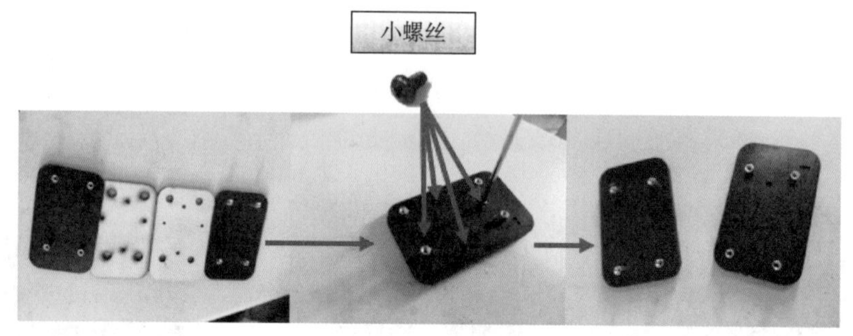

图 10－85　足部安装步骤四

⑤取 2 个黑色舵盘、4 个自攻螺钉，以及 3 号和 4 号零件，按图 10－86 所示方式分别将舵盘安装在 3 号和 4 号零件上。

⑥再将 3 号、4 号、5 号、6 号、7 号、8 号零件如图 10－87 所示对称组装。

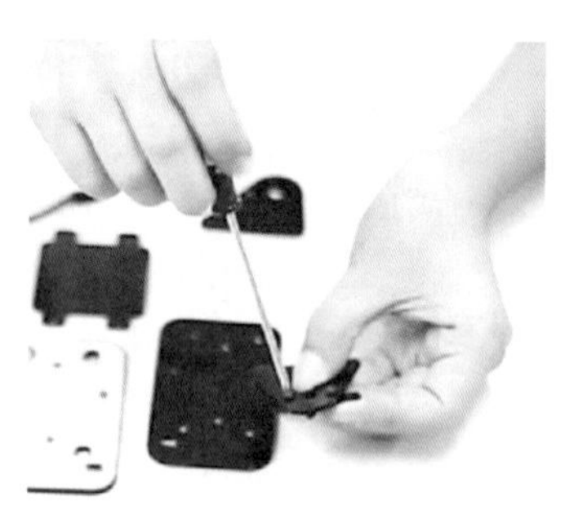

图 10－86　足部安装步骤五

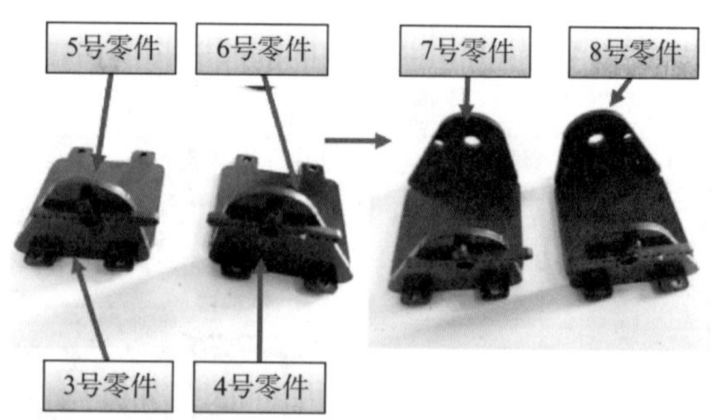

图 10－87　足部安装步骤六

⑦此时，可取 8 个小螺丝，将上一步骤组装完成的组合体按图 10－88 所示方式安装在足部板上，即可完成足部板的组装。其情形如图 10－89 所示。

图10－88 足部安装步骤七

图10－89 足部安装效果

足部组件的装配工作完成以后，还需要将足部组件安装到机器人的小腿上。这时可将黑色红标金属齿舵机的输出轴对准足部舵盘，舵机对面的铜柱对准足部的安装孔（参见图10－90），并需要注意左右足部方向保持对称关系（参见图10－91）。

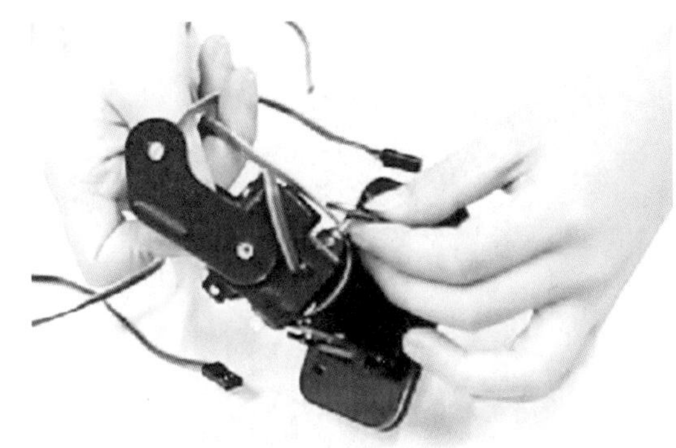

图10－90 足部组件与小腿安装步骤一

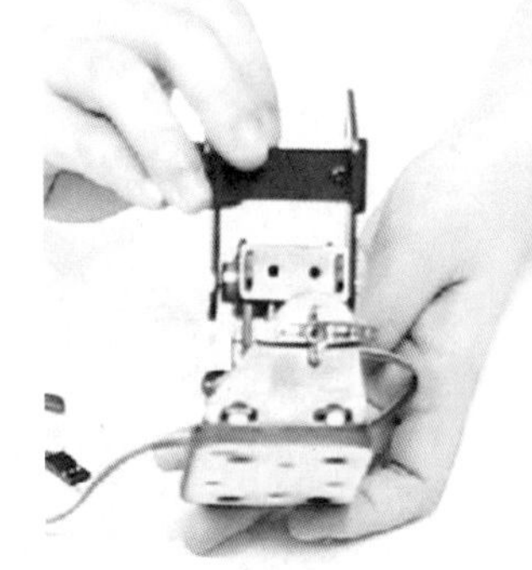

图10－91 足部组件与小腿安装步骤二

至此，双足机器人的腿部已经全部装配完毕。

10.5 仿人双足机器人整体的装配

1. 整体结构的装配

完成双足机器人各零部件的组装工作以后，即可开始机器人整体装配工作。待装配的双足机器人各零部件如图10－92所示。

由于机器人的手部已经与躯干实现连接，现在仅需要将机器人的双腿与躯干进行连接。具体步骤如下：

①将大腿组件中的3号和4号零件朝向前面，再将髋关节舵机的输出轴与大腿组件里的舵机的舵盘相啮合，其情形如图10－93所示。

图 10－92　待整体装配的双足机器人各零部件

图 10－93　机器人整体装配步骤一

②将对侧的长螺母插入大腿组件的安装孔位固定，其情形如图 10－94 所示。

终于，属于我们自己的双足机器人制作成功了，其整体效果如图 10－95 所示！接下来，让我们给他安装上“大脑”，使他能够恣意奔跑、尽情舞蹈吧！

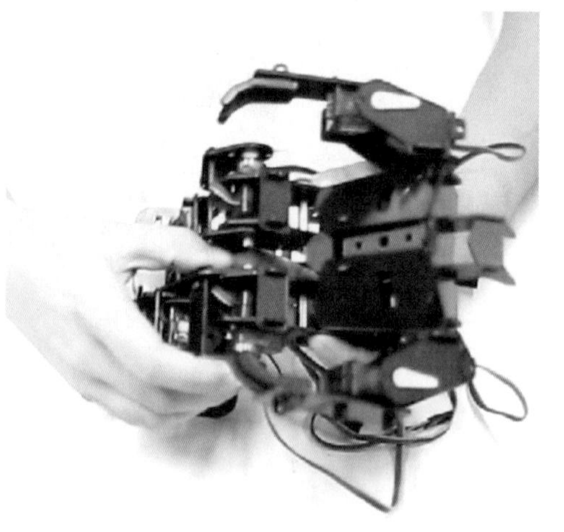

图 10－94　机器人整体装配步骤二

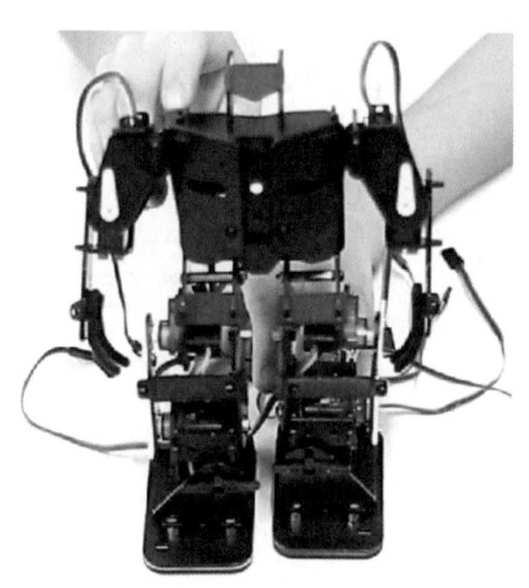

图 10－95　小型双足机器人整体效果

2. 主控制器安装与接线

只有将主控器通过联线和机器人身体的各个部分进行连接，主控器才能真正起到控制机器人运动的作用。这些联线就像机器人的神经，通过主控器即机器人“大脑”所传输过来的信号，进而控制机器人身体各部位的相应运动。对于人类而言，脉络通畅才能保证身体健康、活力十足；对于小型双足机器人而言，联线有序，能够与主控制器正确相连则是机器人能够正常运动的基本保障。相应的联线步骤如下：

①在为小型双足机器人接线之前，首先需要将联线从各个设计好的穿线孔中穿出，如图 10－96 所示。当此步骤完成之后，才能将控制器安装到机器人身上。安装控制器时应使电源开关朝上，其情形如图 10－97 所示。

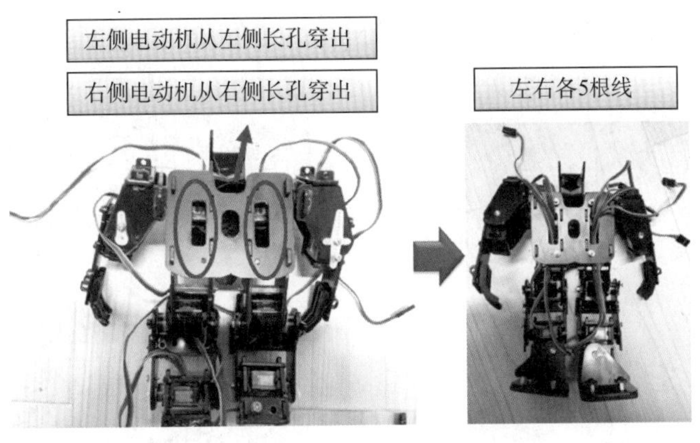

图 10－96 机器人联线步骤一

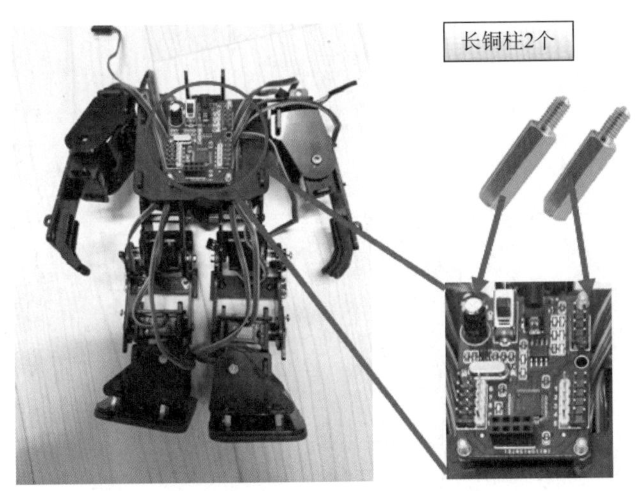

图 10－97 机器人联线步骤二

②然后即可开始接线工作。机器人的每一个舵机都有三根线，分别用橙色、红色和棕色进行标识。接线时，要求电线前段的插口对应的橙色线插到控制器的黄色接线端子上，如图 10－98 所示。

图 10－98 机器人联线步骤三

③按照图 10－99 所示舵机与控制器接口的对应关系，对号入座地将对应位置的舵机连接起来。

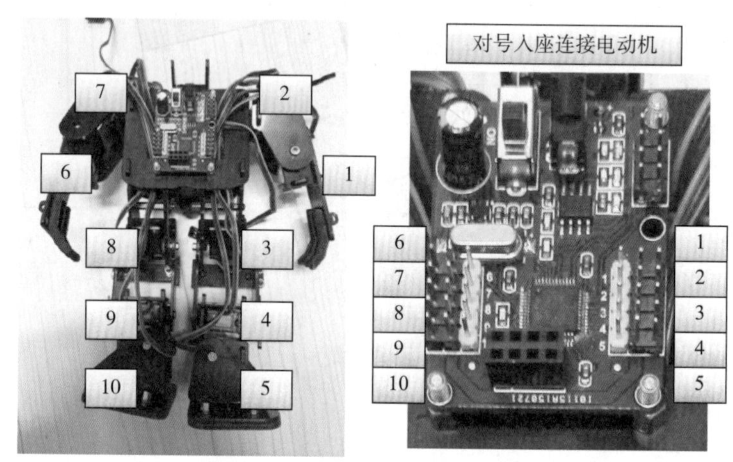

图 10－99　机器人联线步骤四

最后，将天线模块与控制器相连，接上电池，打开开关（见图 10－100），于是一个憨态可掬楚楚动人的、可与你互动的、听话的、能跑能跳的、灵巧善舞的双足机器人出现在你的面前了（见图 10－101）。

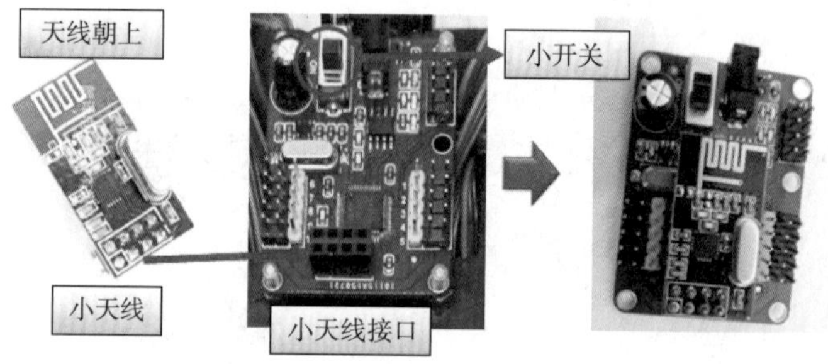

图 10－100　机器人联线步骤五

图 10－101　小型双足机器人行走靓照

第 11 章 小型仿生机器人的调试与编程

11.1 机器人主控制器简介

对于小型仿生机器人而言，结构设计与加工装配完成后，需要对控制系统进行设计和对控制程序进行编写。主控制器的功能是通过电脑程序指挥和控制机器人各部件的工作，所设计的机器人主控制器如图 11－1 所示。

图 11－1 小型仿生机器人主控制器

主控制器的主要接口有：

①充电接口。该接口负责为控制板充电。

②电源开关。该开关负责打开、关闭和控制机器人使用的电源。

③电动机接口。该接口连接电动机，将控制信号发送给电动机，控制电动机转动。

④下载接口。负责为控制器下载控制代码。

⑤无线通信接口。该接口连接无线通信模块，使机器人能够实现无线遥控与编程。

只有将主控制器和机器人身体的各个部分进行连接后，主控制器才能真正起到控制机器人运动的作用。主控制器上的这些接口与线缆就像机器人的神经系统，可用来控制小型仿生机器人身体各部位的运动。机器人各驱动舵机与主控制器的连接方式分别如图 11 - 2、图 11 - 3 和图 11 - 4 所示。

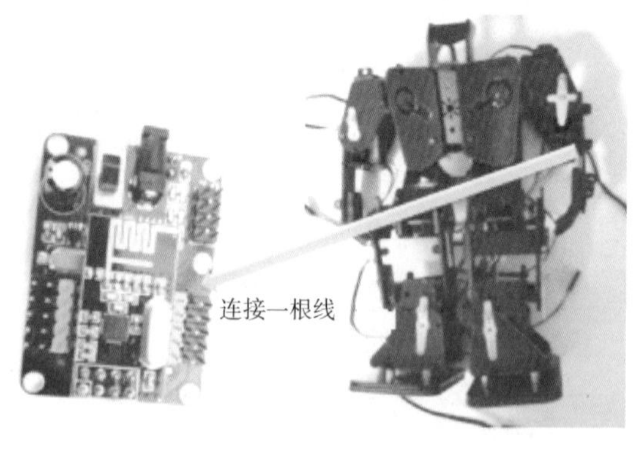

图 11 –2　连接第一个舵机

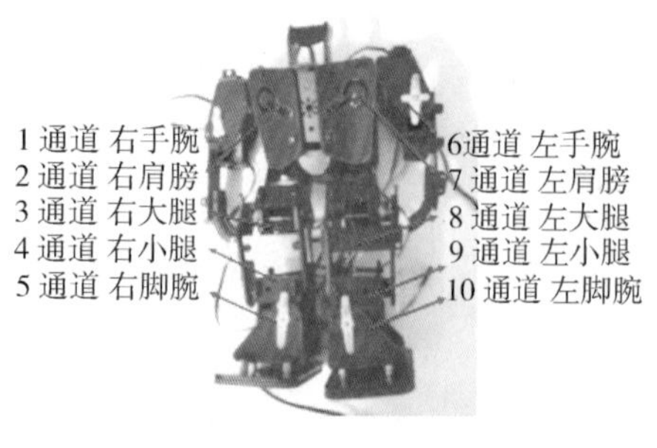

图 11 –3　小型仿人双足机器人舵机通道与名称对应关系图

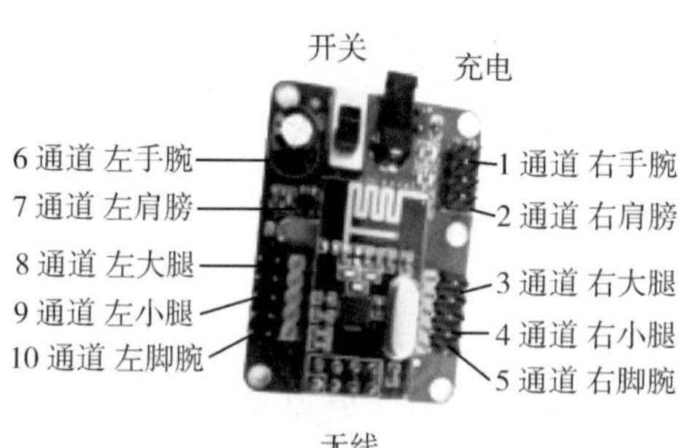

图 11 –4　小型仿人双足机器人主控制器与舵机通道对应关系图

11.2　机器人的遥控调试

本章叙述的小型仿生机器人采用了笔者自主研发的遥控器（见图 11 – 5）进行控制，该遥控器集遥控、编程、调试等多项功能于一体，是使机器人能够具有高超运动特性和精彩表演技能的利

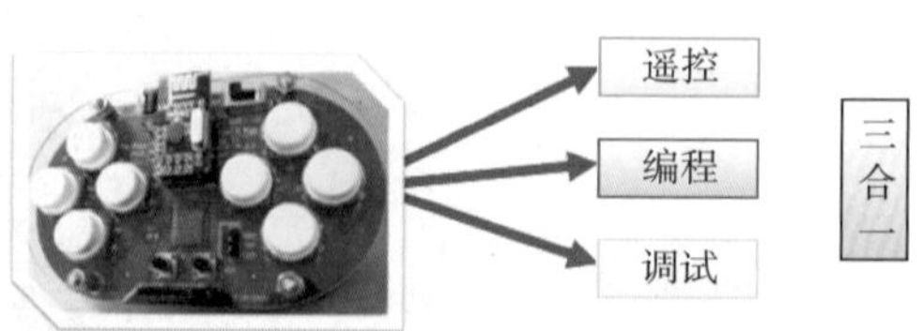

图 11 –5　小型仿生机器人遥控器功能示意图

器。通过遥控器，使用者可以十分轻松地编写小型仿生机器人的动作，可以让机器人“随心所动”。

11.2.1 双足机器人遥控器功能介绍

小型仿人双足机器人专用遥控器功能按钮分布情况如图 11－6 所示，各个按钮的作用简介如下：

图 11－6 遥控器功功能分布示意图

①LED 指示灯。主要用于检测机器人的电量，或指示程序运行情况。

②无线通信模块。主要用于无线控制，发送并接收信号。

③内置电池盒。主要用于放置电池模块，为机器人提供电源。

④编程旋钮。主要用于控制机器人的手、脚与身体的运动。

小型仿人双足机器人专用遥控器共有 4 种运行模式，不同模式下的按键功能如图 11－7所示。

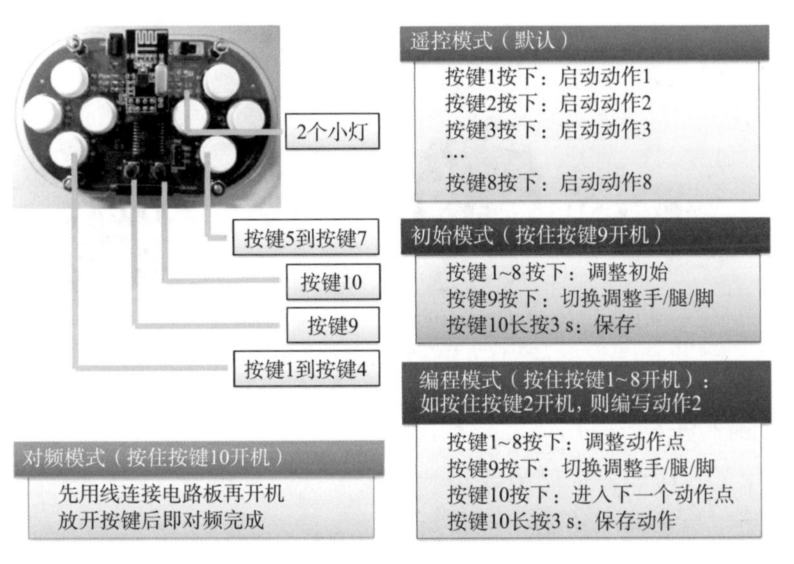

图 11－7 小型仿人双足机器人专用遥控器的 4 种运行模式

模式一：遥控模式

在该模式下，可以通过遥控器遥控机器人执行使用者自己编写好的动作，其情形如图 11 –8 所示。

图 11 –8　遥控模式情形图

模式二：初始模式

在该模式下，可以通过遥控器调整双足机器人的初始状态，其情形如图 11 –9 所示。

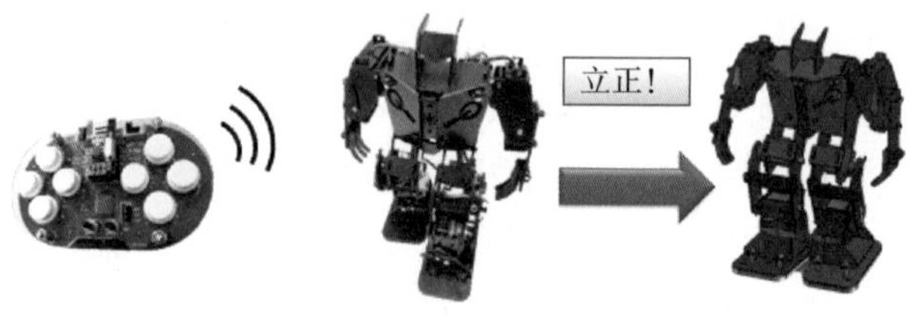

图 11 –9　初始模式情形图

模式三：编程模式和动作编写

在该模式下，可以通过遥控器编写机器人的动作，让机器人具有“学习”能力，其情形如图 11 –10 所示。

图 11 –10　编程模式情形图

模式四：对频模式

在该模式下，可以通过不同的遥控器对不同的双足机器人进行对频，一旦某一遥控器和某一机器人对准通信频率以后，就形成一对一的联系关系，不会再发生指挥错乱现象，让机器人的群体活动变得有序起来。

11.2.2 设置初始姿态

可取小型仿人双足机器人的标准站立姿势为机器人开机时的初始位置（见图11－11）。只有统一了机器人的初始姿态，才有可能让机器人有更丰富的动作和更协调的配合。

1. 第一次姿态调试——重新安装机器人

将小型仿生两足机器人安装电动机的螺丝拧出来，并将机器人的各个部件散开到图11－12所示的程度，目的是释放电动机，让其自由松弛，找到初始姿态所在的位置。

图11－11 设置机器人的初始姿态　　图11－12 拆解机器人

完成小型仿人双足机器人的拆解步骤后，将完成机器人第一次初始姿态的校准工作，具体的操作步骤如下：

①首先确认开关已经关闭，再将双足机器人的电池安装到机器人背后主控制器的电池接口中，具体情形如图11－13所示。

②打开开关，电动机将自行运转。此时在不关闭开关的情况下，重新安装已经拆散的机器人（见图11－14），安装时按照下述方法确定机器人的初始状态。

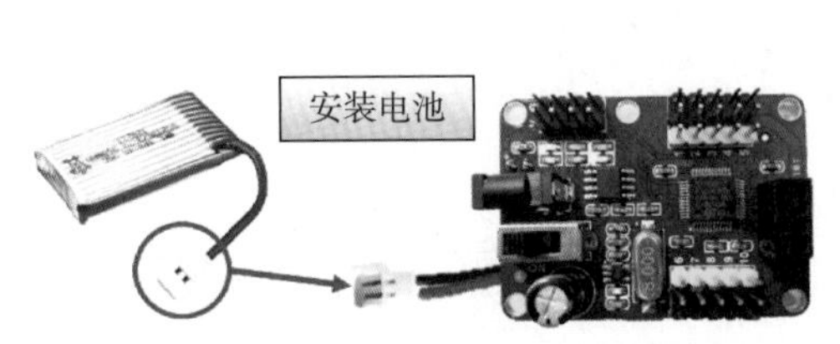

图11－13 安装电池情形图

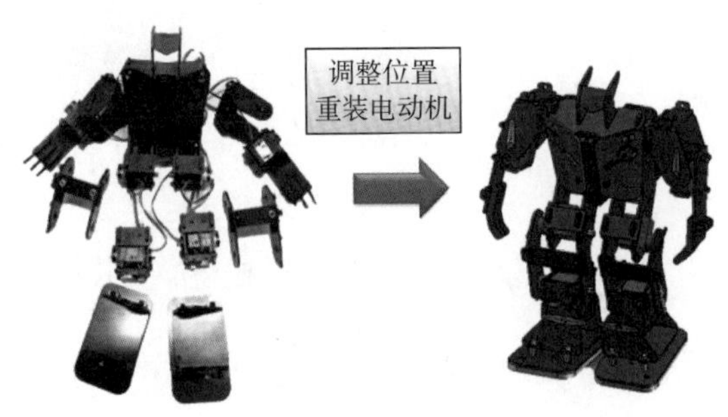

图11－14 重新安装机器人

③初始状态的确定标准如图11－15所示，安装机器人时应尽可能照此标准进行，

如果存在一定的角度偏差也没有关系，下一步使用遥控器可以进行姿态的调整，将此偏差纠正过来。

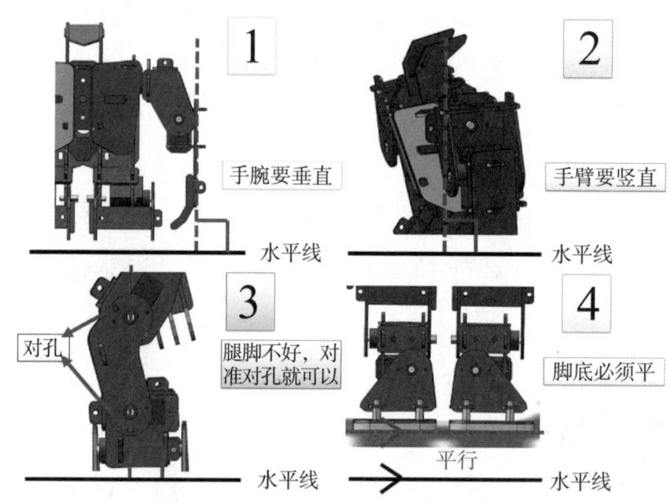

图 11－15　初始状态确定标准

④小型仿人双足机器人安装完成后的姿势如图 11－16 所示。

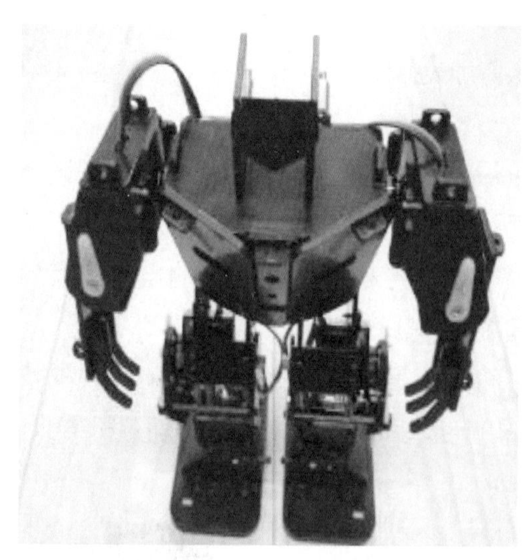

图 11－16　安装完成后的小型仿人双足机器人姿势参考图

2. 第二次姿态调试——机器人初始状态微调

为了使双足机器人能够达到最佳运动状态，在完成第一次姿态调试工作之后，需要进行第二次姿态调试。第二次调试是在第一次调试的基础上对初始状态进行微调，具体步骤如下：

（1）进入初始模式

首先打开机器人开关，然后按住遥控器的按键9，打开遥控器开关，等待3 s以后，放松按键9。其情形如图11－17所示。

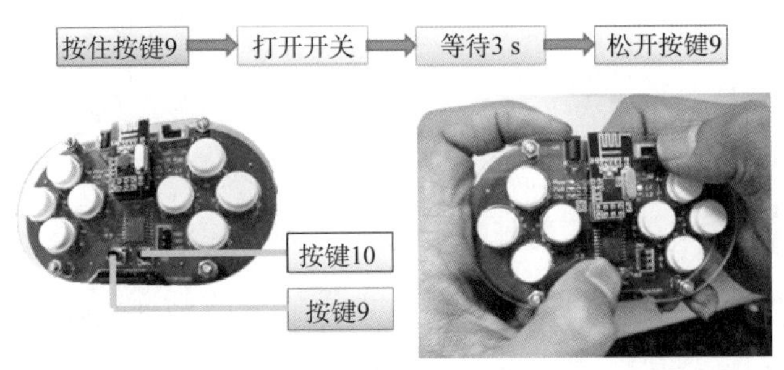

图11－17　进入初始模式

（2）初始姿态微调

首先按下按键1～8调整机器人的姿态，这时可调整对应位置的电动机初始姿态（微调），然后按下按键9切换到上肢/大腿/脚板的调整（可循环切换）。待调整完毕后按下按键9进行保存，如果不需要保存，则只需要直接关闭遥控器开关即可。

上述操作步骤的详细情况如图11－18所示。通过遥控器可以进一步调整机器人的初始状态，使机器人的初始姿态更标准、更引人入胜。

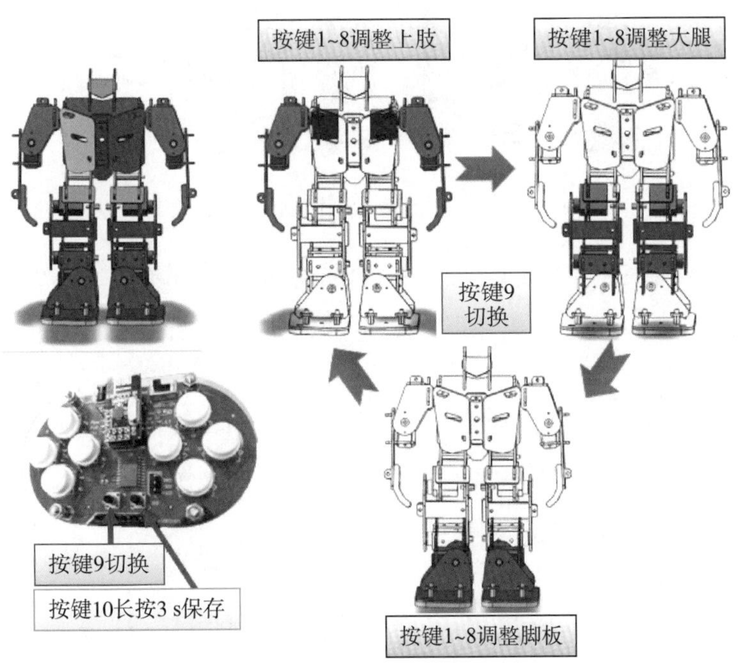

图11－18　小型仿人双足机器人初始姿态微调

11.3 编写小型仿人双足机器人的运动动作

11.3.1 小型仿人双足机器人的运动原理

现以人体行走动作（见图 11－19）为例，介绍仿人双足机器人的运动原理。由力学的相关概念可知，人向前行走时腿向后蹬地面，人给地面作用力，地面给人体向前的反向作用力。人体重心向前运动时，重心过了支持重心的触地脚后，人已经不需要对地面的作用力了。在惯性的作用下，人体重心过了支持点（触地脚）后，继续向前，在重心后边的触地腿通过腿上的肌肉和关节，继续给地面作用力，同时，原来的摆动脚开始触地，支持重心，重复以上的动作，人就不断前行。而机器人模仿人行走，是模仿人的基本动作，那么人的动作都由什么组成呢？

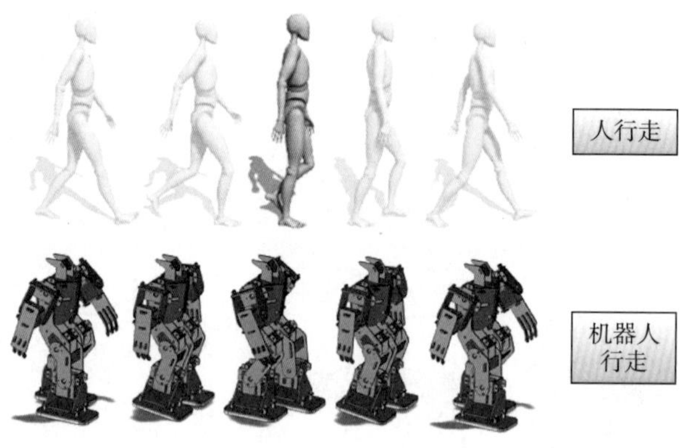

图 11－19　人与机器人行走动作过程示意图

正如图 11－19 所示，任何人体或机器人的动作都可以用动作点来描述，把图 11－19 所示基本动作进行动作点化，就可以把复杂的行走动作简单化，其情形如图 11－20 所示。

因而在编写双足机器人的动作程序时，只需编写各个动作点，程序就会自动把各个动作点连接在一起，机器人的运动编程也就完成了。比如编写一个简单的机器人抬手动作，需进行以下几个步骤，如图 11－21 所示。

①确定初始状态。

②确定机器人不抬手的状态（确定动作点 1），如图 11－21 左图所示（使用遥控器完成）。

③确定机器人抬手的状态（确定动作点 2），如图 11－21 中图所示（使用遥控器完成）。

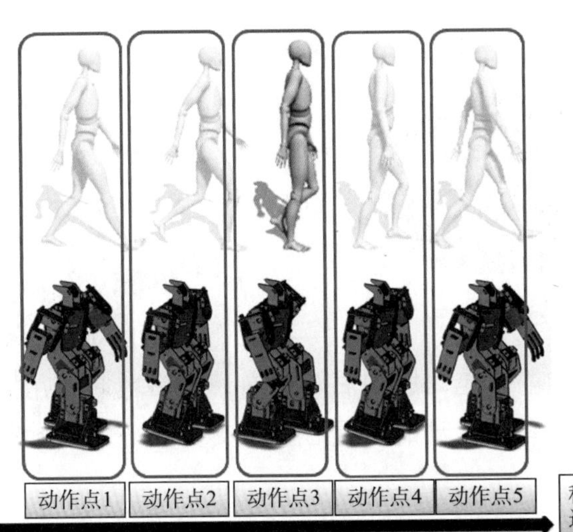

图 11－20 行走动作分解为动作点

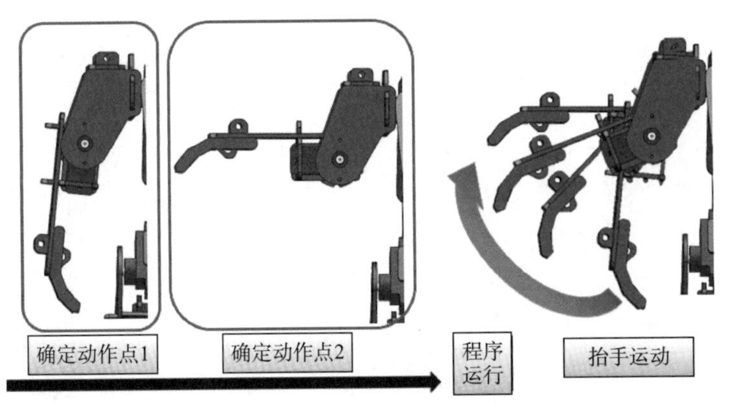

图 11－21 机器人抬手动作程序编写过程

④保存动作。

⑤运行动作（程序运行动作点 1 到动作点 2 的动作），其情形如图 11－21 右图所示。

11.3.2 小型仿人双足机器人动作程序的编写

为小型仿人双足机器人的动作编写程序既是一项遵守规则和严谨求实的工作，又是一个充满想象力和创造力的过程。其中，既需要我们充分发挥技术方面优势，也需要我们充分利用智能构想方面的潜力。为此，可依照下述步骤进行机器人动作程序的编写。

1. 进入编程模式

①选择需要编写的动作空间，其情形如图 11－22 所示。

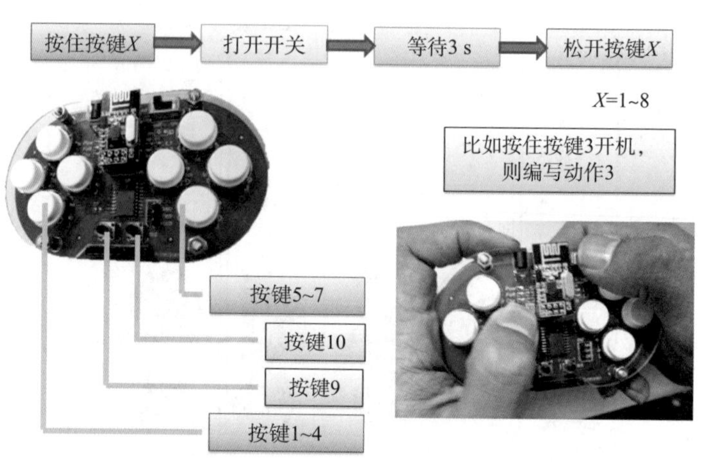

图 11－22　进入动作空间编程状态

②确定机器人需要编写的动作，小型仿生两足机器人共有 8 个动作空间，分别对应着遥控器上的 8 个按键。

③关闭遥控器，如需编写动作 3，则按住按键 3，打开遥控器开关，等待 3 s 后，再放掉按键 3。

小型双足机器人具有 8 个（或以上）动作空间，如图 11－23 所示，进行编程之前需要对机器人的不同动作进行合理的设计，不同的动作空间中将编制不同的动作程序，而且不同动作空间存储不同的动作，如图 11－24 所示。

图 11－23　机器人的动作空间　　　图 11－24　不同动作空间存储的不同动作

2. 编写动作

进入机器人某一个动作空间的编程状态后，机器人与遥控器处于同步状态，通过遥控器可以直接控制机器人各个关节舵机的运动，进行每一个动作点的设定，不同的动作点连续起来就构成了机器人的整套动作。具体步骤如下：

①按下按键 1～8，编写机器人的手部动作；

②按下按键 9 切换到机器人的腿部控制，再按下按键 1～8，编写机器人的腿部动作；

③按下按键 9 切换到机器人的脚板控制，再按下按键 1～8，编写机器人的脚板

动作；

④按下按键 10（短按），确认这个动作点的所有动作；

⑤重复上述步骤，确认好机器人的最后一个动作；

⑥至此，按住按键 10 不放，等待 3 s（长按），保存编写好的机器人最终动作。

利用遥控器对小型仿人双足机器人编写动作程序的步骤如图 11－25 所示。由图可知，其步骤十分简单，方法十分快捷，效果十分突出，为使用者提供了很好的技术支持和专项服务。

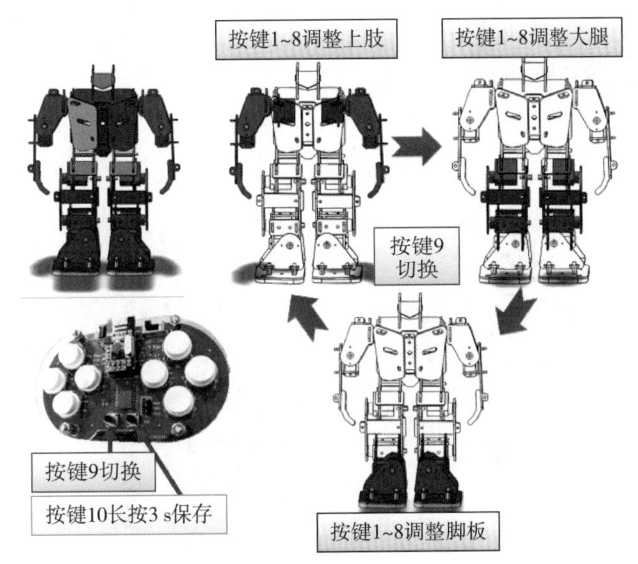

图 11－25 利用遥控器编写小型仿生两足机器人动作程序的过程

11.3.3 小型仿人双足机器人动作的运行

在完成小型仿人双足机器人的动作控制程序编写后，重新打开遥控器和机器人的开关，然后按下遥控器上不同的按键（见图 11－26），这时双足机器人就将忠实运行对应的动作空间里保存的动作了。图 11－27～图 11－30 分别展示的是双足机器人正在完成鞠躬、倒立、踢球和格斗的动作情景。

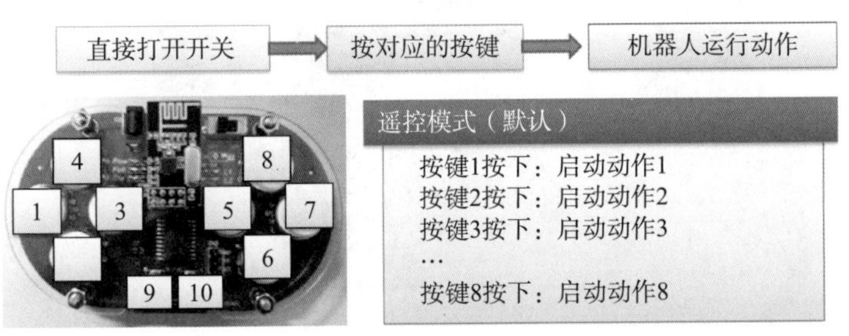

图 11－26 小型仿人双足机器人动作运行步骤示意图

图 11－27　小型仿人双足机器人鞠躬情景图

图 11－28　小型仿人双足机器人倒立情景图

图 11－29　小型仿人双足机器人踢球情景图

图 11－30　小型仿人双足机器人格斗情景图

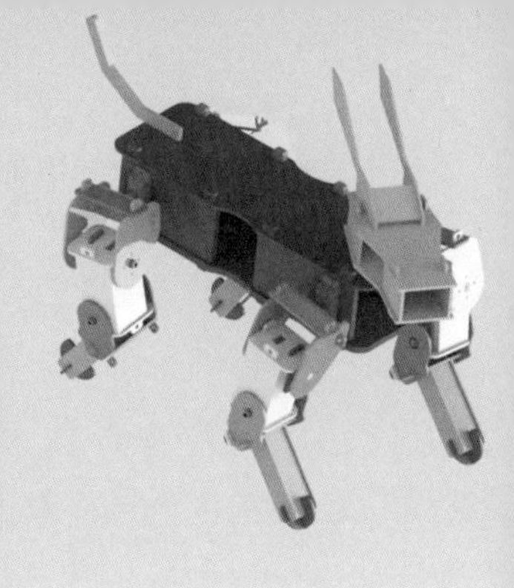

参考文献

[1] 田倩倩. 仿鲨鱼皮减阻微沟槽滚压复制技术研究 [D]. 大连理工大学，2014.

[2] 敏感的鲨鱼 [J]. 少儿科学周刊（少年版），2014，(11)：10－11.

[3] 紫龙. 军事新宠——生物伪装术 [J]. 知识就是力量，2007，08：60－61.

[4] 张勇. 仿生迷彩伪装及其数字化技术研究 [D]. 国防科学技术大学，2008.

[5] 蓝蓝和. 自然界的伪装大师们 [J]. 初中生，2012，Z4.

[6] 彬彬. 不可思议的动物“伪装术”[J]. 科技信息：山东，2013，16：6－7.

[7] 蓝海啸，姚海伟，耿亮. 仿生技术在迷彩伪装服中的应用 [J]. 河北纺织，2006，02：29－31.

[8] 吴文健. 仿生伪装及其相关科学问题 [C]. 中国化学会第二十五届学术年会论文摘要集（上册），2006.

[9] 尚玉昌. 蚂蚁的化学通信 [J]. 生物学通报，2006，6：14－15.

[10] 谭国辉，安德里茨. 仿生学原理在机械设计中的应用 [J]. 中国机械，2014，6：203.

[11] 张天蓉. 猫胡子侦测器 [J]. 光电产品与资讯，2013，4（12）：33－35.

[12] 汪延成. 仿生蜘蛛振动感知的硅微加速度传感器研究 [D]. 浙江大学，2010.

[13] 林良明，胡东培，叶立英，等. 肌电控制假手的研究与发展 [J]. 中国医疗器械杂志，1980，01.

[14] 徐斌. 基于脑电与肌电信号融合的多自由度手部动作识别研究 [D]. 杭州电子科技大学，2012.

[15] 罗志增，王人成. 具有触觉和肌电控制功能的仿生假手研究 [J]. 传感技术学报，2005，18：23－27.

[16] Anonymous. 谈“机器人三定律”[J]. 伺服控制，2012，01.
[17] 熊有伦. 机器人技术基础 [M]. 华中理工大学出版社，1996.
[18] 蔡自兴. 机器人学 [M]. 北京：清华大学出版社，2000.
[19] 王树国，付宜利，哈尔滨. 我国特种机器人发展战略思考 [J]. 自动化学报，2002，S1（增刊）：70－76.
[20] 张秀丽，郑浩峻. 机器人仿生学研究综述 [J]. 机器人，2002，02（2）：188－192.
[21] 田保珍. 形态仿生设计方法研究 [D]. 西安工程大学，2007.
[22] 姜晓童，张扬，周小儒. 浅析生物形态在座椅仿生设计中的应用 [J]. 设计，2015，9：22－23.
[23] 郝银凤. 基于仿生学的变体机翼探索研究 [D]. 南京航空航天大学，2012.
[24] 周长海，田丽梅，任露泉，等. 信鸽羽毛非光滑表面形态学及仿生技术的研究 [J]. 农业机械学报，2006，11（11）：180－183.
[25] 张祥泉. 产品形态仿生设计中的生物形态简化研究 [D]. 湖南大学，2006.
[26] 杨茂林. 自然形态仿生在包装设计中的应用研究——论包装形态仿生设计 [J]. 艺术与设计：理论，2007，10.
[27] 王科奇. 建筑仿生新论 [J]. 华中建筑，2005，03：28－31.
[28] 武文婷，孙以栋，何丛芊，等. 植物非形态仿生在工业设计中的应用研究 [J]. 包装工程，2008，05：128－130.
[29] 高吭. 蝗虫后足的结构形态仿生信息采集及生物力学测试 [D]. 吉林大学，2006.
[30] 李磊，叶涛，谭民，等. 移动机器人技术研究现状与未来 [J]. 机器人，2002，24（5）：475－480.
[31] 张捍东，郑睿，岑豫皖. 移动机器人路径规划技术的现状与展望 [J]. 系统仿真学报，2005，2：439－443.
[32] 俞冬良，叶青会，李忠学. 高层建筑中的仿生学原理及应用 [J]. 结构工程师，2009，25：138－143.
[33] 丁良宏，王润孝，冯华山，等. 浅析 BigDog 四足机器人 [J]. 中国机械工程，2012，05.
[34] 边桂彬. BigDog 技术分析与展望 [J]. 机器人技术与应用，2012，01：11－13.
[35] 罗志增. 机器人感觉与多信息融合 [M]. 北京：机械工业出版社，2002.
[36] 李明孜. 特种机器人驱动机制的仿生研究 [D]. 南京航空航天大学，2003.
[37] 贡俊，陆国林. 无刷直流电动机在工业中的应用和发展 [J]. 微特电动机，2000，05：15－19.
[38] 范超毅，范巍. 步进电动机的选型与计算 [J]. 机床与液压，2008，05：310－313.

[39] 王军锋，唐宏. 伺服电动机选型的原则和注意事项 [J]. 装备制造技术，2009，11：129 – 131.

[40] 胡林. 高精度舵机控制器的研制 [D]. 西北工业大学，2006.

[41] 秦文甫. 基于 DSP 的数字化舵机系统设计与实现 [D]. 清华大学，2004.

[42] 刘金琨. 机器人控制系统的设计与 MATLAB 仿真 [M]. 北京：清华大学出版社，2008.

[43] 王天然，曲道奎. 工业机器人控制系统的开放体系结构 [J]. 机器人，2002，24（3）：256 – 261.

[44] 董建明. 人机交互 [M]. 北京：清华大学出版社，2010.

[45] 曾芬芳，梁柏林，刘镇，等. 基于数据手套的人机交互环境设计 [J]. 中国图象图形学报，2000，5：153 – 157.

[46] 黄志华，屠大维，赵其杰. 基于人机交互的移动服务机器人导航系统 [J]. 机器人，2009，31（3）：248 – 253.

[47] 吴海彬，杨剑鸣. 机器人在人机交互过程中的安全性研究进展 [J]. 中国安全科学学报，2011，11：79 – 86.

[48] 李广弟. 单片机基础 [M]. 北京：北京航空航天大学出版社，1994.

[49] 应明仁. 单片机原理与应用 [M]. 北京：华南理工大学出版社，2005.

[50] 张雄伟. DSP 芯片的原理与开发应用 [M]. 北京：电子工业出版社，2003.

[51] 张雄伟. DSP 集成开发与应用实例 [M]. 北京：电子工业出版社，2002.

[52] 李卫华. 视频数字信号处理芯片 XY – VDSP 的 C 编译器开发 [D]. 西安电子科技大学，2003.

[53] 杨航. 基于 ARM 的嵌入式软硬件系统设计与实现 [J]. 求知导刊，2015，9：60.

[54] 范书瑞. ARM 处理器与 C 语言开发应用 [M]. 北京：北京航空航天大学出版社，2014.

[55] 卞正岗. 机器人与自动化技术 [J]. 自动化博览，2015，3：76 – 78.

[56] 孟文卿，王志坤，辛秋钧. 对现代化智能室内清洁机器人的研究 [J]. 电子技术与软件工程，2015，4：137.

[57] 戴永年，杨斌，姚耀春，等. 锂离子电池的发展状况 [J]. 电池，2005，35：193 – 195.

[58] 程建秀. 锗基锂离子电池负极材料的研究 [D]. 中国科学技术大学，2015.

[59] 王秋君. 锂离子电池聚合物电解质的合成及性能研究 [D]. 北京科技大学，2015.

[60] 唐有根. 镍氢电池 [M]. 北京：化学工业出版社，2007.

[61] 袁婕，陈伟. 电池密封结构优化设计的研究分析 [J]. 电动自行车，2015，03：10 – 11.

[62] 谢宁，毕俊熹，娄小平，等. 融合多传感信息的仿人机器人姿态解算 [J]. 电子科技，2015，01：150－154.

[63] 万良金. 基于多传感器信息融合的机器人姿态测量技术研究 [D]. 北京交通大学，2015.

[64] 张天. 仿生液压四足机器人多传感器检测与信息融合技术研究 [D]. 北京理工大学，2015.

[65] 吴斌方，刘民，熊海斌，等. 超声波测距传感器的研制 [J]. 湖北工业大学学报，2004，06：26－28.

[66] 胡铃. 高精度姿态传感器的研制 [D]. 西安工业大学，2014.

[67] 刘华，程莉. 机器人控制器与被控机器人的通信方法研究 [J]. 机器人技术与应用，2002，04：34－37.

[68] 王多林，秦贵和，徐海一，等. 基于 P2P 的移动机器人远程控制系统 [J]. 计算机工程，2012，6（06）：190－192.

[69] 肖爱平，孙汉旭，谭月胜. 基于蓝牙技术的机器人模块化无线通信设计 [J]. 北京邮电大学学报，2004，01：75－78.

[70] 贾勇. 超带宽技术在无线个域网中的应用 [J]. 电脑知识与技术：学术交流，2007，10.

[71] 任秀丽 于海斌. ZigBee 无线通信协议实现技术的研究 [J]. 计算机工程与应用，2006，43（6）：143－145.

[72] 刘芳华. 基于 ARM 的 WiFi 无线通信终端的研究与实现 [D]. 武汉科技大学，2010.

[73] 王秀梅，刘乃安. 低功耗 2.4GHz 无线通信系统的设计与实现 [J]. 中国数据通信，2004，11：64－66.

[74] 李恒. SolidWorks 2013 中文版基础 [M]. 北京：清华大学出版社，2013.

[75] 丁毓峰，盛频云. 用 Visual C＋＋ 6.0 开发 SolidWorks 三维标准件库 [J]. 计算机工程，2000，07：52－54.

[76] 符晓友. 3d 堆叠打印方法及 3d 堆叠打印机：CN，doi：CN103350572 A [P]，2013.